Pohlmann/Domine · **Klausur- und Abiturtraining Mathematik 4**

Dietrich Pohlmann (Hrsg.)

Klausur- und Abiturtraining
Mathematik 4

Grundkurse Lineare Algebra/
Analytische Geometrie:
Teil 1: Lineare Algebra

Von Robert Domine

Aulis Verlag Deubner & Co KG

Autor:

OStR Robert Domine, Alstädten

CIP-Titelaufnahme der Deutschen Bibliothek

Klausur- und Abiturtraining Mathematik / Dietrich Pohlmann (Hrsg.). – Köln: Aulis-Verl. Deubner

4. Grundkurse lineare Algebra, analytische Geometrie. –
 Teil 1. Lineare Algebra / von Robert Domine. – 1991
 ISBN 3-7614-1353-X

Best.-Nr. 3011
Alle Rechte bei AULIS VERLAG DEUBNER & CO KG, Köln, 1991
Einbandgestaltung: Atelier Warminski, Büdingen
Druck und Bindung: Clausen & Bosse, Leck
ISBN 3-7614-1353-X

Inhalt

Vorwort VII

1. Zu diesem Buch VII
2. Die Struktur dieses Buches VIII
3. Zum Inhalt dieses Buches VIII
4. Spezielle Besonderheiten dieses Buches X

I. Vektoren, Vektorräume, Matrizen I 1
II. Basis, Koordinaten, Lineare Gleichungssystem I, Untervektorräume I. 25
III. Affine Geometrie, Schnittprobleme 48
IV. Matrizen II, Lineare Gleichungssystem II, Untervektorräume II, Lineare Abbildungen 71
V. Eigenwertprobleme, Basistransformation 89

Anhang 1: Lösungen der zusätzlichen Aufgaben 106
Anhang 2: Definitionen und Zusammenhänge 160

Vorwort

1. Zu diesem Buch

Der vorliegende Band 4 setzt die Reihe „Klausur- und Abiturtraining, Mathematik" fort als Teil 1 des Themenbereiches Grundkurse Lineare Algebra/Analytische Geometrie mit dem Untertitel „Lineare Algebra". Der Teil 2 behandelt dann die Analytische Geometrie (Band 5).

Die Bände 4 und 5 sind voneinander unabhängig konzipiert und setzen für sich jeweils besondere Schwerpunkte. Gewisse Überlappungen (etwa bei den Schnittproblemen von Geraden und Ebenen im Raum) sollten dabei eher als Vorteil gesehen werden.

Wie alle Bücher dieser Reihe wendet sich der vorliegende Band 4 an diejenigen Schülerinnen und Schüler, die im Fach Mathematik Klausuren schreiben müssen und sich darauf besonders vorbereiten wollen. Der Titel des Buches sagt bereits aus, daß das Schreiben von Klausuren trainiert werden soll. Neben den ausführlichen Bearbeitungen enthält das Buch weitere Aufgaben, die selbständig gelöst werden sollen und deren Lösungen sich im Anhang 1 befinden. Sie erhalten so die Gelegenheit, Ihre eigenen Ergebnisse zu überprüfen und gegebenenfalls zu verbessern. Zusätzlich wird darauf geachtet, daß die Bearbeitungen sprachlich abgerundet sind, Lösungsansätze formuliert und Ergebnisse interpretiert werden als Orientierung zur Gestaltung der eigenen Klausuren.

Der Inhalt dieses Buches umfaßt den klassischen Stoff der linearen Algebra, wie er in Grundkursen gelehrt wird, wobei Kap. V bereits über den Standardstoff hinaus geht. Deshalb findet auch der interessierte Leistungskursschüler im vorliegenden Band genügendes und für ihn wichtiges Übungsmaterial, denn der Stoff ist für einen Leistungskurs (in diesem Themenbereich) Pflichtstoff, während im Grundkurs doch meistens Schwerpunkte gesetzt werden müssen und nicht alle Teile gleich ausführlich behandelt werden können.

Dieses Buch ist dann eine gute Hilfe, den gelernten Stoff zu wiederholen, zu festigen oder in einem größeren Zusammenhang zu sehen. Insgesamt gilt für **jeden** Schüler: Das Schreiben von Klausuren erfordert Training, und dieses braucht auch der gute Schüler, wenn er Erfolg haben will.

2. Die Struktur dieses Buches

Nach bewährter Weise enthält dieser Band 4, wie schon die Bände 1 bis 3, insgesamt 5 Kapitel mit jeweils 9 Aufgaben. Dabei sind die einzelnen Kapitel nach wachsender Schwierigkeit angeordnet.

Die Aufgaben

1 bis 3 führen relativ elementar in das Themengebiet ein,

4 bis 6 setzen dann fort mit etwas weitergehenden Fragestellungen, Begriffen und Zusammenhängen,

7 bis 9 schließlich behandeln dann allgemeinere (oder speziellere) Aufgabenstellungen: Häufig enthalten diese Aufgaben einen Parameter oder gehen auf Besonderheiten ein.

Die Aufgaben 1, 4 und 7 werden jeweils ausführlich behandelt, zum Teil auch mit sehr ausführlichen Wiederholungen zum Thema. Zusätzliche Hilfestellungen und Zwischenfragen (gekennzeichnet durch „[" am linken Rand) sollen dabei den Lösungsweg aufzeichen, so daß die selbständige Bearbeitung Schritt für Schritt begleitet wird und unmittelbar überprüft werden kann. Die in diesen Aufgaben auftretenden Begriffe, die *kursiv* gedruckt sind, werden in Anhang 2 ausführlich erläutert. Schauen Sie dort nach, wenn Sie eine Definition, einen Begriff oder ein Verfahren nicht genau kennen oder sich zur Wiederholung damit eingehender beschäftigen möchten. Die anderen Aufgaben werden im Anhang 1 gelöst und kommentiert. Sie sollten aber zunächst selbst versuchen, die Aufgaben möglichst weitgehend zu bearbeiten und erst dann nachzuschauen, wenn es wirklich nicht weitergeht oder wenn Sie meinen, alles richtig gelöst zu haben. Aufgaben oder Aufgabenteile, die etwas anspruchsvoller sind, werden mit einem Sternchen gekennzeichnet.

3. Zum Inhalt der einzelnen Kapitel

Jedes der 5 Kapitel umfaßt ein zusammenhängendes Themengebiet. Da die Kapitel aufeinander aufbauen, sollten sie der Reihe nach studiert werden. Zumindestens müssen die Begriffe und Verfahren der vorherigen Kapitel gekannt und beherrscht werden.

Zur Orientierung dient dabei folgende Übersicht:

Kap. I: Vektoren, Vektorräume, Matrizen I

Nach einer elementaren Wiederholung des Vektorbegriffs und der zugehörigen Verknüpfungen folgt eine Hinführung zum Vektorraumbegriff. Dabei werden die (2×2)-Matrizen mit der Addition und der S-Multiplikation als spezielle „Vektoren" betrachtet.

Kap. II: Basis, Koordinaten, Lineare Gleichungssysteme I, Untervektorräume I

Durch die Betrachtung spezieller Linearkombinationen wird die lineare Unabhängigkeit von Vektoren geprüft. Das führt auf die Begriffe Basis und Koordinaten und damit auf das für das ganze Buch zentrale Thema der linearen Gleichungssyteme, zunächst für die Spezialfälle der (2×2)- und (3×3)-Gleichungssysteme zur Behandlung der Vektoren im $\mathbb{R}^2$ und $\mathbb{R}^3$. In diesem Zusammenhang wird auch der von einer Vektormenge aufgespannte Unterraum betrachtet.

Kap. III: Affine Geometrie, Schnittprobleme

Zunächst werden Geraden und Ebenen durch Parametergleichungen und Koordinatengleichungen beschrieben. Die in Kap. II behandelten Fragestellungen und Lösbarkeitsuntersuchungen bei linearen Gleichungssystemen werden dann auf konkrete Schnittprobleme im Raum angewandt. Die gegenseitige Lage von Geraden und Ebenen wird durch die Lösung der zugehörigen linearen Gleichungssysteme beschrieben und algebraisch interpretiert.

Kap. IV: Matrizen II, Lineare Gleichungssysteme II, Untervektorräume II, Lineare Abbildungen

Dieses Kapitel stellt eine Fortführung von Kap. II auf höherem Niveau dar. Es behandelt die allgemeine Lösbarkeit linearer $(m \times n)$-Gleichungssysteme und beschreibt diese durch Matrizen. Zur Interpretation der Lösungsmengen werden auch lineare Abbildungen benutzt, aber nur soweit sie in diesem Zusammenhang von Interesse sind. Die speziellen Unterräume Kern A und Bild·A werden dabei zur Beschreibung benutzt. Das Kapitel schließt mit drei Anwendungsaufgaben.

Kap. V: Eigenwertproblem, Basistransformation

Die linearen Abbildungen $A: \mathbb{R}^2 \to \mathbb{R}^2$ werden mit Hilfe der zugehörigen (2×2)-Matrizen beschrieben und untersucht. Dabei interessieren vor allem die Eigenwerte und in diesem Zusammenhang eine Transformation auf Diagonalform nach Bestimmung einer Basis aus Eigenvektoren.

Die Kap. I bis III gehören zum Pflichtstoff für jeden Grundkurs im Lernbereich Lineare Algebra. Das Kap. III ragt dabei in die Analytische Geometrie, es behandelt jedoch nur die Affine Geometrie (Lagebeziehungen von Geraden und Ebenen). Alle Fragen, die mit den Begriffen Länge und Winkel zusammenhängen, werden in der Metrischen Geometrie behandelt (Band 5).

Kap. IV stellt als Vertiefung einen Zusammenhang her zwischen den linearen Abbildungen und den linearen Gleichungssystemen mit Hilfe von Matrizen und kann als Schwerpunkt innerhalb der Linearen Algebra behandelt werden.

Da die Behandlung des Eigenwertproblems und die Transformation von Matrizen auf Diagnoalform auch häufig in Grundkursen gelehrt wird, wurde das Kap. V mit in diesen Band 4 aufgenommen. Wenn dieses Thema auch inhaltlich zur Analytischen Geometrie gehört, läßt es sich bei dem gewählten Aufbau dieses Buches mit den in Kap. I bis IV entwickelten algebraischen Begriffen und Darstellungsformen leicht mitbehandeln.

4. Spezielle Besonderheiten dieses Buches

Auf einige Besonderheiten in der Schreibweise, wie sie von Buch zu Buch verschieden sein können, soll noch hingewiesen werden.

– In diesem Buch wird die Ausdrucksweise „unendlich viele" benutzt. Es gibt Autoren (und Lehrer), die statt dessen lieber „beliebig viele" sagen. In beiden Fällen ist dasselbe gemeint.

– Die Variablen eines linearen Gleichungssystems werden stets mit $x_1, x_2, x_3, \ldots$ bezeichnet statt mit $x, y, z, \ldots$.

– n-Tupel werden stets mit senkrechtem Strich geschrieben in Übereinstimmung mit der Bezeichnung von Punkten: z. B. $(x_1|x_2|x_3)$.

– Die Umformungen mit dem Gaußschen Eliminationsverfahren (Gaußverfahren) werden in einem festen Schema untereinander geschrieben, die Rechnungen an der rechten Seite durch Pfeile dargestellt. In anderen Büchern wird auch die Schreibweise mit nebeneinanderstehenden Matrizen gewählt.

– Der von einer Menge $M \subseteq V$ aufgespannte Unterraum von V wird mit $\langle M \rangle$ bezeichnet.

– Eine Matrix und die zugehörige lineare Abbildung wird mit demselben Buchstaben bezeichnet: Die Matrix A definiert eine lineare Abbildung A (und umgekehrt). Dann hat die Schreibweise $A\vec{x}$ die doppelte Bedeutung A von $\vec{x}$ (Bildvektor) oder A mal $\vec{x}$ (Matrizenprodukt).

Kapitel I

Vektoren, Vektorräume, Matrizen I

Aufgabe I.1 (mit ausführlicher Bearbeitung)
(Bearbeitungszeit: ca. 60 min.)

Gegeben sei ein Dreieck mit den Eckpunkten A, B und C sowie den Seitenmitten M_a, M_b und M_c, wobei $\overrightarrow{AB} = \vec{c}$, $\overrightarrow{BC} = \vec{a}$ und $\overrightarrow{CA} = \vec{b}$. (Fig. I.1.1)

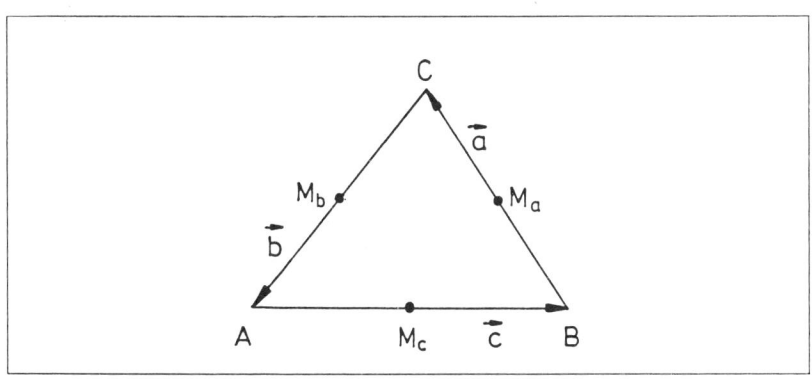

a) Bilden Sie die *Vektorsumme* $\vec{a} + \vec{b} + \vec{c}$, deuten Sie das Ergebnis graphisch und drücken Sie jeden *Vektor* durch die beiden anderen aus.

1

b) Stellen Sie die Seitenhalbierenden $\overrightarrow{AM_a} = \vec{s}_a$, $\overrightarrow{BM_b} = \vec{s}_b$ und $\overrightarrow{CM_c} = \vec{s}_c$ jeweils als *Linearkombination* von $\vec{a}$, $\vec{b}$ und $\vec{c}$ dar.

c) Zeigen Sie, daß $\vec{s}_a$, $\vec{s}_b$ und $\vec{s}_c$ eine geschlossene Vektorkette bildet.

d) Drücken Sie die Mittellinien $\overrightarrow{M_c M_b} = \vec{m}_a$, $\overrightarrow{M_b M_a} = \vec{m}_c$ und $\overrightarrow{M_a M_c} = \vec{m}_b$ mit Hilfe von $\vec{a}$, $\vec{b}$ und $\vec{c}$ aus und zeigen Sie: $\vec{m}_a \parallel \vec{a}$. Gilt diese Aussage sinngemäß auch für $\vec{b}$ und $\vec{c}$?

e) Ergänzen Sie das Dreieck ABC durch einen Punkt D, so daß ein Parallelogramm $ABCD$ entsteht (Grundseite AB). Drücken Sie die Diagonale $\overrightarrow{AD}$ auf drei verschiedene Weisen durch $\vec{a}$ und $\vec{c}$, durch $\vec{b}$ und $\vec{c}$ sowie durch $\vec{s}_a$ aus.

Bearbeitung von Aufgabe I.1:

a_1) Die Punktepaare AB, BC und CA definieren jeweils einen Vektor $\vec{c}$, $\vec{a}$ und $\vec{b}$. Vektoren lassen sich als Verschiebungen auffassen. Bei der Verschiebung $\vec{c}$ fällt A auf B. Die Schreibweise $\overrightarrow{AB}$ macht dies deutlich. Streng genommen bildet $\overrightarrow{AB}$ nur einen Pfeil. Wendet man die Verschiebung $\vec{c}$ auf einen anderen Punkt A' an und fällt dieser auf B', so sind $\overrightarrow{AB}$ und $\overrightarrow{A'B'}$ verschiedene Pfeile, aber diese sind gleich lang, parallel und gleich orientiert, sie sind „vektorgleich". Die Schreibweise $\overrightarrow{AB}$ definiert also einen Vektor (als Repräsentant aller vektorgleichen Pfeile). Die Summe von zwei Vektoren läßt sich dann als Hintereinanderausführung zweier Verschiebungen interpretieren. Die Menge der ebenen Vektoren soll mit V_2, die der räumlichen mit V_3 bezeichnet werden.

Zwei Vektoren $\vec{a}$ und $\vec{b}$ werden addiert, indem man den Anfang des zweiten Vektors an die Spitze des ersten Vektors ansetzt. Der Summenvektor $\vec{a} + \vec{b}$ zeigt dann vom Anfang von $\vec{a}$ zur Spitze von $\vec{b}$. Dies gilt (wie alle anderen Aussagen über geometrische Vektoren) stets sowohl für V_2 als auch für V_3.

Bei drei Vektoren gilt das entsprechend. Der dritte Vektor wird an die Spitze von $\vec{a} + \vec{b}$ angetragen. Bilden Sie zunächst $\vec{a} + \vec{b}$.

Es ist $\vec{a} + \vec{b} = \overrightarrow{BC} + \overrightarrow{CA} = \overrightarrow{BA}$.

[Wie hängt dieser Vektor mit $\vec{c}$ zusammen?

Der Vektor $\overrightarrow{BA}$ ist der Gegenvektor zu $\overrightarrow{AB} = \vec{c}$. Er ist gleich lang, parallel, aber entgegengesetzt orientiert. Bildet man $\overrightarrow{BA} + \overrightarrow{AB} = \overrightarrow{BB}$, so ergibt sich als Summe der Nullvektor $\vec{0}$. Bei der „Nullverschiebung" fällt der Punkt B (und damit auch jeder andere Punkt) auf sich selbst. Wegen der Gleichung $\overrightarrow{BA} + \overrightarrow{AB} = \vec{0}$ schreibt man auch $\overrightarrow{BA} = -\overrightarrow{AB}$.

[Was ergibt $\vec{a} + \vec{b} + \vec{c}$?

Es folgt somit: $(\vec{a} + \vec{b}) + \vec{c} = (\overrightarrow{BC} + \overrightarrow{CA}) + \overrightarrow{AB} = \overrightarrow{BA} + \overrightarrow{AB} = \vec{0}$.

a$_2$) Für die drei Vektoren $\vec{a}$, $\vec{b}$ und $\vec{c}$ bedeutet dies: Die Spitze von $\vec{c}$ fällt wieder auf den Anfang von $\vec{a}$: $\vec{a}$, $\vec{b}$ und $\vec{c}$ bilden eine geschlossene Vektorkette.

[(Hinweis: Dasselbe Ergebnis hätte sich ergeben, wenn man zunächst $\vec{b}+\vec{c}$ gebildet und dann zu $\vec{a}$ addiert hätte: $\vec{a}+(\vec{b}+\vec{c}) = \overrightarrow{BC}+(\overrightarrow{CA}+\overrightarrow{AB}) = \overrightarrow{BC}+\overrightarrow{CB} = \vec{0}$.
Für die Addition von Vektoren gilt das *Assoziativgesetz*. Klammern dürfen beliebig gesetzt oder weggelassen werden. Ebenso elementar ergibt sich die Gültigkeit des *Kommutativgesetzes*: $\vec{a} + \vec{b} = \vec{b} + \vec{a}$ für beliebige Vektoren $\vec{a}$ und $\vec{b}$ (vgl. Anhang 2)).

a$_3$) Wegen $\vec{a}+\vec{b}+\vec{c} = \vec{0}$ ergibt sich unmittelbar die Möglichkeit, einen Vektor durch die beiden anderen auszudrücken: $\vec{a} = -(\vec{b}+\vec{c})$. Nun ist $\vec{b} + \vec{c} = \overrightarrow{CA} + \overrightarrow{AB} = \overrightarrow{CB}$ und $-\vec{b} + (-\vec{c}) = \overrightarrow{AC} + \overrightarrow{BA} = \overrightarrow{BA} + \overrightarrow{AC} = \overrightarrow{BC} = -\overrightarrow{CB}$. Also: $\vec{a} = -(\vec{b}+\vec{c}) = -\vec{b} + (-\vec{c}) = -\vec{b} - \vec{c}$ (nach Definition). Insgesamt folgt: $\vec{a} = -\vec{b} - \vec{c}$ und ebenso $\vec{b} = -\vec{a} - \vec{c}$ und $\vec{c} = -\vec{a} - \vec{b}$.

[Diese Gleichungen folgen auch aus dem allgemeinen Zusammenhang bei der Subtraktion von Vektoren. Aus der Gleichung $\overrightarrow{AB} + \overrightarrow{BC} = \overrightarrow{AC}$ ergibt sich äquivalent $\overrightarrow{BC} = \overrightarrow{AC} - \overrightarrow{AB}$. Diese Vektorgleichung hat eine graphische Bedeutung: Der *Differenzvektor* von zwei Vektoren mit gleichem Anfangspunkt zeigt von der Spitze des zweiten zur Spitze des ersten Vektors. In dieser Aufgabe ist die zweite Gleichung wegen $\overrightarrow{AC} = -\vec{b}$ äquivalent zu $\vec{a} = -\vec{b} - \vec{c}$.

Die Gesetze für das Rechnen mit Vektoren (V_2 und V_3) werden im Folgenden nicht alle hergeleitet. Insbesondere die *Distributivgesetze der S-Multiplikation* werden in den weiteren Teilen dieser Aufgabe als bekannt vorausgesetzt: So gilt etwa $2(\vec{a} + \vec{b}) = 2\vec{a} + 2\vec{b}$ oder $-\frac{1}{2}(\vec{a} - 2\vec{b}) = -\frac{1}{2}\vec{a} + \vec{b}$. Die Gesetze sind von den reellen Zahlen bekannt, gegebenenfalls schauen Sie im Anhang 2 nach.

b) Die Seitenhalbierende $\overrightarrow{AM_a} = \vec{s}_a$ läßt sich als Summe $\overrightarrow{AB} + \overrightarrow{BM_a}$ darstellen.
[Wie läßt sich $\overrightarrow{BM_a}$ mit Hilfe von $\overrightarrow{BC}$ ausdrücken?

Die Vektoren $\overrightarrow{BC}$ und $\overrightarrow{BM_a}$ haben dieselbe Richtung bei gleicher Orientierung. Da M_a genau die Mitte von $\overrightarrow{BC}$ markiert, gilt $\overrightarrow{BM_a} = \frac{1}{2}\overrightarrow{BC}$. Deshalb ergibt sich insgesamt für die Seitenhalbierenden als Linearkombinationen der Seitenvektoren

$\vec{s}_a = \overrightarrow{AM_a} = \overrightarrow{AB} + \overrightarrow{BM_a} = \overrightarrow{AB} + \frac{1}{2}\overrightarrow{BC} = \vec{c} + \frac{1}{2}\vec{a}$. Ebenso

$\vec{s}_b = \overrightarrow{BM_b} = \overrightarrow{BC} + \overrightarrow{CM_b} = \overrightarrow{BC} + \frac{1}{2}\overrightarrow{CA} = \vec{a} + \frac{1}{2}\vec{b}$ und

$\vec{s}_c = \overrightarrow{CM_c} = \overrightarrow{CA} + \overrightarrow{AM_c} = \overrightarrow{CA} + \frac{1}{2}\overrightarrow{AB} = \vec{b} + \frac{1}{2}\vec{c}$.

⌈ Zeichnen Sie die Seitenhalbierenden mit ein.

c) Eine geschlossene Vektorkette liegt vor, wenn die Summe den Nullvektor liefert.
⌊ Bedenken Sie, daß dies für die Vektoren $\vec{a}$, $\vec{b}$ und $\vec{c}$ gilt.

Mit den Kenntnissen aus b) läßt sich die Summe der drei Seitenhalbierenden leicht bestimmen. Es ist $\vec{s}_a + \vec{s}_b + \vec{s}_c = \vec{c} + \frac{1}{2}\vec{a} + \vec{a} + \frac{1}{2}\vec{b} + \vec{b} + \frac{1}{2}\vec{c} = \frac{3}{2}(\vec{a} + \vec{b} + \vec{c}) = \vec{0}$, denn $\vec{a} + \vec{b} + \vec{c} = \vec{0}$. Damit ist gezeigt, daß die drei Seitenhalbierenden eine geschlossene Vektorkette bilden.

d) Zeichnen Sie zunächst die drei Mittellinien $\vec{m}_a$, $\vec{m}_b$ und $\vec{m}_c$ in das Dreieck mit
⌊ ein.

Eine Betrachtung der Zeichnung liefert sofort $\vec{m}_a = \overrightarrow{M_c M_b} = \overrightarrow{M_c C} + \overrightarrow{C M_b} = -\vec{s}_c + \frac{1}{2}\vec{b} = -(\vec{b} + \frac{1}{2}\vec{c}) + \frac{1}{2}\vec{b} = -\vec{b} - \frac{1}{2}\vec{c} + \frac{1}{2}\vec{b} = \frac{1}{2}(-\vec{b} - \vec{c})$.

⌈ Dieser Vektor läßt sich nach a₃) durch $\vec{a}$ ausdrücken.

Wegen $\vec{a} + \vec{b} + \vec{c} = \vec{0}$ ist $-\vec{b} - \vec{c} = \vec{a}$. Also ergibt sich insgesamt $\vec{m}_a = \frac{1}{2}\vec{a}$. Das bedeutet speziell: $\vec{m}_a \parallel \vec{a}$. Für die beiden anderen Mittellinien folgt entsprechend $\vec{m}_b = \overrightarrow{M_a M_c} = \overrightarrow{M_a A} + \overrightarrow{A M_c} = -\vec{s}_a + \frac{1}{2}\vec{c} = -(\vec{c} + \frac{1}{2}\vec{a}) + \frac{1}{2}\vec{c} = \frac{1}{2}(-\vec{a} + \vec{c}) = \frac{1}{2}\vec{b}$ und $\vec{m}_c = \overrightarrow{M_b M_a} = \overrightarrow{M_b B} + \overrightarrow{B M_a} = -\vec{s}_b + \frac{1}{2}\vec{a} = -(\vec{a} + \frac{1}{2}\vec{b}) + \frac{1}{2}\vec{a} = \frac{1}{2}(-\vec{a} - \vec{b}) = \frac{1}{2}\vec{c}$.

⌈ Dies läßt sich auch ohne Benutzung der Seitenhalbierenden beweisen, denn
| $\vec{m}_a = \overrightarrow{M_c M_b} = \overrightarrow{M_c A} + \overrightarrow{A M_b} = -\frac{1}{2}\vec{c} + (-\frac{1}{2}\vec{b}) = \frac{1}{2}(-\vec{c} - \vec{b}) = \frac{1}{2}\vec{a}$ und analog
| $\vec{m}_b = \overrightarrow{M_a M_c} = -\frac{1}{2}\vec{a} + (-\frac{1}{2}\vec{c}) = \frac{1}{2}(-\vec{a} - \vec{c}) = \frac{1}{2}\vec{b}$ sowie
⌊ $\vec{m}_c = \overrightarrow{M_b M_a} = -\frac{1}{2}\vec{b} + (-\frac{1}{2}\vec{a}) = \frac{1}{2}(-\vec{a} - \vec{b}) = \frac{1}{2}\vec{c}$.

Damit ist auch für die Vektoren $\vec{b}$ und $\vec{c}$ gezeigt: $\vec{m}_b \parallel \vec{b}$ und $\vec{m}_c \parallel \vec{c}$.

⌈ Insbesondere bilden $\vec{m}_a$, $\vec{m}_b$ und $\vec{m}_c$ ebenfalls eine geschlossene Vektorkette,
⌊ denn $\vec{m}_a + \vec{m}_b + \vec{m}_c = \frac{1}{2}(\vec{a} + \vec{b} + \vec{c}) = \vec{0}$.

e₁) Das Dreieck ABC kann zu einem Parallelogramm $ABCD$ ergänzt werden, indem man im Punkt C den Vektor $\overrightarrow{AB}$ anträgt. Die Spitze definiert dann den
⌊ Eckpunkt D. Zeichnen Sie dieses Parallelogramm.

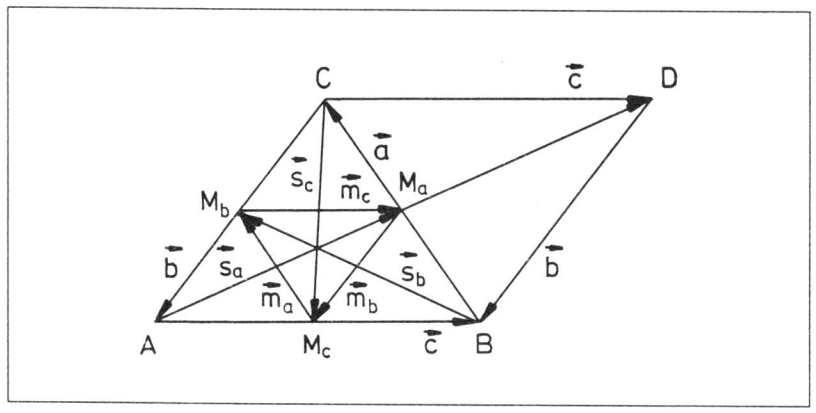

Es ist $\overrightarrow{CD} = \overrightarrow{AB} = \vec{c}$ (und entsprechend $\overrightarrow{CA} = \overrightarrow{DB} = \vec{b}$).

e$_2$) Es gibt mehrere Möglichkeiten, den Vektor $\overrightarrow{AD}$ als Linearkombination der gegebenen Vektoren auszudrücken. Es ist zu empfehlen, das Parallelogramm von A nach D auf verschiedenen Wegen entlang zu schreiten und dabei die benutzten Wege (=Vektoren) zu notieren.

1) Um $\overrightarrow{AD}$ nur mit Hilfe von $\vec{a}$ und $\vec{c}$ auszudrücken, wählt man den „Weg" $\overrightarrow{AD} = \overrightarrow{AB} + \overrightarrow{BC} + \overrightarrow{CD} = \vec{c} + \vec{a} + \vec{c} = 2\vec{c} + \vec{a}$. Die erste Möglichkeit liefert $\overrightarrow{AD} = 2\vec{c} + \vec{a}$.

2) Ebenso mit Hilfe von $\vec{b}$ und $\vec{c}$: $\overrightarrow{AD} = \overrightarrow{AB} + \overrightarrow{BD} = \vec{c} + (-\vec{b}) = \vec{c} - \vec{b}$. Es gilt ebenfalls $\overrightarrow{AD} = \vec{c} - \vec{b}$.

3) Soll nur der Vektor $\vec{s}_a$ benutzt werden, so kann der Weg über M_a gewählt werden. Bedenken Sie, daß das Parallelogramm eine punktsymmetrische Figur ist mit dem Zentrum M_a.

Schließlich ist $\overrightarrow{AD} = \overrightarrow{AM_a} + \overrightarrow{AM_a} = 2\overrightarrow{AM_a} = 2\vec{s}_a$ (Vektoraddition!). Auch durch $\overrightarrow{AD} = 2\vec{s}_a$ läßt sich die Diagonale ausdrücken.

Selbstverständlich ergibt sich jeweils derselbe Vektor, der nur auf verschiedene Weisen dargestellt wird. Auch die kompliziertere Darstellung $\overrightarrow{AD} = \vec{s}_a + \vec{m}_b - \vec{s}_c + \vec{c} = \vec{c} + \frac{1}{2}\vec{a} + \frac{1}{2}\vec{b} - \frac{1}{2}\vec{c} + \vec{c} = \frac{3}{2}\vec{c} - \frac{1}{2}\vec{b} + \frac{1}{2}\vec{a}$ ist möglich, wie Sie zur Übung nachprüfen sollten.

Schließlich mache man sich noch einmal an diesem konkreten Beispiel die für jedes Parallelogramm gültige Aussage klar: Spannen zwei Vektoren **mit demselben Anfangspunkt** ein Parallelogramm auf (hier $\vec{b}$ und $\vec{c}$ mit dem Anfangspunkt C), so ergeben sich die beiden Diagonalen durch den Summenvektor $\vec{b} + \vec{c} = \overrightarrow{CB}$ (hier $-\vec{a}$) und den Differenzvektor $\vec{c} - \vec{b}$ (dieser zeigt von der Spitze von $\vec{b}$ zur Spitze von $\vec{c}$ und liefert gerade den Vektor $\overrightarrow{AD}$). Wenn Sie nicht völlig mit der graphischen Bedeutung der Addition, Subtraktion und S-Multiplikation (mit reellen Zahlen) von Vektoren vertraut sind, sollen Sie im Anhang 2 vor der weiteren Bearbeitung nachschlagen.

Aufgabe I.2 (Lösung im Anhang 1)
(Bearbeitungszeit: ca. 45 min.)

Gegeben sind drei Vektoren $\vec{a}$, $\vec{b}$ und $\vec{c}$, die eine Pyramide bilden (Fig. I.2). Die Grundfläche ist dabei das von $\vec{a}$ und $\vec{b}$ aufgespannte Parallelogramm.

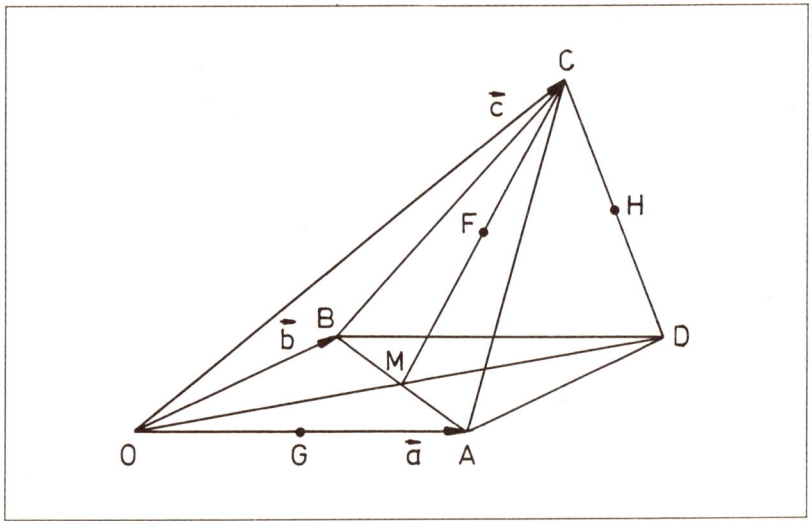

a) Drücken sie die Vektoren $\overrightarrow{AC}$, $\overrightarrow{BC}$ und $\overrightarrow{DC}$ mit Hilfe von $\vec{a}$, $\vec{b}$ und $\vec{c}$ aus.

b) Die Punkte F, G und H liegen jeweils in der Mitte der Strecken CM, OA und CD, M ist der Schnittpunkt der Diagonalen der Grundfläche. Stellen Sie die Vektoren $\overrightarrow{CM}$, $\overrightarrow{OF}$ und $\overrightarrow{GH}$ als Linearkombination von $\vec{a}$, $\vec{b}$ und $\vec{c}$ dar.

c) Lösen Sie die Gleichung $2(\vec{x} + \vec{b} - \frac{1}{2}\vec{c}) = 2\vec{b} - (\vec{a} - \vec{x})$ nach $\vec{x}$ auf und bestimmen Sie denjenigen Punkt X für den gilt $\vec{x} = \overrightarrow{AX}$.

d) Zeigen Sie die Beziehung $\overrightarrow{OC} + \overrightarrow{AC} + \overrightarrow{BC} + \overrightarrow{DC} = 4\overrightarrow{MC}$ mit und ohne Hilfe der Vektoren $\vec{a}$, $\vec{b}$ und $\vec{c}$.

Aufgabe I.3 (Lösung im Anhang 1)
(Bearbeitungszeit: ca. 30 min.)
Gegeben sei ein Würfel, der von den Vektoren $\vec{a}$, $\vec{b}$ und $\vec{c}$ aufgespannt wird (Fig. I.3).

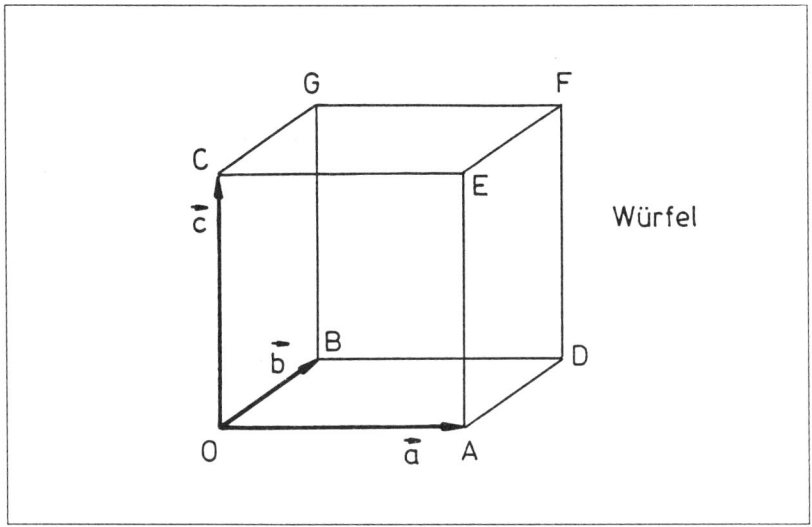

a) Wie viele Pfeile gibt es, die von einer Ecke zu einer anderen Ecke gehen?

b) Wie viele verschiedene Vektoren werden dadurch definiert?

c) Deuten Sie graphisch folgende Vektoren
   1) $\vec{b} + \vec{c} - \frac{1}{2}\vec{a}$
   2) $\frac{1}{2}(\vec{a} + \vec{b} + \vec{c})$
   3) $\vec{c} - \frac{1}{2}(\vec{a} + \vec{b})$

d) Bestimmen Sie den Vektor $\overrightarrow{PQ}$, wobei P der Mittelpunkt des Quadrates $\square OBGC$ und Q der Mittelpunkt von $\square BDFG$ ist.

Aufgabe I.4 (mit ausführlicher Bearbeitung)
(Bearbeitungszeit: ca. 60 min.)
In einem kartesischen Koordinatensystem mit dem Ursprung $O(0|0)$ sind die Punkte $A(2|0)$, $B(-1|2)$ und $C(3|3)$ gegeben.

a) Beschreiben Sie die Punkte A, B und C durch *Vektoren* $\vec{a}$, $\vec{b}$ und $\vec{c}$ in Koordinatenschreibweise und bestimmen Sie $\vec{a} + \vec{b}$, $\vec{b} + \vec{c}$ und $\vec{a} + \vec{c}$.

b) Geben Sie die Vektoren $\overrightarrow{AB}$, $\overrightarrow{BC}$ und $\overrightarrow{CA}$ in Koordinatenschreibweise an. Was ergibt die *Vektorsumme*?

c) Bestimmen Sie die Koordinatendarstellung der *Linearkombinationen* $2\vec{a} - \frac{1}{3}\vec{c}$, $3\vec{a} + 4\vec{b}$ und $\frac{1}{2}\vec{b} + \frac{1}{4}\vec{c} - \vec{a}$.

d) Zeigen Sie: $\vec{d} = \begin{pmatrix} -\sqrt{8} \\ \sqrt{32} \end{pmatrix} \parallel \vec{b}$.

e) Läßt sich der Vektor $\vec{c}$ als Linearkombination von $\vec{a}$ und $\vec{b}$ darstellen? Falls ja, ist die Darstellung eindeutig?

Bearbeitung von Aufgabe I.4:

Aus der Mittelstufe ist die Darstellung von Punkten in einem kartesischen Koordinatensystem bekannt. Für die Festlegung in der Ebene benötigt man zwei Koordinatenachsen (x_1 und x_2), im Anschauungsraum kommt eine dritte x_3-Achse hinzu. Dies ermöglicht es, Punkte und Vektoren rechnerisch zu erfassen und auszudrücken.

a_1) Die Punkte A, B und C lassen sich durch Vektoren beschreiben, wenn man den Ursprung O jeweils als Anfangspunkt wählt. Ebene Vektoren aus V_2 haben dann zwei Koordinaten (wie in diesem Fall), räumliche Vektoren aus V_3 entsprechend drei Koordinaten.

Die Koordinatendarstellung der Vektoren ist unmittelbar aus den Koordinaten abzulesen. Dies geht deshalb hier so einfach, weil als jeweiliger Anfangspunkt der Ursprung $O(0|0)$ gewählt wurde. Mit $\overrightarrow{OA} = \vec{a}$, $\overrightarrow{OB} = \vec{b}$ und $\overrightarrow{OC} = \vec{c}$ kann man die Punkte A, B und C vektoriell beschreiben.

Es ist $\vec{a} = \overrightarrow{OA} = \begin{pmatrix} 2 \\ 0 \end{pmatrix}$, $\vec{b} = \overrightarrow{OB} = \begin{pmatrix} -1 \\ 2 \end{pmatrix}$ und $\vec{c} = \overrightarrow{OC} = \begin{pmatrix} 3 \\ 3 \end{pmatrix}$.

a_2) Die Addition $\vec{a} + \vec{b}$ von Vektoren ist graphisch definiert, indem der Anfang von $\vec{b}$ an die Spitze von $\vec{a}$ angetragen wird. Wenn beide Vektoren (wie in diesem Fall) den gleichen Anfangspunkt haben, läßt sich $\vec{a} + \vec{b}$ auch als Diagonale (von O aus) in dem von $\vec{a}$ und $\vec{b}$ aufgespannten Parallelogramm deuten. Was heißt das rechnerisch für die Vektoren $\vec{a}$, $\vec{b}$ und $\vec{a} + \vec{b}$ (s. Fig. I.4.1)?

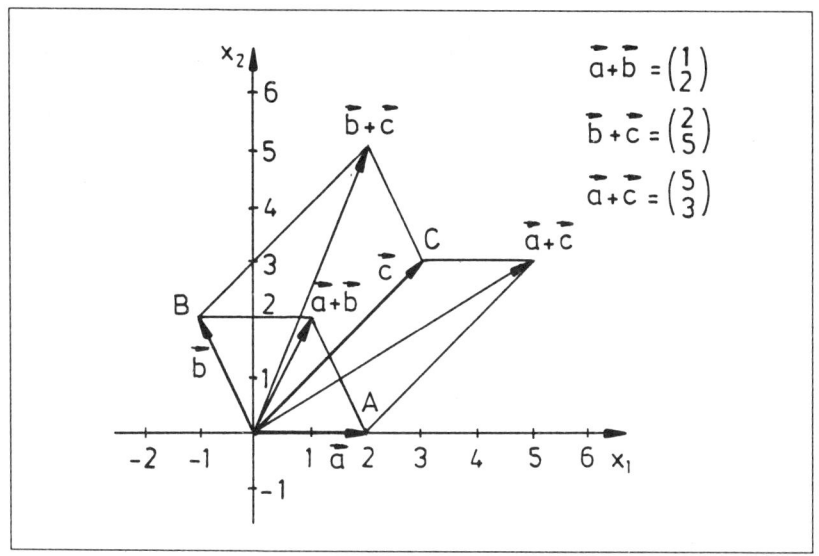

Da es sich anschaulich um die Hintereinanderausführung von Verschiebungen handelt, zunächst $\vec{a} = \begin{pmatrix} 2 \\ 0 \end{pmatrix}$, dann $\vec{b} = \begin{pmatrix} -1 \\ 2 \end{pmatrix}$, ergibt sich insgesamt die Verschiebung $\vec{a} + \vec{b} = \begin{pmatrix} 2+(-1) \\ 0+2 \end{pmatrix} = \begin{pmatrix} 2 \\ 0 \end{pmatrix} + \begin{pmatrix} -1 \\ 2 \end{pmatrix} = \begin{pmatrix} 1 \\ 2 \end{pmatrix}$. Die Addition von Vektoren in Koordinatendarstellung erfolgt also stellenweise. Allgemein:

$$\vec{a} + \vec{b} = \begin{pmatrix} a_1 \\ a_2 \end{pmatrix} + \begin{pmatrix} b_1 \\ b_2 \end{pmatrix} = \begin{pmatrix} a_1 + b_1 \\ a_2 + b_2 \end{pmatrix}$$

Entsprechend lassen sich $\vec{b} + \vec{c}$ und $\vec{a} + \vec{c}$ berechnen. Es ist

$$\vec{b} + \vec{c} = \begin{pmatrix} -1 \\ 2 \end{pmatrix} + \begin{pmatrix} 3 \\ 3 \end{pmatrix} = \begin{pmatrix} -1+3 \\ 2+3 \end{pmatrix} = \begin{pmatrix} 2 \\ 5 \end{pmatrix} \text{ und}$$

$$\vec{a} + \vec{c} = \begin{pmatrix} 2 \\ 0 \end{pmatrix} + \begin{pmatrix} 3 \\ 3 \end{pmatrix} = \begin{pmatrix} 2+3 \\ 0+3 \end{pmatrix} = \begin{pmatrix} 5 \\ 3 \end{pmatrix}$$

b) Wie lassen sich die Vektoren $\overrightarrow{AB}$, $\overrightarrow{BC}$ und $\overrightarrow{CA}$ durch $\vec{a}, \vec{b}$ und $\vec{c}$ ausdrücken?

Die Vektoren ergeben sich unmittelbar als *Differenzvektoren*: $\overrightarrow{AB} = \vec{b} - \vec{a}$, $\overrightarrow{BC} = \vec{c} - \vec{b}$ und $\overrightarrow{CA} = \vec{a} - \vec{c}$.

[Was bedeutet dies für die Koordinatendarstellung (s. Fig. I.4.2)?

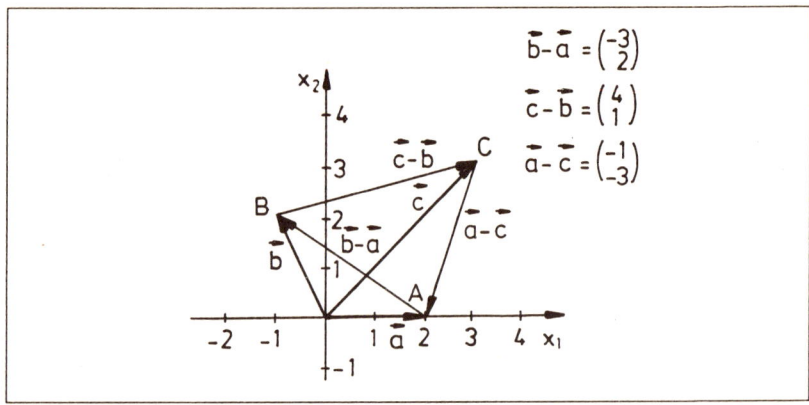

Da $\vec{b} - \vec{a} = \vec{b} + (-\vec{a})$, läßt sich die Differenz als Summe schreiben. Dabei ist $-\vec{a}$ der Gegenvektor zu $\vec{a}$. Für diesen gilt $\vec{a} + (-\vec{a}) = \vec{0}$. Daraus folgt dann sofort

$$-\vec{a} = -\begin{pmatrix} a_1 \\ a_2 \end{pmatrix} = \begin{pmatrix} -a_1 \\ -a_2 \end{pmatrix}.$$

Insgesamt ergibt sich hier:

$$\overrightarrow{AB} = \vec{b} - \vec{a} = \vec{b} + (-\vec{a}) = \begin{pmatrix} -1 \\ 2 \end{pmatrix} + \begin{pmatrix} -2 \\ 0 \end{pmatrix} = \begin{pmatrix} -3 \\ 2 \end{pmatrix}.$$

Die Subtraktion von Vektoren in Koordinatendarstellung geschieht ebenfalls stellenweise:

$$\vec{a} - \vec{b} = \begin{pmatrix} a_1 \\ a_2 \end{pmatrix} + \left(-\begin{pmatrix} b_1 \\ b_2 \end{pmatrix}\right) = \begin{pmatrix} a_1 - b_1 \\ a_2 - b_2 \end{pmatrix}.$$

[Entsprechend lassen sich $\overrightarrow{BC}$ und $\overrightarrow{CA}$ berechnen.

Die Rechnung liefert

$$\overrightarrow{BC} = \vec{c} - \vec{b} = \begin{pmatrix} 3 \\ 3 \end{pmatrix} - \begin{pmatrix} -1 \\ 2 \end{pmatrix} = \begin{pmatrix} 3-(-1) \\ 3-2 \end{pmatrix} = \begin{pmatrix} 4 \\ 1 \end{pmatrix} \text{ und}$$

$$\overrightarrow{CA} = \vec{a} - \vec{c} = \begin{pmatrix} 2 \\ 0 \end{pmatrix} - \begin{pmatrix} 3 \\ 3 \end{pmatrix} = \begin{pmatrix} 2-3 \\ 0-3 \end{pmatrix} = \begin{pmatrix} -1 \\ -3 \end{pmatrix}.$$

Für die Summe folgt

$$\overrightarrow{AB} + \overrightarrow{BC} + \overrightarrow{CA} = \begin{pmatrix} -3 \\ 2 \end{pmatrix} + \begin{pmatrix} 4 \\ 1 \end{pmatrix} + \begin{pmatrix} -1 \\ -3 \end{pmatrix} = \begin{pmatrix} 0 \\ 0 \end{pmatrix},$$

wie man sich auch unmittelbar an der Zeichnung klar macht.

c) Um die verlangten Linearkombinationen berechnen zu können, muß man sich
den Einfluß der S-Multiplikation auf die Koordinatendarstellung überlegen.
Der Vektor $r\vec{a}$ ist parallel zu $\vec{a}$, und zwar gleich orientiert für $r > 0$ und entgegengesetzt orientiert für $r < 0$. Die Länge von $r\vec{a}$ wird durch $|r| \cdot |\vec{a}|$ definiert.
Was bedeutet das für die Koordinatendarstellung (s. Fig. I.4.3)?

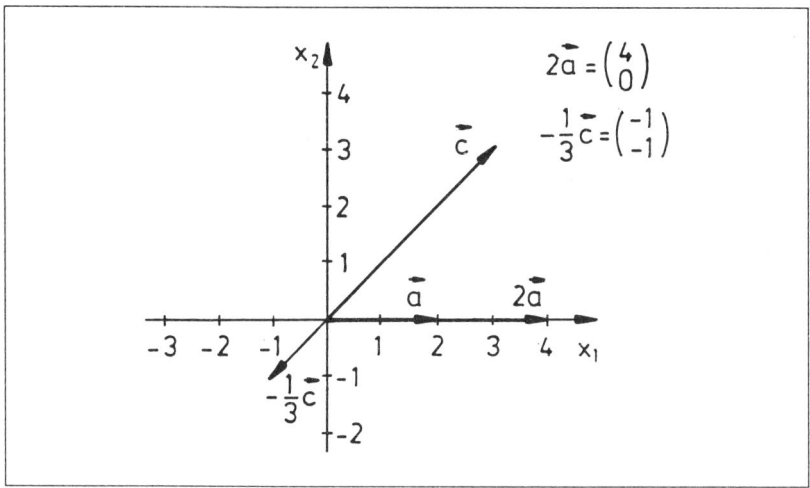

Man erkennt: $2\vec{a} = 2\begin{pmatrix} 2 \\ 0 \end{pmatrix} = \begin{pmatrix} 4 \\ 0 \end{pmatrix}$ und $-\frac{1}{3}\vec{c} = -\frac{1}{3}\begin{pmatrix} 3 \\ 3 \end{pmatrix} = \begin{pmatrix} -1 \\ -1 \end{pmatrix}$.

Die S-Multiplikation von Vektoren bedeutet, daß jede Koordinate mit dem Skalar multipliziert wird. Allgemein:

$$r\vec{a} = r\begin{pmatrix} a_1 \\ a_2 \end{pmatrix} = \begin{pmatrix} ra_1 \\ ra_2 \end{pmatrix}.$$

Die drei Linearkombinationen lassen sich jetzt leicht berechnen:

$$2\vec{a} - \frac{1}{3}\vec{c} = 2\begin{pmatrix} 2 \\ 0 \end{pmatrix} - \frac{1}{3}\begin{pmatrix} 3 \\ 3 \end{pmatrix} = \begin{pmatrix} 4 \\ 0 \end{pmatrix} - \begin{pmatrix} 1 \\ 1 \end{pmatrix} = \begin{pmatrix} 3 \\ -1 \end{pmatrix}$$

$$3\vec{a} + 4\vec{b} = 3\begin{pmatrix} 2 \\ 0 \end{pmatrix} + 4\begin{pmatrix} -1 \\ 2 \end{pmatrix} = \begin{pmatrix} 6 \\ 0 \end{pmatrix} + \begin{pmatrix} -4 \\ 8 \end{pmatrix} = \begin{pmatrix} 2 \\ 8 \end{pmatrix}$$

$$\frac{1}{2}\vec{b} + \frac{1}{4}\vec{c} - \vec{a} = \frac{1}{2}\begin{pmatrix} -1 \\ 2 \end{pmatrix} + \frac{1}{4}\begin{pmatrix} 3 \\ 3 \end{pmatrix} - \begin{pmatrix} 2 \\ 0 \end{pmatrix}$$

$$= \begin{pmatrix} -1/2 \\ 1 \end{pmatrix} + \begin{pmatrix} 3/4 \\ 3/4 \end{pmatrix} - \begin{pmatrix} 2 \\ 0 \end{pmatrix} = \begin{pmatrix} -7/4 \\ 7/4 \end{pmatrix}$$

d) Um zu zeigen, daß $\vec{d} \parallel \vec{b}$ ist, müssen sie einen Faktor $r \in \mathbb{R}$ angeben, so daß $\vec{d} = r\vec{b}$. (So ist zum Beispiel $\vec{e} = 2 \begin{pmatrix} -1 \\ 2 \end{pmatrix} = \begin{pmatrix} -2 \\ 4 \end{pmatrix}$ zu $\vec{b}$ parallel.) Der Faktor hier läßt sich durch teilweises Wurzelziehen bestimmen.

$$\vec{d} = \begin{pmatrix} -\sqrt{8} \\ \sqrt{32} \end{pmatrix} = \begin{pmatrix} -\sqrt{4 \cdot 2} \\ \sqrt{16 \cdot 2} \end{pmatrix} = \begin{pmatrix} -2\sqrt{2} \\ 4\sqrt{2} \end{pmatrix} = 2\sqrt{2} \begin{pmatrix} -1 \\ 2 \end{pmatrix},$$

also $\vec{d} \parallel \vec{b}$ mit $r = 2\sqrt{2}$.

e) Der Nachweis, daß sich $\vec{c} = \begin{pmatrix} 3 \\ 3 \end{pmatrix}$ als Linearkombination der Vektoren $\vec{a} = \begin{pmatrix} 2 \\ 0 \end{pmatrix}$ und $\vec{b} = \begin{pmatrix} -1 \\ 2 \end{pmatrix}$ darstellen läßt, ist durch einen allgemeinen Ansatz zu führen, der ein lineares Gleichungssystem festgelegt.

Zu lösen ist die Vektorgleichung $r\vec{a} + s\vec{b} = \vec{c}$. Das bedeutet

$$r \begin{pmatrix} 2 \\ 0 \end{pmatrix} + s \begin{pmatrix} -1 \\ 2 \end{pmatrix} = \begin{pmatrix} 3 \\ 3 \end{pmatrix}$$

Koordinatenweise aufgelöst führt dies auf

$$\begin{cases} 2r - s = 3 \\ 2s = 3 \end{cases}$$

Die zweite Gleichung bestimmt s eindeutig, durch Einsetzen in die erste Gleichung können sie auch r berechnen.

Wegen $2s = 3 \Leftrightarrow s = \dfrac{3}{2}$ und $2r - \dfrac{3}{2} = 3 \Leftrightarrow 2r = \dfrac{9}{2} \Leftrightarrow r = \dfrac{9}{4}$ wird das Gleichungssystem durch das Zahlenpaar $(\dfrac{9}{4} | \dfrac{3}{2})$ eindeutig gelöst. Eine Probe bestätigt

$$\frac{9}{4} \begin{pmatrix} 2 \\ 0 \end{pmatrix} + \frac{3}{2} \begin{pmatrix} -1 \\ 2 \end{pmatrix} = \begin{pmatrix} 9/2 \\ 0 \end{pmatrix} + \begin{pmatrix} -3/2 \\ 3 \end{pmatrix} = \begin{pmatrix} 3 \\ 3 \end{pmatrix}.$$

Die letzte Aufgabe zeigt, daß die Frage nach der Existenz von Linearkombinationen unmittelbar auf ein lineares Gleichungssystem führt, das zu lösen ist. Für räumliche Vektoren ist dies ein Gleichungssystem aus 3 Gleichungen mit 3 Variablen. Aus diesem Grunde nimmt das Problem der Lösung linearer Gleichungssysteme (Existenz und Eindeutigkeit) einen breiten Raum in der linearen Algebra ein. Die Kap. II bis IV handeln im wesentlichen von den Fragen, die in diesem Zusammenhang auftauchen.

Aufgabe I.5 (Lösung im Anhang 1)
(Bearbeitungszeit: ca. 30 min.)

Gegeben seien die Punkte A, B und C in einem kartesischen Koordinatensystem durch die Ortsvektoren

$$\vec{a} = \begin{pmatrix} 2 \\ -1 \\ 3 \end{pmatrix}, \; \vec{b} = \begin{pmatrix} 4 \\ 0 \\ 1 \end{pmatrix} \text{ und } \vec{c} = \begin{pmatrix} 2 \\ -3 \\ 8 \end{pmatrix}.$$

a) Berechnen Sie die Koordinatendarstellung von $\overrightarrow{AB} + \overrightarrow{AC}$.

b) Es sei $\overrightarrow{PA} = \begin{pmatrix} 1 \\ 2 \\ 3 \end{pmatrix}$. Wie lauten die Koordinaten von P?

c) Bestimmen Sie den Vektor $\vec{d}$, so daß $2\vec{a}-\vec{b}+3\vec{c}+\vec{d}$ eine geschlossene Vektorkette bildet.

d) Lösen Sie die folgende Vektorgleichung zunächst allgemein und berechnen Sie dann $\vec{x}$ für die vorliegenden Vektoren:

$$(\vec{b} - \vec{x}) + 2(\vec{a} + \vec{c}) = \frac{2}{3}(\vec{a} - \vec{x}) + 2(\vec{b} + \vec{c})$$

e) Wie läßt sich aus $\vec{a}$, $\vec{b}$ und $\vec{c}$ der Nullvektor $\vec{0}$ linear kombinieren? Ist die Darstellung eindeutig?

Aufgabe I.6 (Lösung im Anhang 1)
(Bearbeitungszeit: ca. 45 min.)

Die Vektoren $\vec{a} = \begin{pmatrix} 6 \\ 2 \\ 0 \end{pmatrix}, \; \vec{b} = \begin{pmatrix} -2 \\ 4 \\ 2 \end{pmatrix}$ und $\vec{c} = \begin{pmatrix} 2 \\ 4 \\ 8 \end{pmatrix}$ spannen einen Spat (Parallelepiped) auf (Fig. I.6).

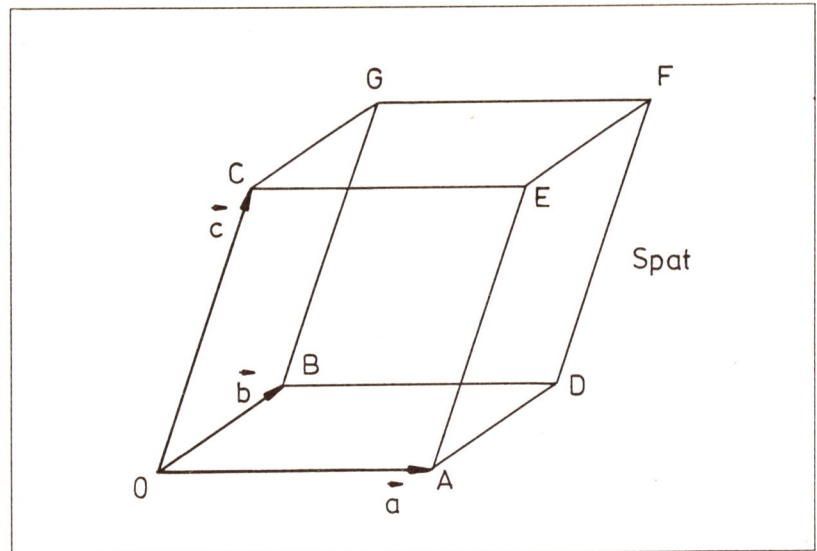

a) Beschreiben Sie vektoriell die 4 Raumdiagonalen.

b) Berechnen sie den Schnittpunkt S aller Raumdiagonalen. (Es darf benutzt werden, daß sie sich gegenseitig halbieren.)

c) Bestimmen Sie die Koordinaten der 6 Mittelpunkte der Flächen des Spats.

d) Welche Koordinatendarstellung hat der Vektor $\overrightarrow{GS}$?

e) Zeigen Sie: Der Punkt $P(0|3,5|1,5)$ liegt im Parallelogramm, das die Grundfläche des Spats bildet.

Aufgabe I.7 (mit ausführlicher Bearbeitung)
(Bearbeitungszeit: ca. 90 min.)

a) Zeigen Sie, daß die Menge $\mathbb{R}^3 = \left\{ \begin{pmatrix} a_1 \\ a_2 \\ a_3 \end{pmatrix} \middle| a_1, a_2, a_3 \in \mathbb{R} \right\}$ aller reellen Zahlentripel einen *Vektorraum* über $\mathbb{R}$ bildet bezüglich der gewöhnlichen Addition und der S-Multiplikation.

b) Beweisen Sie, daß die Menge $U = \left\{ \begin{pmatrix} a_1 \\ 0 \\ a_3 \end{pmatrix} \middle| a_1, a_3 \in \mathbb{R} \right\}$ einen *Unterraum* von $\mathbb{R}^3$ bildet. Deuten Sie U graphisch im Koordinatensystem.

c) Warum bildet die Menge $T = \left\{ \begin{pmatrix} a_1 \\ 1 \\ a_3 \end{pmatrix} \middle| a_1, a_2 \in \mathbb{R} \right\}$ keinen Unterraum von $\mathbb{R}$?

d) Prüfen Sie, ob die Menge $M_2(\mathbb{R}) = \left\{ \begin{pmatrix} a & c \\ b & d \end{pmatrix} \middle| a, b, c, d \in \mathbb{R} \right\}$ aller reellen (2×2)-*Matrizen* einen Vektorraum über $\mathbb{R}$ bildet bezüglich der *Matrizenaddition* und *S-Multiplikation* von Matrizen.

e) Zeigen Sie: Die Mengen $D_1 = \left\{ \begin{pmatrix} a & 0 \\ b & d \end{pmatrix} \in M_2(\mathbb{R}) \middle| a, b, d \in \mathbb{R} \right\}$ und $D_2 = \left\{ \begin{pmatrix} a & c \\ 0 & d \end{pmatrix} \in M_2(\mathbb{R}) \middle| a, c, d \in \mathbb{R} \right\}$ bilden jeweils einen Unterraum von $M_2(\mathbb{R})$. Was ergibt $D_1 \cap D_2$? Ist dies wieder ein Unterraum von $M_2(\mathbb{R})$?

Bearbeitung von Aufgabe I.7:

Der Begriff „Vektorraum über $\mathbb{R}$" ist abgeleitet von den bereits behandelten ebenen und räumlichen Vektoren des Anschauungsraumes. Vektoren aus V_2 (V_3) lassen sich addieren und mit einer reellen Zahl multiplizieren. Diese beiden Verknüpfungen erfüllen eine Reihe von Gesetzen, die man bereits anschaulich von den Vektoren erwartet, etwa das *Kommutativgesetz* der Addition oder die *Distributivgesetze* für die *S*-Multiplikation.

In der linearen Algebra wird der Begriff „Vektorraum über $\mathbb{R}$" verallgemeinert auf die verschiedensten Objekte. Vorausgesetzt wird dabei lediglich, daß eine Addition und eine S-Multiplikation mit reellen Zahlen definiert ist, wobei die Gesetze gelten, die von den geometrischen Vektoren aus V_2 und V_3 bekannt sind. „Vektoren" in diesem abstrakten Sinn können dann auch Funktionen oder reelle Zahlenfolgen sein. Entscheidend sind nur die Gesetze, deren Gültigkeit verlangt werden (*Vektorraumaxiome*). Das Rechnen mit den Vektoren in Koordinatendarstellung haben Sie bereits in den letzten Aufgaben kennengelernt und geübt. In dieser Aufgabe sollen exemplarisch die geforderten Axiome für die Gesetze eines Vektorraumes nachgeprüft werden. Wenn Ihnen die Gesetze eines Vektorraumes nicht (mehr) geläufig sind, studieren Sie diese zunächst im Anhang 2.

a_1) Um zu zeigen, daß die Menge $\mathbb{R}^3$ aller reellen Zahlentripel einen Vektorraum bildet, ist zunächst zu zeigen, daß $\mathbb{R}^3$ mit der Addition $+: \mathbb{R}^3 \times \mathbb{R}^3 \longrightarrow \mathbb{R}^3$ eine *abelsche Gruppe* bildet.

A_1: Sind $\begin{pmatrix} a_1 \\ a_2 \\ a_3 \end{pmatrix}$ und $\begin{pmatrix} b_1 \\ b_2 \\ b_3 \end{pmatrix}$ zwei Elemente aus $\mathbb{R}^3$, so gilt auch

$$\begin{pmatrix} a_1 \\ a_2 \\ a_3 \end{pmatrix} + \begin{pmatrix} b_1 \\ b_2 \\ b_3 \end{pmatrix} = \begin{pmatrix} a_1 + b_1 \\ a_2 + b_2 \\ a_3 + b_3 \end{pmatrix} \in \mathbb{R}^3.$$

Die Addition ist also abgeschlossen.

A_2: Es muß ein neutrales Element bezüglich der Addition in $\mathbb{R}^3$ existieren. Dieses ist das Tripel $\begin{pmatrix} 0 \\ 0 \\ 0 \end{pmatrix}$, denn

$$\begin{pmatrix} a_1 \\ a_2 \\ a_3 \end{pmatrix} + \begin{pmatrix} 0 \\ 0 \\ 0 \end{pmatrix} = \begin{pmatrix} 0 \\ 0 \\ 0 \end{pmatrix} + \begin{pmatrix} a_1 \\ a_2 \\ a_3 \end{pmatrix} = \begin{pmatrix} a_1 \\ a_2 \\ a_3 \end{pmatrix}.$$

A_3: Zu jedem Tripel $\begin{pmatrix} a_1 \\ a_2 \\ a_3 \end{pmatrix}$ muß ein inverses Element existieren, so daß die Addition damit wieder das neutrale Element ergibt. Zu $\begin{pmatrix} a_1 \\ a_2 \\ a_3 \end{pmatrix} \in \mathbb{R}^3$ ist auch $\begin{pmatrix} -a_1 \\ -a_2 \\ -a_3 \end{pmatrix} \in \mathbb{R}^3$ und es gilt

$$\begin{pmatrix} a_1 \\ a_2 \\ a_3 \end{pmatrix} + \begin{pmatrix} -a_1 \\ -a_2 \\ -a_3 \end{pmatrix} = \begin{pmatrix} a_1 - a_1 \\ a_2 - a_2 \\ a_3 - a_3 \end{pmatrix} = \begin{pmatrix} 0 \\ 0 \\ 0 \end{pmatrix}.$$

Also ist $\begin{pmatrix} -a_1 \\ -a_2 \\ -a_3 \end{pmatrix}$ zu $\begin{pmatrix} a_1 \\ a_2 \\ a_3 \end{pmatrix}$ invers bezüglich der Addition.

A_4: Das *Assoziativgesetz* ist zu prüfen: Es gilt stets

$$\begin{pmatrix} a_1 \\ a_2 \\ a_3 \end{pmatrix} + \left(\begin{pmatrix} b_1 \\ b_2 \\ b_3 \end{pmatrix} + \begin{pmatrix} c_1 \\ c_2 \\ c_3 \end{pmatrix} \right) = \left(\begin{pmatrix} a_1 \\ a_2 \\ a_3 \end{pmatrix} + \begin{pmatrix} b_1 \\ b_2 \\ b_3 \end{pmatrix} \right) + \begin{pmatrix} c_1 \\ c_2 \\ c_3 \end{pmatrix},$$

denn die elementare Rechnung zeigt die Gleichheit

$$\begin{pmatrix} a_1 \\ a_2 \\ a_3 \end{pmatrix} + \begin{pmatrix} b_1 + c_1 \\ b_2 + c_2 \\ b_3 + c_3 \end{pmatrix} = \begin{pmatrix} a_1 + (b_1 + c_1) \\ a_2 + (b_2 + c_2) \\ a_3 + (b_3 + c_3) \end{pmatrix} = \begin{pmatrix} (a_1 + b_1) + c_1 \\ (a_2 + b_2) + c_2 \\ (a_3 + b_3) + c_3 \end{pmatrix}$$

$$= \begin{pmatrix} a_1 + b_1 \\ a_2 + b_2 \\ a_3 + b_3 \end{pmatrix} + \begin{pmatrix} c_1 \\ c_2 \\ c_3 \end{pmatrix}$$

und damit die Gültigkeit des Assoziativgesetzes in $\mathbb{R}^3$.

⌈ Dieses Gesetz läuft also unmittelbar zurück auf das Assoziativgesetz bei den
⌊ reellen Zahlen, das in jeder Koordinate ausgenutzt wird.

A_5: Schließlich gilt

$$\begin{pmatrix} a_1 \\ a_2 \\ a_3 \end{pmatrix} + \begin{pmatrix} b_1 \\ b_2 \\ b_3 \end{pmatrix} = \begin{pmatrix} a_1 + b_1 \\ a_2 + b_2 \\ a_3 + b_3 \end{pmatrix} = \begin{pmatrix} b_1 + a_1 \\ b_2 + a_2 \\ b_3 + a_3 \end{pmatrix} = \begin{pmatrix} b_1 \\ b_2 \\ b_3 \end{pmatrix} + \begin{pmatrix} a_1 \\ a_2 \\ a_3 \end{pmatrix}$$

und damit das Kommutativgesetz für die Addition.

⌈ Auch dieses Gesetz folgt unmittelbar aus dem entsprechenden Gesetz für die
⌊ reellen Zahlen.

Damit ist gezeigt: Die Menge $\mathbb{R}^3$ bildet bezüglich der Addition eine abelsche (kommutative) Gruppe.

a_2) Um $\mathbb{R}^3$ als Vektorraum nachzuweisen, sind auch die Gesetze S_1 bis S_5 der *skalaren Multiplikation* zu prüfen (vgl. Anhang 2). Dies ist eine sogenannte äußere Multiplikation: $\mathbb{R} \times \mathbb{R}^3 \longrightarrow \mathbb{R}^3$, da mit reellen Zahlen multipliziert wird und die Ergebnisse wieder in $\mathbb{R}^3$ liegen. Der Punkt wird bei der S-Multiplikation jedoch in der Regel nicht geschrieben.

S_1: Für eine reelle Zahl $r \in \mathbb{R}$ und ein Zahlentripel $\begin{pmatrix} a_1 \\ a_2 \\ a_3 \end{pmatrix} \in \mathbb{R}^3$ ist $r \begin{pmatrix} a_1 \\ a_2 \\ a_3 \end{pmatrix} =$
$\begin{pmatrix} ra_1 \\ ra_2 \\ ra_3 \end{pmatrix}$ wieder ein Element aus $\mathbb{R}^3$. Die S-Multiplikation ist somit abgeschlossen in $\mathbb{R}^3$.

S_2: Zu $r \in \mathbb{R}$ gilt

$$r \left(\begin{pmatrix} a_1 \\ a_2 \\ a_3 \end{pmatrix} + \begin{pmatrix} b_1 \\ b_2 \\ b_3 \end{pmatrix} \right) = r \begin{pmatrix} a_1 + b_1 \\ a_2 + b_2 \\ a_3 + b_3 \end{pmatrix} = \begin{pmatrix} r(a_1 + b_1) \\ r(a_2 + b_2) \\ r(a_3 + b_3) \end{pmatrix}$$

$$= \begin{pmatrix} ra_1 + rb_1 \\ ra_2 + rb_2 \\ ra_3 + rb_3 \end{pmatrix}$$

$$= \begin{pmatrix} ra_1 \\ ra_2 \\ ra_3 \end{pmatrix} + \begin{pmatrix} rb_1 \\ rb_2 \\ rb_3 \end{pmatrix}.$$

Dies ist das V-Distributivgesetz.

S_3: Zu $r, s \in \mathbb{R}$ gilt

$$(r+s)\begin{pmatrix} a_1 \\ a_2 \\ a_3 \end{pmatrix} = \begin{pmatrix} (r+s)a_1 \\ (r+s)a_2 \\ (r+s)a_3 \end{pmatrix} = \begin{pmatrix} ra_1 + sa_1 \\ ra_2 + sa_2 \\ ra_3 + sa_3 \end{pmatrix}$$

$$= \begin{pmatrix} ra_1 \\ ra_2 \\ ra_3 \end{pmatrix} + \begin{pmatrix} sa_1 \\ sa_2 \\ sa_3 \end{pmatrix} = r\begin{pmatrix} a_1 \\ a_2 \\ a_3 \end{pmatrix} + s\begin{pmatrix} a_1 \\ a_2 \\ a_3 \end{pmatrix}.$$

Es gilt ebenfalls das S-Distributivgesetz.

S_4: Außerdem ist das gemischte Assoziativgesetz zu prüfen: Zu $r, s \in \mathbb{R}$ ist

$$r\left(s\begin{pmatrix} a_1 \\ a_2 \\ a_3 \end{pmatrix}\right) = r\begin{pmatrix} sa_1 \\ sa_2 \\ sa_3 \end{pmatrix} = \begin{pmatrix} r(sa_1) \\ r(sa_2) \\ r(sa_3) \end{pmatrix} = \begin{pmatrix} (rs)a_1 \\ (rs)a_2 \\ (rs)a_3 \end{pmatrix} = (rs)\begin{pmatrix} a_1 \\ a_2 \\ a_3 \end{pmatrix}.$$

S_5: Schließlich bleibt zu bestätigen, daß die S-Multiplikation mit $1 \in \mathbb{R}$ dasselbe Zahlentripel liefert:

$$1\begin{pmatrix} a_1 \\ a_2 \\ a_3 \end{pmatrix} = \begin{pmatrix} 1a_1 \\ 1a_2 \\ 1a_3 \end{pmatrix} = \begin{pmatrix} a_1 \\ a_2 \\ a_3 \end{pmatrix}$$

> Diese trivial erscheinende Eigenschaft ist trotzdem wichtig, denn es gibt Beispiele, in denen alle Gesetze gelten, aber S_5 nicht.

Insgesamt ist gezeigt: Die Menge $\mathbb{R}^3$ bildet bezüglich der linearen Verknüpfungen (Addition und S-Multiplikation) einen Vektorraum über $\mathbb{R}$.

> Es ist jetzt leicht zu sehen, daß auch allgemeiner für $n \geq 1$ die Menge $\mathbb{R}^n$ aller reellen n-Tupel einen Vektorraum mit denselben Verknüpfungen bildet. Für $n = 2$ erhält man $\mathbb{R}^2$ als Menge aller Zahlenpaare, $\mathbb{R}^1$ ist die Menge $\mathbb{R}$, die also einen Vektorraum über sich selbst bildet. Häufig wird, vor allem für größere Werte für n, die Zeilenschreibweise $(a_1|\ldots|a_n)$ benutzt. Für die Menge

$\mathbb{R}^n$ aller n-Tupel ist auch die Schreibweise $\mathbb{R}^n = \underbrace{\mathbb{R} \times \ldots \times \mathbb{R}}_{n\text{-mal}}$ (kartesisches Produkt, Produktmenge) üblich.

Im Gegensatz zu den anschaulichen „geometrischen" Vektoren aus V_3 (und V_2) nennt man die Elemente aus $\mathbb{R}^3$ (und $\mathbb{R}^2$) auch „arithmetische" Vektoren. Obwohl beide Mengen völlig verschiedene Elemente enthalten, besteht ein enger Zusammenhang: Geometrische Vektoren können durch arithmetische Vektoren (als Verschiebungen in einem Koordinatensystem) rechnerisch erfaßt werden, umgekehrt kann man die geometrischen Vektoren dazu benutzen, um arithmetische Vektoren und spezielle Aussagen graphisch darzustellen. Für $n \geq 4$ ist eine unmittelbare graphische Darstellung nicht mehr möglich.

b_1) Damit eine Teilmenge $U \subseteq \mathbb{R}^3$ als Unterraum von $\mathbb{R}^3$ nachgewiesen wird, müssen Sie zeigen, daß U bezüglich derselben Verknüpfungen ebenfalls einen Vektorraum bildet. Dazu ist aber nicht nötig, noch einmal **alle** Gesetze zu überprüfen. Was muß lediglich gezeigt werden?

Die Gesetze in $\mathbb{R}^3$ gelten selbstverständlich auch in jeder Teilmenge $U \subseteq \mathbb{R}^3$. Deshalb reicht es zu zeigen, daß U in bezug auf die Addition und S-Multiplikation abgeschlossen ist. Allerdings muß zunächst gesichert sein, daß U überhaupt mindestens einen Vektor enthält: $U \neq \emptyset$. In der Regel weist man nach, daß der Nullvektor in U enthalten ist. (Als neutrales Element der Addition ist $\begin{pmatrix} 0 \\ 0 \\ 0 \end{pmatrix}$ in jedem Unterraum von $\mathbb{R}^3$ enthalten.)

1) Da $\begin{pmatrix} 0 \\ 0 \\ 0 \end{pmatrix} \in U$, ist U von der leeren Menge verschieden.

2) Zu $\begin{pmatrix} a_1 \\ 0 \\ a_3 \end{pmatrix} \in U$ und $\begin{pmatrix} b_1 \\ 0 \\ b_3 \end{pmatrix} \in U$ muß gezeigt werden, daß auch die Summe (die in $\mathbb{R}^3$ auf jeden Fall existiert) wieder in U liegt. $\begin{pmatrix} a_1 \\ 0 \\ a_3 \end{pmatrix} + \begin{pmatrix} b_1 \\ 0 \\ b_3 \end{pmatrix} = \begin{pmatrix} a_1 + b_1 \\ 0 \\ a_3 + b_3 \end{pmatrix} \in U$, denn die zweite Koordinate ist wieder 0. Damit ist U bezüglich der Addition abgeschlossen.

3) Zu $r \in \mathbb{R}$ und $\begin{pmatrix} a_1 \\ 0 \\ a_3 \end{pmatrix} \in U$ ist auch $r \begin{pmatrix} a_1 \\ 0 \\ a_3 \end{pmatrix} = \begin{pmatrix} ra_1 \\ 0 \\ ra_3 \end{pmatrix} \in U$, weil die

Multiplikation mit 0 immer wieder 0 ergibt. Also ist auch U bezüglich der S-Multiplikation abgeschlossen.

Insgesamt ist damit gezeigt: $U = \left\{ \begin{pmatrix} a_1 \\ 0 \\ a_3 \end{pmatrix} \middle| a_1, a_3 \in \mathbb{R} \right\}$ bildet einen Unterraum von $\mathbb{R}^3$.

> Da U, wie der Vektorraum $\mathbb{R}^2$, nur von zwei Parametern (hier a_1 und a_3) abhängt, hat er dieselbe Struktur wie $\mathbb{R}^2$. Bei allen Rechnungen ergibt sich dasselbe Ergebnis, nur daß bei U zusätzlich die 0 als zweite Koordinate auftritt. Diese hat aber auf die Rechnungen (Addition und S-Multiplikation) gar keinen Einfluß. In der Algebra nennt man dies Isomorphie: Die Vektorräume U und $\mathbb{R}^2$ sind *isomorph* (strukturgleich), in Zeichen $U \cong \mathbb{R}^2$. Der Begriff der Isomorphie wird im Anhang 2 noch ausführlicher behandelt.

b$_2$) Zur graphischen Deutung beachten Sie bitte, welche besondere Gestalt die Vektoren aus U haben und was dies für die Lage im Koordinatensystem bedeutet.

Da die zweite Koordinate stets 0 ist, liegen alle Vektoren in der x_1–x_3-Ebene. Der Vektorraum U stellt genau diese Ebene dar.

> Die Interpretation von Vektorräumen (Unterräumen) als geometrische Gebilde wird in Kap. III ausführlich behandelt.

c) Jetzt ist auch leicht einzusehen, warum die Menge $T = \left\{ \begin{pmatrix} a_1 \\ 1 \\ a_3 \end{pmatrix} \middle| a_1, a_3 \in \mathbb{R} \right\}$ keinen Unterraum von $\mathbb{R}^3$ bildet: Die Menge T ist nicht abgeschlossen, weder bezüglich der Addition noch der S-Multiplikation, denn

$$\begin{pmatrix} a_1 \\ 1 \\ a_3 \end{pmatrix} + \begin{pmatrix} b_1 \\ 1 \\ b_3 \end{pmatrix} = \begin{pmatrix} a_1 + b_1 \\ 2 \\ a_3 + b_3 \end{pmatrix} \notin T,$$

ebenso $2 \begin{pmatrix} a_1 \\ 1 \\ a_3 \end{pmatrix} = \begin{pmatrix} 2a_1 \\ 2 \\ 2a_3 \end{pmatrix} \notin T$. Noch leichter ist zu sehen, daß der Nullvektor $\begin{pmatrix} 0 \\ 0 \\ 0 \end{pmatrix}$ nicht in T enthalten ist.

d) Matrizen spielen in der linearen Algebra eine große Rolle (vgl. auch Kap. IV,V). In dieser Aufgabe wird aber nur die Addition und S-Multiplikation von Matrizen benötigt. (Daß man Matrizen auch multiplizieren kann, ist in diesem Zuammenhang unwichtig.)

Eine reelle (2×2)-Matrix hat die Form $\begin{pmatrix} a & c \\ b & d \end{pmatrix}$ mit $a, b, c, d \in \mathbb{R}$. Die Addition und S-Multiplikation sind elementweise definiert durch

$$\begin{pmatrix} a_1 & c_1 \\ b_1 & d_1 \end{pmatrix} + \begin{pmatrix} a_2 & c_2 \\ b_2 & d_2 \end{pmatrix} = \begin{pmatrix} a_1 + a_2 & c_1 + c_2 \\ b_1 + b_2 & d_1 + d_2 \end{pmatrix} \text{ und}$$

$$r \begin{pmatrix} a & c \\ b & d \end{pmatrix} = \begin{pmatrix} ra & rc \\ rb & rd \end{pmatrix}$$

Bemerkung: Für die linearen Verknüpfungen spielt die Matrixform offenbar keine Rolle. Würde man die vier Matrixelemente untereinander schreiben (oder als Zeilenvektor $(a|b|c|d)$), so wird deutlich, daß es sich hier „im wesentlichen" um die Menge $\mathbb{R}^4$ aller reellen 4-Tupel handelt. Dies ist wieder ein Beispiel für Isomorphie: $M_2(\mathbb{R}) \cong \mathbb{R}^4$.

Der Nachweis als Vektorraum läßt sich also völlig analog zu den Ausführungen in a) führen und soll hier nicht allen Einzelheiten durchgeführt werden. Dies sei zur Übung empfohlen!

Das neutrale Element der Addition ist die Nullmatrix $\begin{pmatrix} 0 & 0 \\ 0 & 0 \end{pmatrix}$, zu $A = \begin{pmatrix} a & c \\ b & d \end{pmatrix}$ ist $-A = \begin{pmatrix} -a & -c \\ -b & -d \end{pmatrix}$ invers. Alle Gesetze der Addition und S-Multiplikation werden durch koordinatenweise Rechnung gezeigt. So ist zum Bespiel (Gesetz S_4):

$$r \left(s \begin{pmatrix} a & c \\ b & d \end{pmatrix} \right) = r \begin{pmatrix} sa & sc \\ sb & sd \end{pmatrix} = \begin{pmatrix} r(sa) & r(sc) \\ r(sb) & r(sd) \end{pmatrix}$$

$$= \begin{pmatrix} (rs)a & (rs)c \\ (rs)b & (rs)d \end{pmatrix} = (rs) \begin{pmatrix} a & c \\ b & d \end{pmatrix}$$

Insgesamt gilt: $M_2(\mathbb{R})$ bildet einen Vektorraum über $\mathbb{R}$, der isomorph zu $\mathbb{R}^4$ ist.

e_1) $D_1 = \left\{ \begin{pmatrix} a & 0 \\ b & d \end{pmatrix} \middle| a, b, d \in \mathbb{R} \right\}$ bildet die Menge der unteren Dreiecksmatrizen, $D_2 = \left\{ \begin{pmatrix} a & c \\ 0 & d \end{pmatrix} \middle| a, c, d \in \mathbb{R} \right\}$ entsprechend die Menge der oberen Dreiecksmatrizen.

Warum liegt jeweils ein Unterraum von $M_2(\mathbb{R})$ vor?

Wegen b) sind drei Punkte zu prüfen:

1) Die Nullmatrix $\begin{pmatrix} 0 & 0 \\ 0 & 0 \end{pmatrix}$ gehört sowohl zu D_1 als auch zu D_2. Dies ist offensichtlich, wenn alle Elemente den Wert 0 haben.

2) Abgeschlossenheit bezüglich der Addition:
Da die Addition elementweise definiert ist, ergibt sich jeweils (an der entsprechenden Stelle rechts oben oder links unten) $0 + 0 = 0$. Die Summe zweier oberer (unterer) Dreiecksmatrizen gehört damit wieder zur selben Menge.

3) Abgeschlossenheit bezüglich der S-Multiplikation:
Dies folgt ebenso wie bei 2), denn $r \cdot 0 = 0$ für alle $r \in \mathbb{R}$. Deshalb ändert sich nichts an der vorhandenen Dreiecksgestalt.

Insgesamt folgt: D_1 und D_2 bilden je einen Unterraum der Matrizenmenge $M_2(\mathbb{R})$. Da es nur drei Parameter gibt, sind beide Vektorräume zu $\mathbb{R}^3$ isomorph: $D_1 \cong \mathbb{R}^3$ und $D_2 \cong \mathbb{R}^3$.

e_2) $D_1 \cap D_2$ ist der Durchschnitt der beiden Unterräume. Er besteht aus allen Matrizen, die sowohl zu D_1 als auch zu D_2 gehören. Warum ist dies wieder ein Unterraum von $M_2(\mathbb{R})$?

1) Die Nullmatrix gehört zu D_1 und D_2, also auch zu $D_1 \cap D_2$.

2) Wenn $A, B \in D_1 \cap D_2$, so gilt speziell $A, B \in D_1$ und $A, B \in D_2$. Dann ist aber auch $A + B \in D_1$ und $A + B \in D_2$, also auch $A + B \in D_1 \cap D_2$.

3) Wenn $A \in D_1 \cap D_2$, so gilt $A \in D_1$ und $A \in D_2$, zu $r \in \mathbb{R}$ damit $rA \in D_1$ und $rA \in D_2$, also auch $rA \in D_1 \cap D_2$.

Damit ist $D_1 \cap D_2$ wieder ein Unterraum von $M_2(\mathbb{R})$.

Diese Aussage gilt aufgrund des obigen Beweises offenbar stets für zwei Unterräume U_1 und U_2 in einem beliebigen Vektorraum.

e_3) Welche Gestalt haben die Matrizen aus $D_1 \cap D_2$?
Da die Matrizen sowohl obere als auch untere Dreiecksmatrix sein sollen, gilt $b = c = 0$. Somit also:

$$D_1 \cap D_2 = \left\{ \begin{pmatrix} a & 0 \\ 0 & d \end{pmatrix} \,\bigg|\, a, d \in \mathbb{R} \right\}.$$

Die Matrizen haben außerhalb der (Haupt-)Diagonalen lauter Nullen. Das zeigt obendrein die Isomorphie $D_1 \cap D_2 \cong \mathbb{R}^2$.

Solche Matrizen heißen (2×2)-Diagonalmatrizen. Diese spielen in Kap. V eine große Rolle bei der Beschreibung von Abbildungen.

Aufgabe I.8 (Lösung im Anhang 1)
(Bearbeitungszeit: ca. 60 min.)

Betrachten Sie den Vektorraum $M_2(\mathbb{R})$ aller (2×2)-Matrizen.

a) Berechnen Sie zu $A = \begin{pmatrix} 1 & 2 \\ -1 & 3 \end{pmatrix}$ und $B = \begin{pmatrix} 3 & 1 \\ 0 & 1 \end{pmatrix}$ die Matrizen $2A - 3B$ und $-\frac{1}{2}A + \frac{3}{2}B$.

b) Läßt sich die Matrix $M = \begin{pmatrix} 2 & -1 \\ 1 & 2 \end{pmatrix}$ mit Hilfe von A und B linear kombinieren?

c) Zeigen Sie: Die Menge $C = \left\{ \begin{pmatrix} a & -b \\ b & a \end{pmatrix} \middle| a, b \in \mathbb{R} \right\}$ bildet einen Unterraum von $M_2(\mathbb{R})$.

d) Bestätigen Sie, daß die Matrizen M, $E = \begin{pmatrix} 1 & 0 \\ 0 & 1 \end{pmatrix}$ und $I = \begin{pmatrix} 0 & -1 \\ 1 & 0 \end{pmatrix}$ zu C gehören und stellen Sie M mit Hilfe von E und I dar. Wie läßt sich dies für beliebige Matrizen aus C verallgemeinern?

e) Betrachten Sie die speziellen Teilmengen $C_1 = \{A \in C | a = 0\}$ und $C_2 = \{A \in C | b = 0\}$. Zeigen Sie, daß C_1 und C_2 Unterräume von C (und $M_2(\mathbb{R})$) sind. Was ergibt $C_1 \cap C_2$?

Aufgabe I.9 (Lösung im Anhang 1)
(Bearbeitungszeit: ca. 60 min.)

a) Zeigen Sie: Die Menge aller Linearkombinationen von $\vec{a} = \begin{pmatrix} -2 \\ 1 \\ 0 \end{pmatrix}$ und $\vec{b} = \begin{pmatrix} -1 \\ 0 \\ 1 \end{pmatrix}$ bildet einen Vektorraum, den von $\vec{a}$ und $\vec{b}$ aufgespannten Unterraum $<\vec{a}, \vec{b}>$ von $\mathbb{R}^3$.

b) Prüfen Sie, ob die Vektoren $\vec{c} = \begin{pmatrix} -3 \\ 2 \\ -1 \end{pmatrix}$ und $\vec{d} = \begin{pmatrix} 1 \\ -1 \\ 2 \end{pmatrix}$ in $<\vec{a}, \vec{b}>$ liegen.

c) Zeigen Sie, daß die Vektoren $\vec{e} = \begin{pmatrix} 2 \\ -1 \\ 0 \end{pmatrix}$ und $\vec{f} = \begin{pmatrix} 5 \\ -3 \\ 1 \end{pmatrix}$ denselben Unterraum aufspannen wie $\vec{a}$ und $\vec{b}$.

d) Betrachten Sie die lineare Gleichung $x_1 + 2x_2 + x_3 = 0$. Bestimmen Sie die Lösungsmenge L als Vektormenge und zeigen Sie: $L = <\vec{a}, \vec{b}>$.

e) Wie kann man auch ohne ausführliche Bestimmung der Lösungsmenge nachweisen, daß L (als Menge von Zahlentripeln) einen Unterraum von $\mathbb{R}^3$ bildet?

Kapitel II

Basis, Koordinaten, Lineare Gleichungssysteme I, Untervektorräume I

Aufgabe II.1 (mit ausführlicher Bearbeitung)
(Bearbeitungszeit: ca. 90 min.)

a) Zeigen Sie, daß die *Vektoren* $\vec{a} = \begin{pmatrix} 1 \\ 1 \\ 2 \end{pmatrix}$, $\vec{b} = \begin{pmatrix} 2 \\ -1 \\ 1 \end{pmatrix}$ und $\vec{c} = \begin{pmatrix} 3 \\ 0 \\ 1 \end{pmatrix}$ *linear unabhängig* sind.

b) Stellen Sie den Vektor $\vec{d} = \begin{pmatrix} 2 \\ 2 \\ 2 \end{pmatrix}$ als *Linearkombination* der Vektoren $\vec{a}$, $\vec{b}$ und $\vec{c}$ dar.

c) Zeigen Sie, daß die Vektoren $\vec{a}$, $\vec{b}$ und $\vec{e} = \begin{pmatrix} 9 \\ 3 \\ 12 \end{pmatrix}$ linear abhängig sind durch ausführliche Bestimmung der Lösungsmenge des zugehörigen homogenen Gleichungssystems.

d) Stellen Sie jeden der Vektoren $\vec{a}$, $\vec{b}$ und $\vec{c}$ als Linearkombination der beiden anderen dar und deuten Sie das Ergebnis geometrisch.

e) Liegt der Vektor $\vec{d} = \begin{pmatrix} 2 \\ 2 \\ 2 \end{pmatrix}$ in dem von $\vec{a}$, $\vec{b}$ und $\vec{c}$ aufgespannten *Unterraum* $<\vec{a}, \vec{b}, \vec{c}>$ von $\mathbb{R}^3$?

Bearbeitung von Aufgabe II.1:

a) Drei Vektoren des $\mathbb{R}^3$ sind linear unabhängig, wenn sich der Nullvektor aus ihnen nur trivial kombinieren läßt. Äquivalent dazu ist, daß keiner der Vektoren sich als Linearkombination der beiden anderen darstellen läßt. Das führt auf die Vektorgleichung $r\vec{a} + s\vec{b} + t\vec{c} = \vec{0}$ und damit auf ein homogenes lineares Gleichungssystem, bestehend aus drei Gleichungen mit drei Variablen. Von diesem muß gezeigt werden, daß es nur die triviale Lösung $r = s = t = 0$ besitzt.

$$r\vec{a} + s\vec{b} + t\vec{c} = \vec{0} \Leftrightarrow r\begin{pmatrix} 1 \\ 1 \\ 2 \end{pmatrix} + s\begin{pmatrix} 2 \\ -1 \\ 1 \end{pmatrix} + t\begin{pmatrix} 3 \\ 0 \\ 1 \end{pmatrix} = \begin{pmatrix} 0 \\ 0 \\ 0 \end{pmatrix}$$

$$\Leftrightarrow \begin{cases} (1) & r + 2s + 3t = 0 \\ (2) & r - s = 0 \\ (3) & 2r + s + t = 0 \end{cases}$$

Wenn auf der rechten Seite lauter Nullen stehen, nennt man das Gleichungssystem homogen. Bei der Untersuchung von linearer Unabhängigkeit ist somit immer ein homogenes Gleichungssystem zu lösen. Dieses besitzt stets mindestens die triviale Lösung, es ist deshalb auf jeden Fall lösbar. Die entscheidende Frage ist, ob es auch eine nicht-triviale Lösung gibt.

Welches Ziel verfolgt man bei der Berechnung der Lösungsmenge und welches Verfahren ist Ihnen bekannt?

Aus der Mittelstufe sollte Ihnen das Additionsverfahren vertraut sein. Durch geeignetes Multiplizieren von jeweils zwei Gleichungen und anschließender Addition erzielt man die Elimination einer bestimmten Variablen. Das führt zunächst auf ein Gleichungssystem von zwei Gleichungen mit zwei Variablen, das ebenfalls mit dem Additionsverfahren gelöst werden kann. Das Ziel ist eine Auflösung zunächst nach einer Variablen, durch Einsetzen in andere Gleichungen gelangt man dann zur Bestimmung der beiden anderen Variablen.

> Da die zweite Gleichung bereits nur zwei Variablen enthält, ist das weitere Vorgehen in diesem Fall offensichtlich.

Multipliziert man die Gleichung (3) mit -3 und addiert sie zu (1), so ergibt sich

$$\begin{array}{rrrrrl} (1) & r & + & 2s & + & 3t & = & 0 \\ (3') & -6r & - & 3s & - & 3t & = & 0 \\ \hline (4) & -5r & - & s & & & = & 0 \end{array} \Big| +$$

Diese Gleichung (4) kann jetzt mit (2) kombiniert werden. Subtraktion (oder Addition der mit -1 multiplizierten Gleichung (4)) liefert

$$\begin{array}{rrrrl} (2) & r & - & s & = & 0 \\ (4') & 5r & + & s & = & 0 \\ \hline (5) & 6r & & & = & 0 \end{array} \Big| +$$

Insgesamt folgt $r = 0$ und damit wegen (2) auch $s = 0$ und schließlich in (1) eingesetzt $t = 0$. Es existiert somit nur die triviale Lösung: L = $\{(0|0|0)\}$. Dies beweist, daß $\vec{a}$, $\vec{b}$ und $\vec{c}$ linear unabhängig sind.

> Da im Folgenden häufig lineare Gleichungssysteme (auch inhomogene) gelöst werden müssen, ist es wichtig, eine möglichst saubere und übersichtliche Schreibweise einzuführen. Es ist deshalb vorteilhaft, sich über die Vorgehensweise genau klar zu werden.

Allgemeine Behandlung: Das Gleichungssystem ist derart umzuformen, daß die Lösungsmenge L nicht geändert wird (Äquivalenzumformungen!), jedoch Schritt für Schritt „neue" Gleichungen entstehen, die schließlich die Lösungsmenge (zunächst eine Variable, dann durch Einsetzen auch die anderen) liefern.

Dabei ist es wichtig, die drei Gleichungen als Gesamtheit zu betrachten, sie sind konjunktiv verknüpft. Das bedeutet: Gesucht sind alle Zahlentripel, die Gleichung (1) und (2) und (3) erfüllen.

> Machen Sie sich die Verhältnisse am obigen Beispiel klar: Die Gleichung (4) wurde mit Hilfe von (1) und (3) hergeleitet, sie ersetzt aber nicht beide Gleichungen oder stellt eine neue zusätzliche Gleichung dar, sondern es wurde gezeigt, daß die Gleichungen (1) und (3) äquivalent sind zu (1) und (4). Analog sind Gleichungen (2) und (4) äquivalent zu (2) und (5). Insgesamt ist das Gleichungssystem aus (1), (2) und (3) äquivalent zu dem aus (1), (2) und (5). Dies erst erlaubt die Bestimmung der Lösungsmenge des ursprünglichen Gleichungssystems.

Für die Lösung eines Gleichungssystems sind die folgenden Umformungen erlaubt (d.h. sie sind Äquivalenzumformungen):

I) **Ersetzen** einer Gleichung durch dieselbe mit $c \neq 0$ multiplizierte Gleichung.

II) **Ersetzen** einer Gleichung durch die Summe aus dieser und dem c-fachen ($c \neq 0$) einer anderen Gleichung.

III) Vertauschen der Gleichungen untereinander.

Da es also nur um das Rechnen mit den Koeffizienten der Gleichungen geht, läßt sich die Lösung vorteilhafter durch eine vereinfachte Schreibweise in einem Rechenschema bestimmen, ohne die Variablen r, s und t immer wieder mit hinzuschreiben. Dabei werden die durchgeführten Umformungen (=elementare Zeilenumformungen) rechts getrennt notiert, was eine Kontrolle erleichtert.

Die linke Seite des Gleichungssystems wird eindeutig bestimmt durch die *Koeffizientenmatrix*

$$A = \begin{pmatrix} 1 & 2 & 3 \\ 1 & -1 & 0 \\ 2 & 1 & 1 \end{pmatrix}$$

Die Spalten werden dabei gerade durch die drei Vektoren $\vec{a}$, $\vec{b}$ und $\vec{c}$ gebildet. Das obige homogene Gleichungssystem erhält dann die Schemadarstellung

r	s	t	
1	2	3	0
1	-1	0	0
2	1	1	0

Die Kennzeichnung der Gleichungen durch Numerierung entfällt dabei. Ebenso wird die Tatsache, daß es sich um ein System von drei konjunktiv verknüpften Gleichungen handelt, hier wesentlich deutlicher.

Um eine stets gleiche Strategie anwenden zu können (ohne Rücksicht auf die spezielle Form der Gleichungen), ist es in der Regel üblich, zunächst nach t, dann nach s und schließlich nach r aufzulösen. (In einigen speziellen Fällen läßt sich die Lösung eventuell auch auf eine andere Weise einfacher bestimmen.) Dieses Verfahren ist stets möglich und erlaubt eine übersichtliche Darstellung des Lösungsweges, auch bei inhomogenen Gleichungssystemen.

> Machen Sie sich klar: Eine Gleichung enthält nur die Variable t, wenn bei r und s die Koeffizienten Null stehen. (Im Sonderfall könnte natürlich auch bei t eine weitere Null stehen.) Ebenso bedeutet eine Null bei r, daß die Gleichung (höchstens) die Variablen s und t enthält.

Ziel der elementaren Zeilenumformungen ist somit das Erzeugen von Nullen in der linken unteren Hälfte der Koeffizientenmatrix. Das Schema soll Schritt für Schritt umgeformt werden.

r	s	t	
1	2	3	0
1	-1	0	0
2	1	1	0
1	2	3	0
0	-3	-3	0
0	-3	-5	0
1	2	3	0
0	-3	-3	0
0	0	-2	0

$|\cdot(-1)| \cdot (-2)$
$+$
$+$

$|\cdot(-1)|$
$+$

Die hier verwendete Schreibweise macht das Vorgehen deutlich: Durch die Umformungen erhält man auf der Koeffizientenseite eine Dreiecksform (Stufenform). Es stehen nur oberhalb und auf der Diagonalen von Null verschiedene Elemente. Dies ist eine Dreiecksmatrix (für $n = 3$). Aus dem Schlußschema ist die Lösungsmenge jetzt unmittelbar abzulesen.

Aus der dritten Zeile folgt $-2t = 0 \Leftrightarrow t = 0$. In die zweite Zeile eingesetzt: $-3s - 3t = 0 \Leftrightarrow -3s = 0 \Leftrightarrow s = 0$ (da $t = 0$) und schließlich auch mit der ersten Gleichung $r + 2s + 3t = 0 \Leftrightarrow r = 0$, da $s = t = 0$. Insgesamt ergibt sich also wieder $L = \{(0|0|0)\}$.

Einige Bemerkungen zu diesem Verfahren:

1) Aus der dritten Zeile folgt $t = 0$, weil dort der Koeffizient -2 steht, denn $-2t = 0 \Leftrightarrow t = 0$. (Auf keinen Fall dürfen Sie auf $t = -2$ schließen!) Dasselbe Argument gilt für jede andere von Null verschiedene Zahl. Diese Zahl „rechts unten" spielt also bei unserem Vorgehen eine wichtige Rolle. Falls dort auch eine Null stehen würde (was bei geeigneter Auswahl eines anderen Vektors $\vec{c}$ ja durchaus passieren könnte), erhält man die Gleichung $0t = 0$, und diese ist nicht nur von Null lösbar (sie ist sogar allgemeingültig und für t läßt sich jede reelle Zahl einsetzen). Dies bedeutet dann, daß $\vec{a}$, $\vec{b}$ und $\vec{c}$ nicht linear unabhängig sind, denn es gibt nicht nur die triviale Lösung. Entsteht im Schema eine vollständige Nullzeile, so bedeutet dies immer lineare Abhängigkeit der drei Vektoren.

2) Vorsicht: Das Schema rechts liefert ebenfalls lineare Abhängigkeit, denn es läßt sich mit Hilfe der zweiten Gleichung eine vollständige Nullzeile erzeugen. Der Grund dafür ist, daß die zweite Gleichung die Variable s hier gar nicht enthält. Im Schema bedeutet dies eine Null auf der Diagonalen. Eine eindeutige Lösung liefert die Dreiecksform also nur dann, wenn auf der Diagonale alle Elemente von Null verschieden sind. Für die Gleichungen bedeutet dies, daß die dritte Gleichung nur die Variable t, die zweite nur s (und evtl. t) und die erste auf jeden Fall r (evtl. auch s und t) enthält.

r	s	t	
1	2	3	0
0	0	-3	0
0	0	-2	0
1	2	3	0
0	0	-3	0
0	0	0	0

$|\cdot(-\frac{2}{3})$
$+$

3) Die erste Gleichung bleibt bei den Umformungen stets unverändert. Sie wird nur benutzt, um in den anderen Gleichungen bei r Nullen zu erzeugen. Deshalb ist es günstig, daß dort der Wert 1 steht („oben links"), denn dadurch wird die Rechnung erleichtert. Dies kann auch durch Vertauschen der Gleichungen oder nach Division durch eine geeignete Zahl erreicht werden. Daß die erste Gleichung die Variable r auf jeden Fall enthalten muß, ist schon in 2) deutlich geworden.

Das erläuterte Verfahren heißt *Gaußsches Eliminationsverfahren* (Gauß-Verfahren) nach dem Mathematiker C. F. Gauß (1777–1855).

Zusammenfassung: Mit dem Gaußschen Eliminationsverfahren läßt sich bei einem (3×3)-Gleichungssystem stets die Dreiecksform herstellen. Sind alle Elemente der (Haupt-)Diagonalen von Null verschieden, so ist das Gleichungssystem eindeutig lösbar. Für ein homogenes Gleichungssystem bedeutet dies L = $\{(0|0|0)\}$, die Vektoren $\vec{a}$, $\vec{b}$ und $\vec{c}$ sind dann linear unabhängig.

Wenn Sie die eingangs durchgeführte Rechnung zum Nachweis der linearen Unabhängigkeit in einem Schema nachvollziehen, so erkennen Sie, daß dort eine Dreiecksform erzeugt wurde, in der **oberhalb** der Diagonalen lauter Nullen stehen. Dies ist natürlich zu unserem Vorgehen äquivalent.

Außerdem wird in einigen Büchern nicht die Schreibweise als vollständiges Schema benutzt, sondern die Matrix A mit der rechten Seite (erweiterte Matrix) nach den Umformungen jeweils nebeneinander hingeschrieben. Auch dies ist nur eine andere Form für dasselbe Verfahren. Wir benutzen im Folgenden stets die Schemaform zur Darstellung der elementaren Zeilenumformungen

b) Um $\vec{d} = \begin{pmatrix} 2 \\ 2 \\ 2 \end{pmatrix}$ aus $\vec{a}$, $\vec{b}$ und $\vec{c}$ linear zu kombinieren, ist das zugehörige inhomogene Gleichungssystem zu lösen. Bedenken Sie, daß das Verfahren dann völlig gleich verläuft, jedoch ist jetzt auch die rechte Seite zu beachten. Die Umformungen erstrecken sich jetzt auf alle vier Spalten.

Die Umformungen im Schema liefern:

r	s	t	
1	2	3	2
1	−1	0	2
2	1	1	2
1	2	3	2
0	−3	−3	0
0	−3	−5	−2
1	2	3	2
0	−3	−3	0
0	0	−2	−2

$|\cdot(-1)|\cdot(-2)$
$+$
$+$

$|\cdot(-1)$
$+$

Was bedeutet dies? Beachten Sie, daß auf der linken Seite dieselben Umformungen vorgenommen wurden wie beim Nachweis der linearen Unabhängigkeit.

Aus der dritten Gleichung folgt $-2t = -2 \Leftrightarrow t = 1$. Einsetzen in die zweite liefert $-3s - 3t = 0 \Leftrightarrow -3s = 3t \Leftrightarrow s = -t = -1$ und schließlich $r + 2s + 3t = 2 \Leftrightarrow r = 2 - 2s - 3t = 2 + 2 - 3 = 1$. Das Gleichungssystem hat eine eindeutige Lösung:

$L = \{(1|-1|1)\}$. Der Vektor $\vec{d} = \begin{pmatrix} 2 \\ 2 \\ 2 \end{pmatrix}$ läßt sich eindeutig mit Hilfe von $\vec{a}, \vec{b}$ und $\vec{c}$ darstellen durch $\vec{d} = \vec{a} - \vec{b} + \vec{c}$.

Die eindeutige Lösbarkeit folgt schon aus der linearen Unabhängigkeit der Vektoren $\vec{a}, \vec{b}$ und $\vec{c}$ mit demselben Argument wie bei a). Sie ist also von der rechten Seite unabhängig, diese geht nur bei der konkreten Bestimmung der Lösung ein.

Allgemein kann man formulieren: Sind $\vec{a}, \vec{b}$ und $\vec{c}$ linear unabhängig, so läßt sich **jeder** Vektor $\vec{d} \in \mathbb{R}^3$ eindeutig aus ihnen linear kombinieren. Die Kombination des Nullvektors ist damit nur ein Spezialfall dieser allgemeinen Aussage.

c) Der Nachweis der linearen Abhängigkeit der Vektoren $\vec{a}, \vec{b}$ und $\vec{e}$ führt auf ein entsprechendes homogenes Gleichungssystem, dessen Lösungsmenge ausführlich bestimmt werden soll.

$r\vec{a} + s\vec{b} + t\vec{e} = \vec{0}$ führt auf das homogene Gleichungssystem

r	s	t	
1	2	9	0
1	−1	3	0
2	1	12	0
1	2	9	0
0	−3	−6	0
0	−3	−6	0
1	2	9	0
0	−3	−6	0
0	0	0	0

$|\cdot(-1)|\cdot(-2)$
$+$
$+$

$|\cdot(-1)$
$+$

Hier taucht also bei der dritten Gleichung eine vollständige Nullzeile auf. Nach den Ausführungen in a) wissen Sie, daß die Vektoren nicht linear unabhängig sind: $\vec{a}, \vec{b}$ und $\vec{e}$ sind linear abhängig. Bestimmen Sie die die Lösungsmenge L ausführlich.

Die letzte Gleichung lautet $0t = 0$. Diese ist allgemeingültig, t kann jeden Wert annehmen. Es sei $t \in \mathbb{R}$ beliebig, dann läßt sich die Lösungsmenge in Abhängigkeit von t bestimmen:

Die zweite Gleichung liefert $-3s - 6t = 0 \Leftrightarrow 3s = -6t \Leftrightarrow s = -2t$ und schließlich die erste

$$r + 2s + 9t = 0 \Leftrightarrow r = -9t - 2s = -9t + 4t = -5t.$$

Somit erhält man für L die Parameterdarstellung (t heißt in diesem Zusammenhang Parameter: Der Wert ist beliebig wählbar, dann aber für die weitere Rechnung fest):

$$L = \{(r|s|t) \in \mathbb{R}^3 | r = -5t \wedge s = -2t \wedge t \in \mathbb{R}\}.$$

Die Lösungsmenge enthält unendlich viele Elemente. Zu $t = 1$ gehört speziell $s = -2$ und $r = -5$. Der Nullvektor läßt sich also zum Beispiel durch $-5\vec{a} - 2\vec{b} + \vec{e} = \vec{0}$ nicht-trivial kombinieren. Schreibt man die Lösungstripel als Spaltenvektoren, so gilt $\begin{pmatrix} r \\ s \\ t \end{pmatrix} = \begin{pmatrix} -5t \\ -2t \\ t \end{pmatrix} = t \begin{pmatrix} -5 \\ -2 \\ 1 \end{pmatrix}$. Jeder Lösungsvektor ist ein Vielfaches von $\begin{pmatrix} -5 \\ -2 \\ 1 \end{pmatrix}$, dieser Vektor spannt die Lösungsmenge L auf: $L = \left\langle \begin{pmatrix} -5 \\ -2 \\ 1 \end{pmatrix} \right\rangle$. Jeder Wert $t \neq 0$ liefert eine nicht-triviale Nullkombination von $\vec{a}$, $\vec{b}$ und $\vec{e}$.

d) Mit Hilfe der in c) gefundenen nicht-trivialen Nullkombination von $\vec{a}$, $\vec{b}$ und $\vec{e}$ läßt sich $\vec{e}$ durch $\vec{a}$ und $\vec{b}$ ausdrücken. Daraus läßt sich durch Umformung eine Darstellung von $\vec{a}$ und $\vec{b}$ durch die beiden anderen Vektoren gewinnen.

Aus $-5\vec{a} - 2\vec{b} + \vec{e} = \vec{0}$ folgt $\vec{e} = 5\vec{a} + 2\vec{b}$. Durch Umformung erhält man $\vec{a} = -\frac{2}{5}\vec{b} + \frac{1}{5}\vec{e}$ und $\vec{b} = -\frac{5}{2}\vec{a} + \frac{1}{2}\vec{e}$. Jeder der drei Vektoren läßt sich somit als Linearkombination der beiden anderen darstellen.

[Was bedeutet das geometrisch für die gegenseitige Lage von $\vec{a}$, $\vec{b}$ und $\vec{e}$?

Das $\vec{e}$ sich als Linearkombination von $\vec{a}$ und $\vec{b}$ darstellen läßt, liegt $\vec{e}$ in dem von $\vec{a}$ und $\vec{b}$ aufgespannten Unterraum $< \vec{a}, \vec{b} >$ von $\mathbb{R}^3$. Weil $\vec{a}$ und $\vec{b}$ linear unabhängig sind, bildet der Unterraum eine Ebene in $\mathbb{R}^3$, die von $\vec{a}$ und $\vec{b}$ aufgespannte Ebene. Das bedeutet, daß auch $\vec{e}$ in dieser Ebene liegt: $\vec{a}$, $\vec{b}$ und $\vec{e}$ sind komplanar. Die obigen Darstellungen zeigen ebenfalls $\vec{a} \in < \vec{b}, \vec{e} >$ und $\vec{b} \in < \vec{a}, \vec{e} >$.

[Beachten Sie den Zusammenhang mit der linearen Abhängigkeit: Sind drei Vektoren (aus $\mathbb{R}^3$) linear abhängig, so läßt sich stets einer der Vektoren als

Linearkombination der beiden anderen darstellen, sie sind also stets *komplanar*. Für die Vektoren $\vec{a}$, $\vec{b}$ und $\vec{e}$ bedeutet das speziell, daß sich nicht mehr jeder Vektor $\vec{d} \in \mathbb{R}^3$ aus ihnen linear kombinieren läßt, sondern nur solche, die ebenfalls in derselben Ebene liegen.

e) Die Frage läßt sich auch so formulieren: Kann man $\vec{d} = \begin{pmatrix} 2 \\ 2 \\ 2 \end{pmatrix}$ mit Hilfe von $\vec{a}$, $\vec{b}$ und $\vec{e}$ linear kombinieren? Das führt wieder auf ein inhomogenes Gleichungssystem.

$$r\vec{a} + s\vec{b} + t\vec{e} = \vec{d} \Leftrightarrow r \begin{pmatrix} 1 \\ 1 \\ 2 \end{pmatrix} + s \begin{pmatrix} 2 \\ -1 \\ 1 \end{pmatrix} + t \begin{pmatrix} 9 \\ 3 \\ 12 \end{pmatrix} = \begin{pmatrix} 2 \\ 2 \\ 2 \end{pmatrix}$$

Im Schema bedeutet das

r	s	t	
1	2	9	2
1	−1	3	2
2	1	12	2
1	2	9	2
0	−3	−6	0
0	−3	−6	−2
1	2	9	2
0	−3	−6	0
0	0	0	−2

Die letzte Zeile zeigt, daß das Gleichungssystem nicht lösbar ist, denn es gibt keine relle Zahl t mit $0t = -2$. Die linke Seite hat wieder dieselbe Gestalt wie beim Nachweis der linearen Abhängigkeit in c), nur taucht diesmal keine vollständige Nullzeile auf, da auf der rechten Seite -2 steht.

Geometrisch bedeutet dies, daß $\vec{d}$ nicht in dem von $\vec{a}$, $\vec{b}$ und $\vec{e}$ aufgespannten Unterraum von $\mathbb{R}^3$ liegt.

Wegen d) wissen Sie, daß sich dann $\vec{d}$ auch nicht aus $\vec{a}$ und $\vec{b}$ kombinieren läßt: $\vec{a}$, $\vec{b}$ und $\vec{d}$ sind nicht komplanar, also linear unabhängig. Wenn im Schema eine vollständige Nullzeile entstanden wäre, so ergäben sich mit $t \in \mathbb{R}$ (freier Parameter) unendlich viele Möglichkeiten, $\vec{d}$ aus $\vec{a}$, $\vec{b}$ und $\vec{e}$ zu kombinieren. In diesem Fall wären $\vec{a}$, $\vec{b}$, $\vec{e}$ und $\vec{d}$ komplanar.

Aufgabe II.2 (Lösung im Anhang 1)
(Bearbeitungszeit: ca. 45 min.)

a) Zeigen Sie, daß die Vektoren $\vec{a} = \begin{pmatrix} 2 \\ 1 \\ 3 \end{pmatrix}$, $\vec{b} = \begin{pmatrix} 1 \\ 1 \\ 0 \end{pmatrix}$ und $\vec{c} = \begin{pmatrix} 1 \\ 2 \\ -3 \end{pmatrix}$ linear abhängig sind durch ausführliche Bestimmung der Lösungsmenge L des zugehörigen homogenen Gleichungssystems. Stellen Sie $\vec{a}$ mit Hilfe von $\vec{b}$ und $\vec{c}$ dar.

b) Prüfen Sie, ob sich $\vec{d} = \begin{pmatrix} 1 \\ -1 \\ 2 \end{pmatrix}$ mit Hilfe von $\vec{a}$, $\vec{b}$ und $\vec{c}$ linear kombinieren läßt.

c) Was bedeutet das Ergebnis von b) für die lineare Abhängigkeit von $\vec{a}$, $\vec{b}$ und $\vec{d}$?

d) Zeigen Sie, daß $\vec{e} = \begin{pmatrix} -2 \\ 0 \\ -6 \end{pmatrix}$ sich auf unendlich viele Weisen aus $\vec{a}$, $\vec{b}$ und $\vec{c}$ linear kombinieren läßt. Bestimmen Sie dazu ausführlich die Lösungsmenge des zugehörigen Gleichungssystems.

e) Vergleichen Sie die beiden Lösungsmengen aus a) und d). Was fällt auf?

Aufgabe II.3 (Lösung im Anhang 1)
(Bearbeitungszeit: ca. 45 min.)

a) Zeigen Sie mit Hilfe der Definition: Die Vektoren $\vec{a}$ und $\vec{b}$ sind linear abhängig genau dann wenn der eine Vektor ein Vielfaches des anderen ist. Deuten Sie diese Aussage graphisch ($\mathbb{R}^2$ und $\mathbb{R}^3$).

b) Prüfen Sie $\vec{a} = \begin{pmatrix} 1 \\ -2 \end{pmatrix}$ und $\vec{b} = \begin{pmatrix} -2 \\ 4 \end{pmatrix}$ auf lineare Abhängigkeit

   1) mit Hilfe von a)

   2) durch Lösung des zugehörigen homogenen Gleichungssystems.

c) Es sei $\vec{c} = \begin{pmatrix} 2 \\ 3 \end{pmatrix}$. Stellen Sie, falls möglich, jeden der Vektoren $\vec{a}$, $\vec{b}$ und $\vec{c}$ durch die beiden anderen dar.

d) Zeigen Sie: $<\vec{a},\vec{c}> = \mathbb{R}^2$ und stellen Sie $\vec{v} = \begin{pmatrix} v_1 \\ v_2 \end{pmatrix} \in \mathbb{R}^2$ allgemein mit Hilfe von $\vec{a}$ und $\vec{c}$ dar.

e) Verallgemeinern Sie diesen Zusammenhang für beliebige Vektoren $\vec{a}$ und $\vec{c}$.

Aufgabe II.4 (mit ausführlicher Bearbeitung)
(Bearbeitungszeit: ca. 60 min.)

a) Zeigen Sie, daß die *Vektoren* $\vec{a} = \begin{pmatrix} 1 \\ 3 \end{pmatrix}$ und $\vec{b} = \begin{pmatrix} 0 \\ 2 \end{pmatrix}$ eine *Basis* B von $\mathbb{R}^2$ bilden. Was bedeutet das für den von $\vec{a}$ und $\vec{b}$ aufgespannten *Unterraum* $<\vec{a},\vec{b}>$ von $\mathbb{R}^2$?

b) Berechnen Sie die *Koordinaten* der Vektoren $\vec{c} = \begin{pmatrix} 2 \\ 8 \end{pmatrix}$ und $\vec{d} = \begin{pmatrix} 1 \\ 1 \end{pmatrix}$ bezüglich der Basis B.

c) Welche der Koordinaten hat der allgemeine Vektor $\vec{v} = \begin{pmatrix} v_1 \\ v_2 \end{pmatrix} \in \mathbb{R}^2$?

d) Für welche Werte $k \in \mathbb{R}$ bilden die Vektoren $\vec{a} = \begin{pmatrix} 1 \\ 3 \end{pmatrix}$ und $\vec{b}_k = \begin{pmatrix} k \\ 2 \end{pmatrix}$ eine Basis B_k von $\mathbb{R}^2$? Berechnen Sie die Koordinaten von $\vec{b} = \begin{pmatrix} 0 \\ 2 \end{pmatrix}$ bezüglich B_k.

e) Was ergibt der Spezialfall $k = 0$?

Bearbeitung von Aufgabe II.4:

a_1) Eine Basis eines Vektorraums V ist ein *linear unabhängiges Erzeugendensystem*. Die lineare Unabhängigkeit zweier Vektoren ist leicht zu prüfen, denn diese sind linear abhängig genau dann wenn sie parallel sind. Da man dann mit Hilfe der beiden linear unabhängigen Vektoren jeden beliebigen Vektor aus $\mathbb{R}^2$ (sogar eindeutig) darstellen kann, bilden diese dann gleichzeitig ein Erzeugendensystem, also eine Basis von $\mathbb{R}^2$. Beachten Sie den Unterschied zum *Vektorraum* $\mathbb{R}^3$. Auch hier ist die lineare Unabhängigkeit von zwei Vektoren $\vec{a}$ und $\vec{b}$ gleichbedeutend damit, daß sie nicht parallel sind. Jedoch ergibt die Menge aller *Linearkombinationen* $<\vec{a},\vec{b}>$ nicht den ganzen Vektorraum $\mathbb{R}^3$, sondern nur die von $\vec{a}$ und $\vec{b}$ aufgespannte Ebene (=Unterraum). Um ein Erzeugendensystem von $\mathbb{R}^3$ zu erhalten, benötigt man stets einen dritten Vektor $\vec{c}$, der sich nicht durch $\vec{a}$ und $\vec{b}$ linear kombinieren läßt: $\vec{a}$, $\vec{b}$ und $\vec{c}$ müssen linear unabhängig sein. In $\mathbb{R}^3$ besteht eine Basis immer aus drei unabhängigen Vektoren.

Die Vektoren $\vec{a} = \begin{pmatrix} 1 \\ 3 \end{pmatrix}$ und $\vec{b} = \begin{pmatrix} 0 \\ 2 \end{pmatrix}$ sind linear unabhängig, denn sie sind offensichtlich nicht parallel: Es gibt keinen Faktor $r \in \mathbb{R}$ mit $\vec{a} = r\vec{b}$ oder $\vec{b} = r\vec{a}$.

Es gibt noch eine andere Möglichkeit, die lineare Unabhängikeit allgemein für zwei Vektoren $\vec{a}$ und $\vec{b}$ aus $\mathbb{R}^2$ zu untersuchen. Das lineare Gleichungssystem $r \begin{pmatrix} a_1 \\ a_2 \end{pmatrix} + s \begin{pmatrix} b_1 \\ b_2 \end{pmatrix} = \begin{pmatrix} 0 \\ 0 \end{pmatrix}$ muß eindeutig lösbar sein. Aus der Mittelstufe ist bekannt, daß dies mit Hilfe der (zweireihigen) Determinante formuliert werden kann.

Zu $\vec{a} = \begin{pmatrix} a_1 \\ a_2 \end{pmatrix}$ und $\vec{b} = \begin{pmatrix} b_1 \\ b_2 \end{pmatrix}$ heißt $D = a_1 b_2 - a_2 b_1$ die *Determinante* von $\vec{a}$ und $\vec{b}$ (oder der Matrix $A = \begin{pmatrix} a_1 & b_1 \\ a_2 & b_2 \end{pmatrix}$ als *Koeffizientenmatrix* des Gleichungssystems). Das Gleichungssystem $r\vec{a} + s\vec{b} = \vec{v}$ (homogen oder inhomogen) ist eindeutig lösbar, wenn $D \neq 0$. Für die Determinante ist auch die Schreibweise $D = \begin{vmatrix} a_1 & b_1 \\ a_2 & b_2 \end{vmatrix}$ oder $D = \det A$ üblich. Zu $\vec{a} = \begin{pmatrix} 1 \\ 3 \end{pmatrix}$ und $\vec{b} = \begin{pmatrix} 0 \\ 2 \end{pmatrix}$ ist $D = 1 \cdot 2 - 3 \cdot 0 = 2 \neq 0$. Dies zeigt die lineare Unabhängigkeit von $\vec{a}$ und $\vec{b}$.

a_2) Die Analyse der Gleichung $r\vec{a} + s\vec{b} = \vec{v}$ macht eine weitere Möglichkeit deutlich, die lineare Unabhängigkeit von $\vec{a}$ und $\vec{b}$ zu deuten. Was bedeutet dies für den von $\vec{a}$ und $\vec{b}$ aufgespannten Unterraum $<\vec{a},\vec{b}>$ von $\mathbb{R}^2$?

Die Vektoren $\vec{a}$ und $\vec{b}$ sind linear unabhängig, wenn sie den ganzen Vektorraum $\mathbb{R}^2$ aufspannen: $<\vec{a},\vec{b}> = \mathbb{R}^2$. Jeder Vektor $\vec{v} \in \mathbb{R}^2$ läßt sich dann (wegen der linearen Unabhängigkeit sogar eindeutig) mit Hilfe von $\vec{a}$ und $\vec{b}$ linear kombinieren, die Vektoren bilden deshalb eine Basis von $\mathbb{R}^2$.

In diesem Zusammenhang läßt sich auch der Begriff *Dimension* verwenden. Die Elementeanzahl einer beliebigen Basis B nennt man Dimension des zugehörigen Vektorraumes. (Daß diese Zahl unabhängig ist von der jeweiligen Basis ist von vorneherein nicht selbstverständlich, aber ein Nachweis ist recht schwierig!) Die lineare Unabhängigkeit von $\vec{a}$ und $\vec{b}$ bedeutet dann mit anderen Worten: Der von $\vec{a}$ und $\vec{b}$ aufgespannte Unterraum $<\vec{a},\vec{b}>$ besitzt die Dimension 2 (und ist deshalb mit $\mathbb{R}^2$ identisch).

Zusammenfassung: Die Vektoren $\vec{a} = \begin{pmatrix} 1 \\ 3 \end{pmatrix}$ und $\vec{b} = \begin{pmatrix} 0 \\ 2 \end{pmatrix}$ bilden eine Basis von $\mathbb{R}^2$. Jeder Vektor $\vec{v} \in \mathbb{R}^2$ läßt sich mit Hilfe von $\vec{a}$ und $\vec{b}$ eindeutig darstellen. Allgemeiner gilt, daß je zwei linear unabhängige Vektoren eine Basis von $\mathbb{R}^2$ bilden, sie erzeugen einen zweidimensionalen Unterraum, also den gesamten Vektorraum $\mathbb{R}^2$. Außerdem folgt unmittelbar, daß drei Vektoren in $\mathbb{R}^2$ stets linear abhängig sind. (Warum?)

b) Gesucht sind die Darstellungen von $\vec{c} = \begin{pmatrix} 2 \\ 8 \end{pmatrix}$ und $\vec{d} = \begin{pmatrix} 1 \\ 1 \end{pmatrix}$ bezüglich der Basis $B = \left\{ \begin{pmatrix} 1 \\ 3 \end{pmatrix}, \begin{pmatrix} 0 \\ 2 \end{pmatrix} \right\}$. Obwohl die Reihenfolge der Basisvektoren eine Rolle spielt, ist die Mengenschreibweise üblich. Auf die Reihenfolge der Basisvektoren ist also streng zu achten: $\vec{b}_1 = \begin{pmatrix} 1 \\ 3 \end{pmatrix}$ und $\vec{b}_2 = \begin{pmatrix} 0 \\ 2 \end{pmatrix}$. Zu bestimmen sind $r, s \in \mathbb{R}$ mit $r\vec{b}_1 + s\vec{b}_2 = \vec{c}\,(\vec{d})$. Für die Lösung der zugehörigen (2×2)-Gleichungssysteme gibt es verschiedene gleichwertige Möglichkeiten. Die Umformungen in einem Rechenschema sind auch hier auf jeden Fall möglich.

I) Lösung mit Rechenschema und Zeilenumformungen:

1)

r	s	
1	0	2
3	2	8
1	0	2
0	2	2

$|\cdot(-3)$
$+$

Daraus folgt $s = 1$ und $r = 2$:
$$\begin{pmatrix} 2 \\ 8 \end{pmatrix} = 2\begin{pmatrix} 1 \\ 3 \end{pmatrix} + 1\begin{pmatrix} 0 \\ 2 \end{pmatrix} = \begin{pmatrix} 2 \\ 1 \end{pmatrix}_B.$$

Diese Schreibweise macht deutlich, daß die angegebenen Koordinaten des Vektors in bezug auf die Basis B gelten.

Ist keine Basis angegeben, so soll im Folgenden stets die Standardbasis $\left\{ \begin{pmatrix} 1 \\ 0 \end{pmatrix}, \begin{pmatrix} 0 \\ 1 \end{pmatrix} \right\}$ zugrunde liegen.

2)

r	s	
1	0	1
3	2	1
1	0	1
0	2	-2

$|\cdot(-3)$
$+$

Hier ergibt sich $s = -1$ und $r = 1$:
$$\begin{pmatrix} 1 \\ 1 \end{pmatrix} = 1\begin{pmatrix} 1 \\ 3 \end{pmatrix} - 1\begin{pmatrix} 0 \\ 2 \end{pmatrix} = \begin{pmatrix} 1 \\ -1 \end{pmatrix}_B.$$

Jeder Vektor $\vec{v} \in \mathbb{R}^2$ hat bezüglich der Basis B ein eindeutig bestimmtes Koordinatenpaar, das jeweils von B abhängt. Da jede Basis aus zwei Vektoren besteht und jeder Vektor genau zwei Koordinaten hat, zeigt dies unmittelbar, daß der Vektorraum $\mathbb{R}^2$ die Dimension 2 besitzt.

Bemerkung: Der Vektorraum $\mathbb{R}^3$ hat die Dimension 3. Eine Basis besteht aus drei linear unabhängigen Vektoren, bezüglich derer jeder Vektor $\vec{v} \in \mathbb{R}^3$

> ein eindeutig bestimmtes Koordinatentripel besitzt. Die bisherigen Ausführungen machen deutlich, daß jeder zweidimensionale Vektorraum zu $\mathbb{R}^2$ *isomorph* ist, ebenso ist jeder dreidimensionale Vektorraum zu $\mathbb{R}^3$ isomorph. Es gilt allgemein, daß zwei Vektorräume genau dann isomorph sind, wenn sie dieselbe Dimension besitzen. Daraus folgt auch sofort, daß die Menge $M_2(\mathbb{R})$ aller (2×2)-Matrizen die Dimension 4 hat. Die Dimension eines Vektorraumes kann man auch durch die maximale Anzahl linear unabhängiger Vektoren beschreiben. So sind vier Vektoren in $\mathbb{R}^3$ stets linear abhängig.

Die Betrachtung der beiden Lösungsschemata 1) und 2) zeigt, daß in beiden Fällen genau dieselben Umformungen durchgeführt wurden. Es liegt also auf der Hand, nach einer einfacheren Berechnung zu suchen, ohne das Schema jeweils (in gleicher Weise) immer wieder hinzuschreiben. In der Tat gibt es zwei weitere Lösungsverfahren, die für (2×2)-Gleichungssysteme zum Teil aus der Mittelstufe bekannt sind und je nach Kenntnisstand auch hier (und im weiteren) benutzt werden können.

II) Lösung mit Hilfe der *Cramerschen Regel*:
Wendet man das Verfahren im Schema allgemein an auf das Gleichungssystem

$$\begin{cases} a_1 r + b_1 s = v_1 \\ a_2 r + b_2 s = v_2, \end{cases}$$

so ergibt sich eine eindeutige Lösung genau dann wenn $D = \begin{vmatrix} a_1 & b_1 \\ a_2 & b_2 \end{vmatrix} \neq 0$, und zwar

$$r = \frac{b_2 v_1 - b_1 v_2}{a_1 b_2 - a_2 b_1} = \frac{\begin{vmatrix} v_1 & b_1 \\ v_2 & b_2 \end{vmatrix}}{D} \text{ und}$$

$$s = \frac{a_1 v_2 - a_2 v_1}{a_1 b_2 - a_2 b_1} = \frac{\begin{vmatrix} a_1 & v_1 \\ a_2 & v_2 \end{vmatrix}}{D}.$$

> Diese Lösungsformel heißt nach dem Schweizer Mathematiker *Cramer* (1704–1752) *Cramersche Regel*.

Beachten Sie, daß im Nenner stets D (die Determinate der Koeffizientenmatrix) steht. Im Zähler wird die erste (zweite) Spalte durch $\begin{pmatrix} v_1 \\ v_2 \end{pmatrix}$ ersetzt, je nachdem ob r oder s berechnet wird. Lösen Sie die Beispiele von oben mit Hilfe der Cramerschen Regel.

1) $D = \begin{vmatrix} 1 & 0 \\ 3 & 2 \end{vmatrix} = 2 \neq 0$, dann ergeben sich für $\vec{c} = \begin{pmatrix} 2 \\ 8 \end{pmatrix}$ die Koordinaten

$$r = \frac{\begin{vmatrix} 2 & 0 \\ 8 & 2 \end{vmatrix}}{D} = \frac{4}{2} = 2 \text{ und}$$

$$s = \frac{\begin{vmatrix} 1 & 2 \\ 3 & 8 \end{vmatrix}}{D} = \frac{8-6}{2} = 1.$$

2) Ebenso für $\vec{d} = \begin{pmatrix} 1 \\ 1 \end{pmatrix}$:

$$r = \frac{\begin{vmatrix} 1 & 0 \\ 1 & 2 \end{vmatrix}}{2} = \frac{2}{2} = 1 \text{ und}$$

$$s = \frac{\begin{vmatrix} 1 & 1 \\ 3 & 1 \end{vmatrix}}{2} = \frac{1-3}{2} = -1.$$

Auf diese Weise läßt sich häufig einige Schreibarbeit ersparen. Die Regel gilt analog auch für $\mathbb{R}^3$, jedoch ist die Berechnung von dreireihigen Determinanten etwas komplizierter und wird deshalb in diesem Buch nicht benutzt.

III) Lösung mit Hilfe der *Umkehrmatrix*:

[Sind Sie mit der Matrizenschreibweise vertraut, so läßt sich die Lösung noch
auf eine andere (elegante) Weise bestimmen. Da im Kap. V dieses Verfahren
benutzt wird, soll es hier ebenfalls erläutert werden

Das Gleichungssystem

$$\begin{cases} a_1 r + b_1 s = v_1 \\ a_2 r + b_2 s = v_2 \end{cases}$$

läßt sich in Matrixform schreiben:

$$\begin{pmatrix} a_1 & b_1 \\ a_2 & b_2 \end{pmatrix} \begin{pmatrix} r \\ s \end{pmatrix} = \begin{pmatrix} v_1 \\ v_2 \end{pmatrix} \Leftrightarrow A \begin{pmatrix} r \\ s \end{pmatrix} = \begin{pmatrix} v_1 \\ v_2 \end{pmatrix}.$$

A ist dabei wieder die Koeffizientenmatrix. Das Produkt der (2×2)-Matrix A mit dem Spaltenvektor $\begin{pmatrix} r \\ s \end{pmatrix}$ ist gerade so definiert, daß das obige Gleichungssystem dargestellt wird. Ist die Determinante $D \neq 0$, so existiert die Umkehrmatrix A^{-1}. Diese hat die Form

$$A^{-1} = \frac{1}{D} \begin{pmatrix} b_2 & -b_1 \\ -a_2 & a_1 \end{pmatrix}$$

und hat die Eigenschaft $AA^{-1} = A^{-1}A = E$, wobei auf der linken Seite das *Matrizenprodukt* steht (s. Anhang 2) und auf der rechten Seite die *Einheitsmatrix* $E = \begin{pmatrix} 1 & 0 \\ 0 & 1 \end{pmatrix}$. Multipliziert man die Matrizengleichung (von links) mit A^{-1}, so

ergibt sich $A^{-1}\left(A\begin{pmatrix} r \\ s \end{pmatrix}\right) = (A^{-1}A)\begin{pmatrix} r \\ s \end{pmatrix} = E\begin{pmatrix} r \\ s \end{pmatrix} = \begin{pmatrix} r \\ s \end{pmatrix} = A^{-1}\begin{pmatrix} v_1 \\ v_2 \end{pmatrix}$.

Der Lösungsvektor $\begin{pmatrix} r \\ s \end{pmatrix}$ erscheint als Produkt $A^{-1}\begin{pmatrix} v_1 \\ v_2 \end{pmatrix}$ der Umkehrmatrix mit dem Spaltenvektor $\vec{v}$ auf der rechten Seite. Dieses Verfahren ist besonders dann geeignet, wenn mit derselben Koeffizientenmatrix verschiedene Gleichungssysteme gelöst werden müssen (gleiche „linke Seiten", verschiedene „rechte Seiten").

Mathematisch ist dies nichts anderes als eine einfachere Schreibweise der Cramerschen Regel, denn

$$\begin{pmatrix} r \\ s \end{pmatrix} = \frac{1}{D}\begin{pmatrix} b_2 & -b_1 \\ -a_2 & a_1 \end{pmatrix}\begin{pmatrix} v_1 \\ v_2 \end{pmatrix} = \frac{1}{D}\begin{pmatrix} b_2v_1 - b_1v_2 \\ -a_2v_1 + a_1v_2 \end{pmatrix} = \frac{1}{D}\begin{pmatrix} \begin{vmatrix} v_1 & b_1 \\ v_2 & b_2 \end{vmatrix} \\ \begin{vmatrix} a_1 & v_1 \\ a_2 & v_2 \end{vmatrix} \end{pmatrix}.$$

Die Berechnung der beiden Werte r und s geschieht hier also in einem einzigen Rechengang. Lösen Sie zur Übung die Beispiele von oben mit Hilfe der Umkehrmatrix.

Zu $A = \begin{pmatrix} 1 & 0 \\ 3 & 2 \end{pmatrix}$ ist $D = 2$, also $A^{-1} = \frac{1}{2}\begin{pmatrix} 2 & 0 \\ -3 & 1 \end{pmatrix}$. Somit ergibt sich:

1) $\begin{pmatrix} r \\ s \end{pmatrix} = A^{-1}\begin{pmatrix} 2 \\ 8 \end{pmatrix} = \frac{1}{2}\begin{pmatrix} 2 & 0 \\ -3 & 1 \end{pmatrix}\begin{pmatrix} 2 \\ 8 \end{pmatrix} = \frac{1}{2}\begin{pmatrix} 4+0 \\ -6+8 \end{pmatrix} = \frac{1}{2}\begin{pmatrix} 4 \\ 2 \end{pmatrix}$

$= \begin{pmatrix} 2 \\ 1 \end{pmatrix}$

2) $\begin{pmatrix} r \\ s \end{pmatrix} = A^{-1}\begin{pmatrix} 1 \\ 1 \end{pmatrix} = \frac{1}{2}\begin{pmatrix} 2 & 0 \\ -3 & 1 \end{pmatrix}\begin{pmatrix} 1 \\ 1 \end{pmatrix} = \frac{1}{2}\begin{pmatrix} 2+0 \\ -3+1 \end{pmatrix} = \frac{1}{2}\begin{pmatrix} 2 \\ -2 \end{pmatrix}$

$= \begin{pmatrix} 1 \\ -1 \end{pmatrix}$

Je nach Aufgabenstellung (und Kenntnisstand) haben Sie also verschiedene äquivalente Lösungsmöglichkeiten. Beachten Sie, daß stets die Voraussetzung $D \neq 0$ gelten muß. Das liefert die lineare Unabhängigkeit, die Anwendbarkeit der Cramerschen Regel oder die Existenz der Umkehrmatrix. Falls $D = 0$, liegt keine Basis vor, und das zu untersuchende Gleichungssystem hat entweder keine oder unendlich viele Lösungen.

c) Die allgemeine Berechnung der Koordinaten für den Vektor $\vec{v} = \begin{pmatrix} v_1 \\ v_2 \end{pmatrix}$ läßt sich nach einer der drei Methoden durchführen.

Es soll die Cramersche Regel benutzt werden. Sie liefert

$$r = \frac{\begin{vmatrix} v_1 & 0 \\ v_2 & 2 \end{vmatrix}}{D} = \frac{2v_1}{2} = v_1 \text{ und}$$

$$s = \frac{\begin{vmatrix} 1 & v_1 \\ 3 & v_2 \end{vmatrix}}{D} = \frac{v_2 - 3v_1}{2} = -\frac{3}{2}v_1 + \frac{1}{2}v_2$$

Für die Koordinaten gilt:

$$\begin{pmatrix} v_1 \\ v_2 \end{pmatrix} = \begin{pmatrix} v_1 \\ -\frac{3}{2}v_1 + \frac{1}{2}v_2 \end{pmatrix}_B.$$

Zur Übung: Bestätigen sie an den obigen Beispielen $\vec{v} = \begin{pmatrix} 2 \\ 8 \end{pmatrix}$ und $\vec{v} = \begin{pmatrix} 1 \\ 1 \end{pmatrix}$ diese allgemeine Lösung.

d_1) Damit die Vektoren $\vec{a} = \begin{pmatrix} 1 \\ 3 \end{pmatrix}$ und $\vec{b}_k = \begin{pmatrix} k \\ 2 \end{pmatrix}$ eine Basis bilden, müssen sie linear unabhängig sein.

Die Vektoren $\vec{a}$ und $\vec{b}$ sind linear unabhängig, wenn die Determinante $D = \begin{vmatrix} 1 & k \\ 3 & 2 \end{vmatrix} = 2 - 3k \neq 0 \Leftrightarrow k \neq \frac{2}{3}$. Nur für $k = \frac{2}{3}$ sind sie linear abhängig. In diesem Fall gilt $\vec{b} = \frac{2}{3}\vec{a}$.

d_2) Mit Hilfe der Basis $B_k = \left\{ \begin{pmatrix} 1 \\ 3 \end{pmatrix}, \begin{pmatrix} k \\ 2 \end{pmatrix} \right\}$ soll der Vektor $\vec{v} = \begin{pmatrix} 0 \\ 2 \end{pmatrix}$ dargestellt werden.

Benutzt man zur Berechnung das Schema, so ergibt sich

r	s		
1	k	0	$\vert \cdot (-3)$
3	2	2	$+$
1	k	0	
0	$2-3k$	2	

Daraus folgt $s = \dfrac{2}{2-3k}$ und $r = -ks = \dfrac{-2k}{2-3k}$

$(2 - 3k \neq 0!)$.

Insgesamt gilt die Koordinatengleichung $\begin{pmatrix} 0 \\ 2 \end{pmatrix} = \dfrac{1}{2-3k} \begin{pmatrix} -2k \\ 2 \end{pmatrix}_{B_k}$.

e) Für $k = 0$ entsteht als zweiter Basisvektor $\vec{b}_0 = \vec{b} = \begin{pmatrix} 0 \\ 2 \end{pmatrix}$ aus dem ersten Teil der Aufgabe ($B_0 = B$). Da obendrein dieser Vektor mit Hilfe der Basis B_0 dargestellt werden soll, sind die Koordinaten schon unmittelbar anzugeben.

Die Rechnung liefert für $k = 0$: $\begin{pmatrix} 0 \\ 2 \end{pmatrix} = \dfrac{1}{2} \begin{pmatrix} 0 \\ 2 \end{pmatrix}_{B_0} = \begin{pmatrix} 0 \\ 1 \end{pmatrix}_{B_0}$. Das bedeutet $r = 0$ und $s = 1$. Dies ist auch einsichtlich, da $\begin{pmatrix} 0 \\ 2 \end{pmatrix}$ der zweite Basisvektor ist und $\begin{pmatrix} 0 \\ 2 \end{pmatrix} = 0 \begin{pmatrix} 1 \\ 3 \end{pmatrix} + 1 \begin{pmatrix} 0 \\ 2 \end{pmatrix}$ die eindeutige Darstellung durch B_0 ist.

Aufgabe II.5 (Lösung im Anhang 1)
(Bearbeitungszeit: ca. 45 min.)

a) Zeigen Sie, daß die Vektoren $\vec{a} = \begin{pmatrix} 1 \\ 2 \\ 3 \end{pmatrix}$, $\vec{b} = \begin{pmatrix} 4 \\ 1 \\ -2 \end{pmatrix}$ und $\vec{c} = \begin{pmatrix} 5 \\ 4 \\ 0 \end{pmatrix}$ eine Basis von $\mathbb{R}^3$ bilden.

b) Berechnen Sie die Koordinaten von $\vec{d} = \begin{pmatrix} 0 \\ 7 \\ 14 \end{pmatrix}$ bezüglich B.

c) Folgern Sie aus b) die Dimension des von $\vec{a}, \vec{b}$ und $\vec{d}$ aufgespannten Unterraumes $<\vec{a}, \vec{b}, \vec{d}>$.

d) Für welches $k \in \mathbb{R}$ bilden $\vec{a}, \vec{b}$ und $\vec{c}_k = \begin{pmatrix} 5 \\ 4 \\ k \end{pmatrix}$ keine Basis von $\mathbb{R}^3$?

e) Stellen Sie für diesen Fall den Vektor $\vec{c}$ als Linearkombination von $\vec{a}$ und $\vec{b}$ dar.

Aufgabe II.6 (Lösung im Anhang 1)
(Bearbeitungszeit: ca. 45 min.)

a) Zeigen Sie, daß die Matrizen

$$A = \begin{pmatrix} 1 & 1 \\ 1 & 1 \end{pmatrix}, \quad B = \begin{pmatrix} 0 & -1 \\ 1 & 0 \end{pmatrix} \quad C = \begin{pmatrix} 1 & -1 \\ 0 & 0 \end{pmatrix} \quad \text{und } D = \begin{pmatrix} 1 & 0 \\ 0 & 0 \end{pmatrix}$$

eine Basis des Vektorraumes $M_2(\mathbb{R})$ bilden.

b) Bestimmen sie die Matrix M mit dem Koordinatenvektor $(1|-2|2|3)$.

c) Stellen Sie die Matrix $N = \begin{pmatrix} 6 & 2 \\ 1 & 2 \end{pmatrix}$ mit Hilfe der Basis aus a) dar.

d) Zeigen Sie, daß sich $S = \begin{pmatrix} 2 & 1 \\ 0 & 1 \end{pmatrix}$ bereits mit Hilfe von A, B und C linear kombinieren läßt.

e) Welche Dimension hat der von A, B, C und S aufgespannte Unterraum $< A, B, C, S >$ von $M_2(\mathbb{R})$?

Aufgabe II.7 (mit ausführlicher Bearbeitung)
(Bearbeitungszeit: ca. 45 min.)

a) Für welche Werte $c, d \in \mathbb{R}$ hat das Gleichungssystem

$$\begin{cases} 2x_1 & + & x_3 & = & d \\ & 2x_2 & + & 3x_3 & = & 0 \\ x_1 & + & x_2 & + & cx_3 & = & 0 \end{cases}$$

1) genau eine Lösung,

2) unendlich viele Lösungen,

3) keine Lösung?

b) Berechnen Sie für den Fall 1) die eindeutige Lösung in Abhängigkeit von c und d.

c) Was ergeben die Spezialfälle $c = 0$, $d = 4$ und $c = 4$, $d = 0$?

d) Bestimmen Sie für den Fall 2) ausführlich die Lösungsmenge und geben Sie eine konkrete nicht-triviale Lösung an.

e) Interpretieren Sie die Ergebnisse aus a) geometrisch.

Bearbeitung von Aufgabe II.7:

a) Diese Aufgabe macht den engen Zusammenhang zwischen linearen Gleichungssystemen und der *linearen Unabhängigkeit* von *Vektoren* deutlich. Die eindeutige Lösbarkeit eines (3 × 3)-Gleichungssystems ist äquivalent zur linearen Unabhängigkeit der drei Spaltenvektoren der *Koeffizientenmatrix*. Dieser Zusammenhang ist für die gesamte lineare Algebra charakteristisch. Geometrische Fragen werden algebraisch untersucht, algebraische Aussagen können geometrisch interpretiert werden.

Die Umformungen des vorliegenden Gleichungssystems durch elementare Zeilenumformungen ist auch ohne vorherige Prüfung der linearen Unabhängigkeit möglich. Gelingt (auf der linken Seite) die Umformung auf eine Dreiecksform ohne Nullzeile, so ist damit die Eindeutigkeit der Lösung bewiesen und die Lösungsmenge kann durch weitere Rechnung bestimmt werden.

Das Gleichungssystem führt auf das folgende Schema, wobei die erste und dritte Zeile vertauscht wurden, um die Rechnung zu erleichtern:

x_1	x_2	x_3		
1	1	c	0	$\mid \cdot (-2)$
0	2	3	0	
2	0	1	d	$+$
1	1	c	0	
0	2	3	0	
0	-2	$1-2c$	d	$+$
1	1	c	0	
0	2	3	0	
0	0	$4-2c$	d	

Auf der linken Seite ist die Dreiecksform entstanden. Dies liefert die Bedingungen an c und d, durch welche die verschiedenen Lösungsmöglichkeiten beschrieben werden.

1) Für $c \neq 2$ entsteht keine Nullzeile und das Gleichungssystem ist eindeutig lösbar. Die Spaltenvektoren sind dann linear unabhängig.

Für $c = 2$ ist das Gleichungssystem nicht eindeutig lösbar, denn es entsteht in der Matrix eine Nullzeile. Die Spaltenvektoren sind dann linear abhängig. Der Wert für d ist jetzt entscheidend, ob es gar keine oder unendlich viele Lösungen gibt. Der letzte Fall liegt vor, wenn eine vollständige Nullzeile (einschließlich der rechten Seite) entsteht.

2) Für $c = 2$ und $d = 0$ gibt es unendlich viele Lösungen. Die letzte Zeile liefert dann eine allgemeingültige Gleichung: $x_3 \in \mathbb{R}$ ist beliebig als freier Parameter wählbar.

3) Für $c = 2$ und $d \neq 0$ ist die letzte Gleichung unerfüllbar, deshalb gibt es keine Lösung: $L = \emptyset$

b) Die eindeutige Lösung für $c \neq 2$ kann nach der bekannten Methode bestimmt werden.

Aus der dritten Zeile folgt $x_3 = \dfrac{d}{4 - 2c}$. Einsetzen in die zweite Gleichung liefert $2x_2 = -3x_2 \Leftrightarrow x_2 = -\dfrac{3}{2}x_3 \Leftrightarrow x_2 = -\dfrac{3d}{2(4 - 2c)}$. Schließlich folgt aus der ersten Zeile $x_1 = -cx_3 - x_2 \Leftrightarrow x_1 = -\dfrac{cd}{4 - 2c} + \dfrac{3d}{2(4 - 2c)} = \dfrac{d(3 - 2c)}{2(4 - 2c)}$. Die Lösungsmenge für $c \neq 2$ lautet

$$L = \left\{ \left(\dfrac{d(3 - 2c)}{2(4 - 2c)} \,\middle|\, -\dfrac{3d}{2(4 - 2c)} \,\middle|\, \dfrac{d}{4 - 2c} \right) \right\}.$$

c) Für $c = 0$ und $d = 4$ erhält man durch Einsetzen die Werte $x_1 = \dfrac{3}{2}$, $x_2 = -\dfrac{3}{2}$ und $x_3 = 1$. Dies entspricht der Vektorgleichung

$$\frac{3}{2}\begin{pmatrix} 2 \\ 0 \\ 1 \end{pmatrix} - \frac{3}{2}\begin{pmatrix} 0 \\ 2 \\ 1 \end{pmatrix} + 1\begin{pmatrix} 1 \\ 3 \\ 0 \end{pmatrix} = \begin{pmatrix} 4 \\ 0 \\ 0 \end{pmatrix}.$$

Für $c = 4$ und $d = 0$ ergibt sich die bekannte Dreiecksform vom Nachweis der linearen Unabhängigkeit (homogenes Gleichungssystem). Das bedeutet: $x_1 = x_2 = x_3 = 0$.

d) Für $c = 2$ und $d = 0$ entsteht eine vollständige Nullzeile. Der weitere Lösungsweg ist damit klar: $x_3 = t \in \mathbb{R}$ ist als Parameter frei wählbar. Die Einführung des Parameters t (statt x_3) dient der übersichtlicheren Rechnung und gestattet auch eine vertraute vektorielle Schreibweise der Lösungsmenge.

Das Schlußschema hat jetzt die Form

x_1	x_2	x_3	
1	1	2	0
0	2	3	0
0	0	0	0

Mit $x_3 = t \in \mathbb{R}$ führt die zweite Gleichung auf $2x_2 = -3t \Leftrightarrow x_2 = -\dfrac{3}{2}t$ und weiter $x_1 = -x_2 - 2x_3 = \dfrac{3}{2}t - 2t = -\dfrac{1}{2}t$.

Damit hat die Lösungsmenge die Form

$$L = \{(x_1|x_2|x_3) \in \mathbb{R}^3 | x_1 = -\frac{1}{2}t \wedge x_2 = -\frac{3}{2}t \wedge x_3 = t \in \mathbb{R}\}.$$

Die Lösungstripel lassen sich auch als Spaltenvektoren

$$\begin{pmatrix} x_1 \\ x_2 \\ x_3 \end{pmatrix} = t \begin{pmatrix} -1/2 \\ -3/2 \\ 1 \end{pmatrix}, \quad t \in \mathbb{R} \text{ darstellen.}$$

> Zu jedem $t \neq 0$ wird eine nicht-triviale Lösung definiert. Was ergibt zum Beipiel $t = 2$?

Zu $t = 2$ gehört $x_1 = -1$, $x_2 = -3$ und $x_3 = 2$. Mit der speziellen Lösung $(-1|-3|2)$ kann der Nullvektor nicht-trivial aus den Spaltenvektoren der Matrix kombiniert werden.

> e) Da die Lösbarkeit des Gleichungssystems unmittelbar mit den Spaltenvektoren der Koeffizientenmatrix zusammenhängt, lassen sich die Ergebnisse aus a) geometrisch interpretieren.

1) Für $c \neq 2$ spannen die Vektoren $\begin{pmatrix} 2 \\ 0 \\ 1 \end{pmatrix}$, $\begin{pmatrix} 0 \\ 2 \\ 1 \end{pmatrix}$ und $\begin{pmatrix} 1 \\ 3 \\ c \end{pmatrix}$ den ganzen Vektorraum $\mathbb{R}^3$ auf, da sie linear unabhängig sind und deshalb eine *Basis* bilden.

2) Für $c = 2$ sind die Vektoren $\begin{pmatrix} 2 \\ 0 \\ 1 \end{pmatrix}$, $\begin{pmatrix} 0 \\ 2 \\ 1 \end{pmatrix}$ und $\begin{pmatrix} 1 \\ 3 \\ c \end{pmatrix}$ komplanar.

Sie liegen in einer Ebene und spannen nur einen zweidimensionalen *Unterraum U* von $\mathbb{R}^3$ auf. Dann können nur solche Vektoren linear kombiniert werden, die ebenfalls in diesem Unterraum liegen. Der Vektor $\begin{pmatrix} d \\ 0 \\ 0 \end{pmatrix}$ der rechten Seite liegt nur für $d = 0$ in U. Dieser läßt sich dann auf unendlich viele Weisen linear kombinieren. Falls $d \neq 0$, kann dieser Vektor nicht mit Hilfe der drei Spaltenvektoren dargestellt werden.

Aufgabe II.8 (Lösung im Anhang 1)
(Bearbeitungszeit: ca. 30 min.)

a) Für welche Werte $b, c \in \mathbb{R}$ hat das Gleichungssystem

$$\begin{cases} 2x_1 + bx_2 = 5 \\ 4x_1 + 2x_2 = c \end{cases}$$

1) genau eine Lösung,

2) unendlich viele Lösungen,

3) keine Lösung?

b) Berechnen Sie für den Fall 1) die eindeutige Lösung in Abhängigkeit von b und c.

c) Was ergeben die Spezialfälle $b = 0$, $c = 0$ und $b = 2$, $c = 5$?

d) Bestimmen Sie für den Fall 2) ausführlich die Lösungsmenge und geben Sie zwei konkrete Lösungen an.

e) Interpretieren Sie die Ergebnisse von a) geometrisch.

Aufgabe II.9 (Lösung im Anhang 1)
(Bearbeitungszeit: ca. 60 min.)

a) Prüfen Sie, für welche Werte a und b die Matrizen

$$A = \begin{pmatrix} 1 & 0 \\ 1 & 0 \end{pmatrix}, \quad B = \begin{pmatrix} 1 & 1 \\ 0 & 1 \end{pmatrix}, \quad C = \begin{pmatrix} 0 & a \\ 1 & -1 \end{pmatrix}, \quad D = \begin{pmatrix} 2 & 1 \\ 1 & b \end{pmatrix}$$

1) einen vierdimensionalen,

2) einen dreidimensionalen,

3) einen zweidimensionalen Unterraum von $M_2(\mathbb{R})$ aufspannen.

b) Für $a = b = 0$ soll die Matrix $M = \begin{pmatrix} -1 & -1 \\ 1 & -1 \end{pmatrix}$ aus A, B, C und D linear kombiniert werden. Ist die Darstellung eindeutig?

c) Bestimmen Sie zu $a = 0$, $b = 1$ und $a = -1$, $b = 0$ mit Hilfe von a) ausführlich die Lösungsmenge des homogenen Gleichungssystems. Stellen Sie jeweils eine der vier Matrizen durch die anderen dar.

d) Bestimmen Sie für den Fall a)3) die Lösungsmenge des homogenen Gleichungssystems. Geben Sie zwei nicht-triviale Nullkombinationen an.

Kapitel III

Affine Geometrie, Schnittprobleme

Aufgabe III.1 (mit ausführlicher Bearbeitung)
(Bearbeitungszeit: ca. 60 min.)

Betrachten Sie die Ebene $E: \vec{x} = \begin{pmatrix} 1 \\ 1 \\ -1 \end{pmatrix} + r \begin{pmatrix} 2 \\ 0 \\ 1 \end{pmatrix} + s \begin{pmatrix} -1 \\ 2 \\ 0 \end{pmatrix}$ und die Gerade

$g: \vec{x} = \begin{pmatrix} -1 \\ 0 \\ -3 \end{pmatrix} + t \begin{pmatrix} 1 \\ 1 \\ 1 \end{pmatrix}$ mit r, s und $t \in \mathbb{R}$.

a) Prüfen Sie die gegenseitige Lage der Geraden g und der Ebene E durch Bestimmung der Menge aller gemeinsamen Punkte.

b) Stellen Sie eine *Koordinatengleichung* der Ebene E auf.

c) Lösen Sie Teil a) auf eine weitere Weise durch Benutzung der Koordinatengleichung von E.

d) Zeigen Sie, daß die Ebene E_1 durch die Punkte $A(0|-1|-2)$, $B(3|1|0)$ und $C(-1|5|-1)$ mit der vorgegebenen Ebene E identisch ist,

   1) durch den Nachweis, daß die Punkte A, B und C in der Ebene E liegen,

   2) durch den Vergleich der Ebenengleichungen in Parameterform,

   3) durch den Vergleich der Koordinatengleichungen der beiden Ebenen.

Bearbeitung von Aufgabe III.1:

a) *Ortsvektoren* (in $\mathbb{R}^2$ oder $\mathbb{R}^3$) sind Vektoren mit dem Anfangspunkt O eines festgelegten Koordinatensystems. Dadurch ergibt sich die Möglichkeit, Punkte durch Vektoren zu beschreiben. Jeder Punkt hat genau einen Ortsvektor, zu jedem Ortsvektor gehört genau ein Punkt. Die Ebene E wird gebildet von allen Punkten X, deren Ortsvektor $\overrightarrow{OX} = \vec{x}$ die Vektorgleichung

$$\vec{x} = \begin{pmatrix} 1 \\ 1 \\ -1 \end{pmatrix} + r \begin{pmatrix} 2 \\ 0 \\ 1 \end{pmatrix} + s \begin{pmatrix} -1 \\ 2 \\ 0 \end{pmatrix}$$

erfüllen. Diese Gleichung heißt *Parametergleichung* von E, die für jede spezielle Wahl der Parameter r und s einen Punkt der Ebene durch seinen Ortsvektor $\vec{x}$ festlegt.

Die beiden Richtungsvektoren $\vec{a} = \begin{pmatrix} 2 \\ 0 \\ 1 \end{pmatrix}$ und $\vec{b} = \begin{pmatrix} -1 \\ 2 \\ 0 \end{pmatrix}$ spannen einen zweidimensionalen *Unterraum* U von $\mathbb{R}^3$ auf. Die Ortsvektoren $\vec{x}$ erhält man dann durch Addition eines festen Ortsvektores, hier $\vec{p} = \begin{pmatrix} 1 \\ 1 \\ -1 \end{pmatrix}$, der zu einem bestimmten Punkt P der Ebene führt. Dieser heißt auch *Stützvektor* (der Ebene) und erlaubt die Darstellung $E: \vec{x} = \vec{p} + U = \{\vec{p} + \vec{u} \mid \vec{u} \in U\}$. Graphisch bewirkt dies eine Verschiebung des Unterraums U (um $\vec{p}$) vom Ursprung O weg (s. Fig. III.1.1).

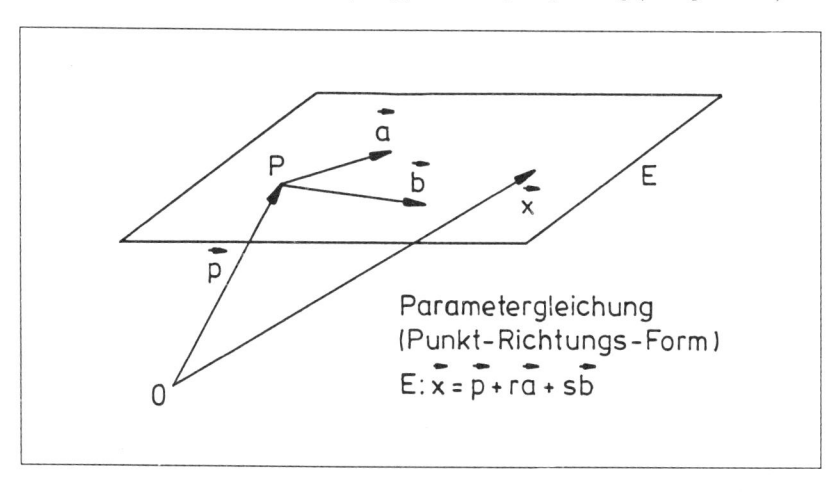

Parametergleichung
(Punkt-Richtungs-Form)
$E: \vec{x} = \vec{p} + r\vec{a} + s\vec{b}$

Die Parameterform der Geraden g lautet allgemein $g: \vec{x} = \vec{q}+t\vec{c}\,(t \in \mathbb{R})$. In diesem Fall wird durch $\begin{pmatrix} 1 \\ 1 \\ 1 \end{pmatrix}$ ein eindimensionaler Unterraum von $\mathbb{R}^3$ aufgespannt. Der Stützvektor (der Geraden) ist $\vec{q} = \begin{pmatrix} -1 \\ 0 \\ -3 \end{pmatrix}$ (s. Fig. III.1.2).

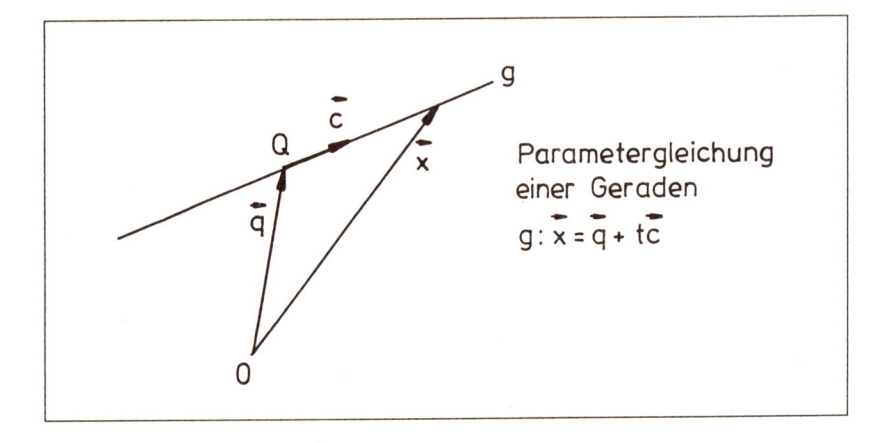

Parametergleichung einer Geraden
$$g: \vec{x} = \vec{q} + t\vec{c}$$

Für die gegenseitige Lage von g und E ist die Beziehung von $\vec{a}, \vec{b}$ und $\vec{c}$ zueinander ausschlaggebend. Sind $\vec{a}, \vec{b}$ und $\vec{c}$ *linear unabhängig*, so schneiden sich g und E in genau einem Punkt S. Dagegen bedeutet die lineare Abhängigkeit, daß g und E parallel sind ($g \parallel E$).

[Im zweiten Fall hängt es von $\vec{q}$ ab, ob $g \subseteq E$ oder echt parallel zu E verläuft: Entweder ist jeder Punkt von g auch in der Ebene enthalten oder es gibt keine gemeinsamen Punkte.

Die lineare Unabhängigkeit von $\vec{a}, \vec{b}$ und $\vec{c}$ wird auf die gewohnte Weise nachgeprüft. Zu lösen ist das Gleichungssystem $\vec{p} + r\vec{a} + s\vec{b} = \vec{q} + t\vec{c} \Leftrightarrow r\vec{a} + s\vec{b} - t\vec{c} = \vec{q} - \vec{p}$, das je nachdem genau eine, keine oder unendlich viele Lösungen besitzt. In diesem Fall führt dies auf

$$r \begin{pmatrix} 2 \\ 0 \\ 1 \end{pmatrix} + s \begin{pmatrix} -1 \\ 2 \\ 0 \end{pmatrix} + t \begin{pmatrix} -1 \\ -1 \\ -1 \end{pmatrix} = \begin{pmatrix} -1 \\ 0 \\ -3 \end{pmatrix} - \begin{pmatrix} 1 \\ 1 \\ -1 \end{pmatrix} = \begin{pmatrix} -2 \\ -1 \\ -2 \end{pmatrix}.$$

[Beachten Sie: Damit vor dem Parameter t ein Pluszeichen steht, wird statt $\vec{c}$ der Gegenvektor $-\vec{c}$ benutzt.

Das Schema ergibt

r	s	t	
2	−1	−1	−2
0	2	−1	−1
1	0	−1	−2
1	0	−1	−2
0	2	−1	−1
2	−1	−1	−2
1	0	−1	−2
0	2	−1	−1
0	−1	1	2
1	0	−1	−2
0	−1	1	2
0	2	−1	−2
1	0	−1	−1
0	−1	1	2
0	0	1	3

vertauschen

$\mid \cdot (-2)$

vertauschen

$\mid \cdot 2$

Hieran erkennen Sie: $\vec{a}, \vec{b}$ und $\vec{c}$ sind linear unabhängig, es gibt genau eine Lösung: Zunächst folgt $t = 3$. Dann $-s = 2 - t = 2 - 3 = -1 \Leftrightarrow s = 1$ und $r = -2 + t = -2 + 3 = 1$. Damit: L = $\{(1|1|3)\}$.

Vorsicht! Beachten Sie, daß dies **nicht** den Schnittpunkt $S(1|1|3)$ bedeutet. Sie haben lediglich die Werte der Parameter r, s und t berechnet. Um den Schnittpunkt zu bestimmen, müssen Sie diese in die entsprechenden Gleichungen einsetzen.

In die Geradengleichung eingesetzt ergibt dies (für $t = 3$)

$$\vec{x}_S = \begin{pmatrix} -1 \\ 0 \\ -3 \end{pmatrix} + 3 \begin{pmatrix} 1 \\ 1 \\ 1 \end{pmatrix} = \begin{pmatrix} 2 \\ 3 \\ 0 \end{pmatrix}.$$

Ebenso liefert die Ebenengleichung ($r = s = 1$)

$$\vec{x}_S = \begin{pmatrix} 1 \\ 1 \\ -1 \end{pmatrix} + 1 \begin{pmatrix} 2 \\ 0 \\ 1 \end{pmatrix} + 1 \begin{pmatrix} -1 \\ 2 \\ 0 \end{pmatrix} = \begin{pmatrix} 2 \\ 3 \\ 0 \end{pmatrix}.$$

Damit hat der Schnittpunkt die Koordinaten $S(2|3|0)$.

Empfehlung: Sie sollten in jedem Fall zur Kontrolle in beide Gleichungen einsetzen. So können Sie einen eventuellen Rechenfehler sofort feststellen.

b) Die Ebene E läßt sich noch auf eine andere Weise beschreiben. Es ist häufig praktischer, neben der Parameterform eine Gleichung zu haben, die genau die Koordinaten der Punkte von E erfüllen. Diese parameterfreie Darstellung heißt deshalb auch Koordinatengleichung der Ebene. Sie kann aus der Parameterform abgeleitet werden, indem die Parameter r und s eliminiert werden. Dazu schreibt man zunächst die Koordinaten x_1, x_2 und x_3 in Abhängigkeit von r und s auf.

Aus der Parametergleichung $\vec{x} = \begin{pmatrix} x_1 \\ x_2 \\ x_3 \end{pmatrix} = \begin{pmatrix} 1 \\ 1 \\ -1 \end{pmatrix} + r \begin{pmatrix} 2 \\ 0 \\ 1 \end{pmatrix} + s \begin{pmatrix} -1 \\ 2 \\ 0 \end{pmatrix}$ folgt für die Koordinaten der Ebene E

(1) $\quad x_1 = 1 + 2r - s$
(2) $\quad x_2 = 1 \qquad\quad + 2s$
(3) $\quad x_3 = -1 + r$

> Durch Anwendung des Additionsverfahrens lassen sich die Parameter eliminieren. Da bereits zwei Gleichungen mit nur einem Parameter vorliegen, ist dies hier besonders einfach. Die obige Schreibweise wird bei den folgenden Aufgaben stets benutzt, wobei die durchgeführten Umformungen rechts notiert und die umgeformte Gleichung mit einem ' versehen wird: (1') entsteht zum Beispiel aus (1) durch die notierte Umformung. Eine Berechnung in einem Schema hat keinen Sinn, denn es liegt hier kein Gleichungssystem im eigentlichen Sinn vor, sondern drei Gleichungen, die jeweils eine Beziehung herstellen zwischen den Parametern und den Koordinaten.

Multipliziert man (1) mit 2 und addiert sie zu (2), so ergibt sich

(1') $\quad 2x_1 \qquad\quad = 2 + 4r - 2s$
(2) $\qquad\quad x_2 = 1 \qquad\quad + 2s$ +
────────────────────────────────
(4) $\quad 2x_1 + x_2 = 3 + 4r$

Nach Multiplikation von (3) mit -4 und Addition zu (4) erhält man

(4) $\quad 2x_1 + x_2 \qquad\quad = 3 + 4r$
(3') $\qquad\qquad\quad -4x_3 = 4 - 4r$ +
────────────────────────────────

$\boxed{E: \quad 2x_1 + x_2 - 4x_3 = 7}$

Diese Gleichung enthält nur noch die Koordinaten und keinen Parameter mehr. Die Ebene E wird durch die Koordinatengleichung $E: 2x_1 + x_2 - 4x_3 = 7$ beschrieben.

> Damit erkennen Sie: Die Koordinatengleichung einer Ebene ist eine lineare Gleichung mit drei Variablen. Die Punkte der Ebene ergeben sich somit als Lösungsmenge (=Menge von Zahlentripeln) dieser Gleichung.

c) Die Koordinatengleichung kann auch dazu benutzt werden, den Schnittpunkt von g und E zu berechnen. Gesucht sind alle Punkte der Geraden, die auch die Koordinatengleichung von E erfüllen.

Durch $\vec{x} = \begin{pmatrix} x_1 \\ x_2 \\ x_3 \end{pmatrix} = \begin{pmatrix} -1 \\ 0 \\ -3 \end{pmatrix} + t \begin{pmatrix} 1 \\ 1 \\ 1 \end{pmatrix} = \begin{pmatrix} -1+t \\ t \\ -3+t \end{pmatrix}$ sind die Ortsvektoren zu den Punkten der Geraden g in Abhängigkeit von $t \in \mathbb{R}$ gegeben. Diese werden so durch die Koordinatentripel beschrieben. Eingesetzt in die Koordinatengleichung von E ergibt sich

$$2(-1+t) + t - 4(-3+t) = 7 \Leftrightarrow -2 + 2t + t + 12 - 4t = 7$$
$$\Leftrightarrow 10 - t = 7 \Leftrightarrow t = 3.$$

Genau für $t = 3$ liegt der Punkt der Geraden g auch in der Ebene E. Das bedeutet wieder $\vec{x}_S = \begin{pmatrix} -1 \\ 0 \\ -3 \end{pmatrix} + 3 \begin{pmatrix} 1 \\ 1 \\ 1 \end{pmatrix} = \begin{pmatrix} 2 \\ 3 \\ 0 \end{pmatrix}$.

> Die Kenntnis einer Koordinatengleichung erlaubt eine vereinfachte Rechnung für verschiedene Fragestellungen.

> d_1) Der Nachweis, daß die Punkte A, B und C in der Ebene E liegen, läßt sich unmittelbar durch Einsetzten in die Koordinatengleichung aus b) führen.

Die Punkte $A(0|-1|-2)$, $B(3|1|0)$ und $C(-1|5|-1)$ erfüllen die Koordinatengleichung von E: $2x_1 + x_2 - 4x_3 = 7$, denn

$$2 \cdot 0 + (-1) - 4(-2) = -1 + 8 = 7,$$
$$2 \cdot 3 + 1 - 4 \cdot 0 = 6 + 1 = 7 \text{ und}$$
$$2(-1) + 5 - 4(-1) = -2 + 5 + 4 = 7$$

Da alle drei Punkte in der Ebene E liegen, sind die Ebenen E und E_1 identisch.

> d_2) Mit Hilfe der Punkte A, B und C läßt sich eine Parametergleichung von E_1 aufstellen. Durch $\overrightarrow{OA}$ erhalten Sie einen Stützvektor, Richtungsvektoren sind zum Beispiel $\overrightarrow{AB}$ und $\overrightarrow{AC}$.

Mit den Ortsvektoren $\vec{a} = \begin{pmatrix} 0 \\ -1 \\ -2 \end{pmatrix}, \vec{b} = \begin{pmatrix} 3 \\ 1 \\ 0 \end{pmatrix}$ und $\vec{c} = \begin{pmatrix} -1 \\ 5 \\ -1 \end{pmatrix}$ läßt sich eine Parameterform von E_1 aufstellen: Aus der Darstellung $\vec{x} = \vec{a} + r(\vec{b} - \vec{a}) + s(\vec{c} - \vec{a})$ folgt

$$\boxed{E_1: \vec{x} = \begin{pmatrix} 0 \\ -1 \\ -2 \end{pmatrix} + r \begin{pmatrix} 3 \\ 2 \\ 2 \end{pmatrix} + s \begin{pmatrix} -1 \\ 6 \\ 1 \end{pmatrix}.}$$

[Achtung: $\vec{a}$ und $\vec{b}$ sind hier keine Richtungsvektoren. Diese erhalten Sie erst durch Differenzenbildung. Häufig wird deshalb auch die Schreibweise $\vec{x}_A, \vec{x}_B$ und $\vec{x}_C$ benutzt, um sie als Ortsvektoren zu kennzeichnen.

Diese aufgestellte Parametergleichung ist von der zu E aus a) zunächst offensichtlich völlig verschieden. Daß beide Gleichungen dieselbe Ebene darstellen, läßt sich so nicht unmittelbar sehen: Es gibt zu jeder Ebene unendlich viele Möglichkeiten, eine Parameterdarstellung anzugeben.

[Wie läßt sich mit Hilfe der Richtungs- und Stützvektoren zeigen, daß $E = E_1$?

Damit die Identität von E und E_1 nachgewiesen wird, muß gezeigt werden, daß die vier Richtungsvektoren komplanar sind ($E \parallel E_1$) und zusätzlich der Stützvektor von E_1 zu einem Punkt von E zeigt. Das bedeutet, daß die Differenz der beiden Stützvektoren (hier $\vec{p}$ und $\vec{a}$) ebenfalls mit den vier Richtungsvektoren komplanar ist. Dieser Nachweis ist rechnerisch etwas aufwendig. Es ist zu zeigen:

1) $\begin{pmatrix} 2 \\ 0 \\ 1 \end{pmatrix}, \begin{pmatrix} -1 \\ 2 \\ 0 \end{pmatrix}, \begin{pmatrix} 3 \\ 2 \\ 2 \end{pmatrix}$

2) $\begin{pmatrix} 2 \\ 0 \\ 1 \end{pmatrix}, \begin{pmatrix} -1 \\ 2 \\ 0 \end{pmatrix}, \begin{pmatrix} -1 \\ 6 \\ 1 \end{pmatrix}$ und

3) $\begin{pmatrix} 2 \\ 0 \\ 1 \end{pmatrix}, \begin{pmatrix} -1 \\ 2 \\ 0 \end{pmatrix}, \begin{pmatrix} 1 \\ 1 \\ -1 \end{pmatrix} - \begin{pmatrix} 0 \\ -1 \\ -2 \end{pmatrix} = \begin{pmatrix} 1 \\ 2 \\ 1 \end{pmatrix}$

sind jeweils linear abhängig. Die Rechnung soll hier nicht durchgeführt werden. Sie sei zur Übung empfohlen. Es ergeben sich dann als spezielle Linearkombinationen

1) $2 \begin{pmatrix} 2 \\ 0 \\ 1 \end{pmatrix} + \begin{pmatrix} -1 \\ 2 \\ 0 \end{pmatrix} = \begin{pmatrix} 3 \\ 2 \\ 2 \end{pmatrix}$

2) $\begin{pmatrix} 2 \\ 0 \\ 1 \end{pmatrix} + 3 \begin{pmatrix} -1 \\ 2 \\ 0 \end{pmatrix} = \begin{pmatrix} -1 \\ 6 \\ 1 \end{pmatrix}$ und

3) $\begin{pmatrix} 2 \\ 0 \\ 1 \end{pmatrix} + \begin{pmatrix} -1 \\ 2 \\ 0 \end{pmatrix} = \begin{pmatrix} 1 \\ 2 \\ 1 \end{pmatrix}$

Damit ist gezeigt, daß $E = E_1$.

d_3) Ein Vergleich der beiden Koordinatengleichungen ist dagegen sehr viel einfacher. Stellen Sie mit Hilfe der Parametergleichung aus d_2) eine Koordinatengleichung von E_1 auf.

$E_1: \vec{x} = \begin{pmatrix} 0 \\ -1 \\ -2 \end{pmatrix} + r \begin{pmatrix} 3 \\ 2 \\ 2 \end{pmatrix} + s \begin{pmatrix} -1 \\ 6 \\ 1 \end{pmatrix}$ führt auf die Koordinaten

(1) $\quad x_1 = 3r - s \quad \big| \cdot 6$
(2) $\quad x_2 = -1 + 2r + 6s$
(3) $\quad x_3 = -2 + 2r + s$

Die weitere Rechnung zeigt dann

(1') $\quad 6x_1 = 18r - 6s \;\big|$
(2) $\quad x_2 = -1 + 2r + 6s \;\big| +$
(4) $\quad 6x_1 + x_2 = -1 + 20r$

(1) $\quad x_1 = 3r - s \;\big|$
(3) $\quad x_3 = -2 + 2r + s \;\big| +$
(5) $\quad x_1 + x_3 = -2 + 5r$

und schließlich nach Multiplikation von (5) mit -4

(4) $\quad 6x_1 + x_2 = -1 + 20r \;\big|$
(5') $\quad -4x_1 - 4x_3 = 8 - 20r \;\big| +$

$\boxed{E_1: \quad 2x_1 + x_2 - 4x_3 = 7}$

Man erhält also sogar sofort die gleiche Koordinatengleichung wie für E. Eine Multiplikation mit einem geeigneten Faktor ist gar nicht mehr nötig. Die Ebenen E und E_1 werden beide durch die Koordinatengleichung $2x_1 + x_2 - 4x_3 = 7$ beschrieben, sie sind identisch.

Aufgabe III.2 (Lösung im Anhang 1)
(Bearbeitungszeit: ca. 45 min.)

Betrachten Sie die Ebene $E: \vec{x} = \begin{pmatrix} 2 \\ 0 \\ 0 \end{pmatrix} + r \begin{pmatrix} 1 \\ 0 \\ -1 \end{pmatrix} + s \begin{pmatrix} 1 \\ -1 \\ 0 \end{pmatrix}$ und die Gerade

$g: \vec{x} = \begin{pmatrix} 1 \\ 0 \\ 1 \end{pmatrix} + t \begin{pmatrix} 1 \\ -2 \\ 1 \end{pmatrix}$ mit r, s und $t \in \mathbb{R}$.

a) Prüfen Sie die gegenseitige Lage der Geraden g und der Ebene E. Zeigen Sie: $g \subseteq E$.

b) Stellen Sie eine Koordinatengleichung von E auf.

c) Bestätigen Sie das Ergebnis von a) mit Hilfe der Koordinatengleichung von E.

d) Zeigen Sie, daß die Ebene E_1 durch $A(1|2|-1)$, $B(-1|0|3)$ und $C(5|-2|-1)$ mit der Ebene E identisch ist

    1) mit Hilfe der Parametergleichungen,

    2) mit Hilfe der Koordinatengleichungen.

Aufgabe III.3 (Lösung im Anhang 1)
(Bearbeitungszeit: ca. 45 min.)

Gegeben sind die Punkte $A(4|-2|-2)$, $B(9|-1|-2)$ und $C(7|0|-1)$.

a) Bestimmen Sie zur Ebene E durch die Punkte A, B und C eine Parametergleichung.

b) Stellen Sie eine Koordinatengleichung von E auf.

c) Betrachten Sie die Gerade $g: \vec{x} = \begin{pmatrix} b \\ 0 \\ -1 \end{pmatrix} + t \begin{pmatrix} 3 \\ 2 \\ a \end{pmatrix}$; $a, b \in \mathbb{R}$.

Prüfen Sie mit Hilfe der Koordinatengleichung, für welche $a, b \in \mathbb{R}$

    1) g die Ebene E in einem Punkt schneidet,

    2) g in der Ebene E liegt ($g \subseteq E$),

    3) g zur Ebene E echt parallel verläuft.

d) Lösen Sie dieselbe Aufgabe wie in c) mit Hilfe der Parametergleichung der Ebene E.

e) Welche Verhältnisse liegen für $a = b = 0$ vor? Bestimmen Sie gegebenenfalls den Schnittpunkt.

Aufgabe III.4 (mit ausführlicher Bearbeitung)
(Bearbeitungszeit: ca. 90 min.)

Betrachten Sie die Ebene E_1 durch die Punkte $A(-1|-1|0)$, $B(1|6|4)$ und $C(9|1|-2)$ sowie die Ebene $E_2: -x_1 + x_2 + x_3 = 6$.

a) Stellen Sie eine *Parametergleichung* der Ebene E_1 auf.

b) Bestimmen Sie eine *Koordinatengleichung* von E_1.

c) Zeigen Sie, daß die beiden Ebenen E_1 und E_2 eine Gerade g gemeinsam haben. Berechnen Sie die Gleichung der Schnittgeraden

    1) mit Hilfe der Parametergleichung von E_1 und der Koordinatengleichung von E_2,

    2) mit Hilfe der beiden Koordinatengleichungen.

d) Bestimmen Sie ebenfalls eine Parametergleichung von E_2.

e) Wie läßt sich die Schnittgerade g mit den beiden Parametergleichungen berechnen?

Bearbeitung von Aufgabe III.4:

a) Mit Hilfe der *Ortsvektoren* der Punkte A, B und C läßt sich unmittelbar eine Parameterform der Ebenengleichung zu E_1 aufstellen. Beachten Sie dabei, daß die Richtungsvektoren durch die Differenzvektoren von je zwei Ortsvektoren (und nicht durch diese selbst) gegeben sind.

Mit $\vec{a} = \begin{pmatrix} -1 \\ -1 \\ 0 \end{pmatrix}$, $\vec{b} = \begin{pmatrix} 1 \\ 6 \\ 4 \end{pmatrix}$ und $\vec{c} = \begin{pmatrix} 9 \\ 1 \\ -2 \end{pmatrix}$ ergibt sich zum Beispiel die Parametergleichung durch $\vec{x} = \vec{a} + r(\vec{b} - \vec{a}) + s(\vec{c} - \vec{a})$ zu

$$E_1: \vec{x} = \begin{pmatrix} -1 \\ -1 \\ 0 \end{pmatrix} + r \begin{pmatrix} 2 \\ 7 \\ 4 \end{pmatrix} + s \begin{pmatrix} 10 \\ 2 \\ -2 \end{pmatrix}.$$

Diese Darstellung ist bekanntlich nicht eindeutig: Als Stützvektoren können sie **jeden** Ortsvektor nehmen, der zu einem Punkt der Ebene führt. Auch als Richtungsvektoren lassen sich alle Vektoren verwenden, die zwei Punkte der Ebene verbinden. So ist auch $\vec{x} = \vec{c} + r(\vec{b} - \vec{a}) + s(\vec{c} - \vec{b})$ eine Parametergleichung von E_1. Dabei ist allerdings zu bedenken, daß die beiden Richtungsvektoren linear unabhängig sein müssen (die Punkte dürfen nicht auf einer Gerade liegen!), denn sonst erhält man lediglich die Gleichung dieser Geraden (s. Fig. III.4).

Parametergleichung
(Dreipunkteform)
$E_1 : \vec{x} = \vec{a} + r(\vec{b}-\vec{a}) + s(\vec{c}-\vec{a})$

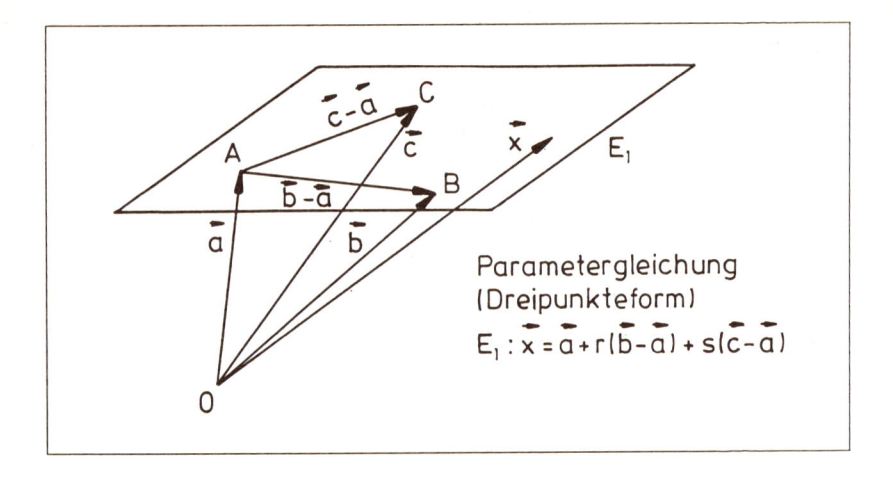

b) Die obige Parameterform von E_1 führt auf

$$\begin{array}{rlrrr}
(1) & x_1 = & -1 + & 2r + & 10s \\
(2) & x_2 = & -1 + & 7r + & 2s \quad \cdot(-5) \\
(3) & x_3 = & & 4r - & 2s \quad \cdot 5
\end{array}$$

Daraus folgt weiter

$$\begin{array}{rlrrr}
(1) & x_1 & = -1 + & 2r + & 10s \\
(2') & -5x_2 & = 5 - & 35r - & 10s \quad + \\ \hline
(4) & x_1 - 5x_2 & = 4 - & 33r & \quad \cdot 2
\end{array}$$

$$\begin{array}{rlrrr}
(1) & x_1 & = -1 + & 2r + & 10s \\
(3') & -5x_3 & = & 20r - & 10s \quad + \\ \hline
(5) & x_1 + 5x_3 & = -1 + & 22r & \quad \cdot 3
\end{array}$$

und schließlich

$$\begin{array}{rlrrr}
(4') & 2x_1 - 10x_2 & = 8 - & 66r \\
(5') & 3x_1 + 15x_3 & = -3 + & 66r \quad + \\ \hline
E_1: & 5x_1 - 10x_2 + 15x_3 & = 5
\end{array}$$

oder

$$\boxed{E_1: x_1 - 2x_2 + 3x_3 = 1}$$

als Koordinatengleichung der Ebene E_1.

c₁) Zur Bestimmung der gegenseitigen Lage der beiden Ebenen E_1 und E_2 gibt es mehrere Möglichkeiten, je nachdem welche Formen der Ebenengleichung benutzt werden. In diesem Fall soll zunächst die Parametergleichung von E_1 und die Koordinatengleichung von E_2 benutzt werden. Das Problem ist in jedem Fall, die Punkte X (durch ihre Ortsvektoren oder durch ihre Koordinaten) zu beschreiben, welche in beiden Ebenen E_1 und E_2 enthalten sind, somit also beide Gleichungen erfüllen. Sind die Ebenen (echt) parallel, so gibt es keinen solchen Punkt, sind sie identisch, so erfüllen alle Punkte der Ebenen beide Gleichungen. Der dritte Fall führt auf eine Schnittgerade g, deren Gleichung zu bestimmen ist.

Die Ebene E_1 sei in Parameterform gegeben. Für die Koordinaten der Punkte von E_1 gilt dann nach b)

(1) $\quad x_1 = -1 + 2r + 10s$
(2) $\quad x_2 = -1 + 7r + 2s$
(3) $\quad x_3 = 4r - 2s$

in Abhängigkeit von den Parametern r und s.

Sollen Punkte von E_1 auch in der Ebene E_2 liegen, so müssen sie die Koordinatengleichung von E_2: $-x_1 + x_2 + x_3 = 6$ erfüllen. Einsetzen führt auf einen Zusammenhang zwischen r und s: Die Parameter sind voneinander abhängig.

Gemeinsame Punkte von E_1 und E_2 erfüllen die Gleichung

$$-(-1 + 2r + 10s) + (-1 + 7r + 2s) + (4r - 2s) = 6$$
$$\Leftrightarrow 1 - 2r - 10s - 1 + 7r + 2s + 4r - 2s = 6 \Leftrightarrow 9r - 10s = 6$$
$$\Leftrightarrow r = \frac{10}{9}s + \frac{2}{3}.$$

Was bedeutet das für die Menge der gemeinsamen Punkte?

Das beweist zunächst: Es gibt eine Schnittgerade g_1, denn die Gleichung ist weder unlösbar noch allgemeingültig. Die beiden Parameter sind nicht unabhängig wählbar: Mit s ist auch r bereits festgelegt, somit ergibt sich tatsächlich nur ein freier Parameter. Ein Punkt X der Ebene E_1 liegt genau dann in E_2 wenn die hergeleitete Beziehung $r = \frac{10}{9}s + \frac{2}{3}$ gilt.

Dies führt durch Einsetzen in die Parametergleichung von E_1 auf die Parameterform der Schnittgeraden g_1.

Zur Schnittmenge von E_1 und E_2 gehören alle Punkte X mit den Ortsvektoren

$$\vec{x} = \begin{pmatrix} -1 \\ -1 \\ 0 \end{pmatrix} + \left(\frac{10}{9}s + \frac{2}{3}\right) \begin{pmatrix} 2 \\ 7 \\ 4 \end{pmatrix} + s \begin{pmatrix} 10 \\ 2 \\ -2 \end{pmatrix}$$

$$\Leftrightarrow \vec{x} = \begin{pmatrix} -1 \\ -1 \\ 0 \end{pmatrix} + \frac{10}{9}s \begin{pmatrix} 2 \\ 7 \\ 4 \end{pmatrix} + s \begin{pmatrix} 10 \\ 2 \\ -2 \end{pmatrix} + \frac{2}{3} \begin{pmatrix} 2 \\ 7 \\ 4 \end{pmatrix}$$

$$\Leftrightarrow \vec{x} = \begin{pmatrix} -1 \\ -1 \\ 0 \end{pmatrix} + \frac{2}{3} \begin{pmatrix} 2 \\ 7 \\ 4 \end{pmatrix} + s \left(\frac{10}{9} \begin{pmatrix} 2 \\ 7 \\ 4 \end{pmatrix} + \begin{pmatrix} 10 \\ 2 \\ -2 \end{pmatrix} \right).$$

Die weitere Rechnung liefert dann $\vec{x} = \frac{1}{3} \begin{pmatrix} 1 \\ 11 \\ 8 \end{pmatrix} + s \left(\frac{22}{9} \begin{pmatrix} 5 \\ 4 \\ 1 \end{pmatrix} \right)$ oder mit einem anderen Richtungsvektor (der Faktor $\frac{22}{9}$ kann weggelassen werden) als Gleichung der Schnittgeraden

$$g_1: \vec{x} = \frac{1}{3} \begin{pmatrix} 1 \\ 11 \\ 8 \end{pmatrix} + s \begin{pmatrix} 5 \\ 4 \\ 1 \end{pmatrix}$$

Beachten Sie, daß im Gegensatz dazu der Faktor $\frac{1}{3}$ **nicht** weggelassen werden darf, da der Stützvektor dann nicht mehr zu einem Punkt der Ebene führt. Insgesamt ist dieser Weg rechnerisch etwas aufwendig, da man zunächst eine Beziehung zwischen r und s herstellen und dann (in einer weiteren Rechnung) die Geradengleichung bestimmen muß.

c_2) In diesem Aufgabenteil sollen die Koordinatengleichungen der beiden Ebenen benutzt werden. Die Koordinatengleichung von E_1 wurde in Teil b) aufgestellt. Die beiden Gleichungen liefern ein lineares Gleichungssystem aus zwei Gleichungen mit drei Variablen.

Gesucht sind alle Punkte, deren Koordinaten die Gleichungen zu E_1: $x_1 - 2x_2 + 3x_3 = 1$ und zu E_2: $-x_1 + x_2 + x_3 = 6$ erfüllen. Dies führt auf das folgende Gleichungssystem:

x_2	x_2	x_2	
1	-2	3	1
-1	1	1	6
0	0	0	0
1	-2	3	1
0	-1	4	7
0	0	0	0

Dabei wurde eine vollständige Nullzeile ergänzt. Das Schlußschema ist von der Untersuchung der linearen Unabhängigkeit her bekannt. Es zeigt, daß es unendlich viele Lösungen gibt, die auf die herkömmliche Weise bestimmt werden können.

Es ist $x_3 = t \in \mathbb{R}$ als Parameter frei wählbar. Daraus folgt

$$-x_2 = 7 - 4x_3 = 7 - 4t \Leftrightarrow x_2 = -7 + 4t$$

und weiter

$$x_1 = 1 - 3x_3 + 2x_2 = 1 - 3t + 2(-7 + 4t) = 1 - 3t - 14 + 8t = -13 + 5t.$$

Als Lösungsmenge L des Gleichungssystems ergibt sich damit

$$L = \{(x_1|x_2|x_3) \in \mathbb{R}^3 \mid x_1 = -13 + 5t \land x_2 = -7 + 4t \land x_3 = t \in \mathbb{R}\}.$$

Schreibt man diese Zahlentripel vektoriell als Ortsvektoren, so wird dadurch die Parametergleichung der Schnittgeraden gewonnen:

$$\boxed{g_2: \vec{x} = \begin{pmatrix} x_1 \\ x_2 \\ x_3 \end{pmatrix} = \begin{pmatrix} -13 + 5t \\ -7 + 4t \\ t \end{pmatrix} = \begin{pmatrix} -13 \\ -7 \\ 0 \end{pmatrix} + t \begin{pmatrix} 5 \\ 4 \\ 1 \end{pmatrix}}$$

⎡ Die beiden Gleichungen zu g_1 und g_2 aus c_1) und c_2) sind formal verschieden.
⎢ Wie ist der Nachweis zu führen, daß es sich tatsächlich um zwei identische
⎣ Geraden handelt?

Die beiden Richtungsvektoren müssen parallel sein. Da sie in diesem Fall sogar identisch sind, ist diese Bedingung erfüllt und die Parallelität von g_1 und g_2 offensichtlich. Zu zeigen ist jetzt noch, daß der Stützvektor der Gerade g_2 zu einem Punkt der Geraden g_1 führt. Dazu muß der Differenzvektor der beiden Stützvektoren dieselbe Richtung haben wie die beiden Geraden, also zu $\begin{pmatrix} 5 \\ 4 \\ 1 \end{pmatrix}$ parallel sein.

Die Rechnung zeigt

$$\frac{1}{3}\begin{pmatrix} 1 \\ 11 \\ 8 \end{pmatrix} - \begin{pmatrix} -13 \\ -7 \\ 0 \end{pmatrix} = \begin{pmatrix} 1/3 \\ 11/3 \\ 8/3 \end{pmatrix} - \begin{pmatrix} -13 \\ -7 \\ 0 \end{pmatrix} = \begin{pmatrix} 40/3 \\ 32/3 \\ 8/3 \end{pmatrix} = \frac{8}{3}\begin{pmatrix} 5 \\ 4 \\ 1 \end{pmatrix} \Big\| \begin{pmatrix} 5 \\ 4 \\ 1 \end{pmatrix},$$

somit sind die beiden Geraden g_1 und g_2 sogar identisch (Wie es bei einer richtigen Rechnung auch zu erwarten ist.).

⎡ Der Lösungsweg in diesem Teil c_2) ist sicher einfacher als im Teil c_1). Falls
⎢ beide Ebenen durch eine Koordinatengleichung gegeben sind, ist dies dann die
⎢ einfachste Lösungsmöglichkeit. Wenn nur eine Parametergleichung vorliegt (einer oder beider Ebenen), so ist die Umwandlung in eine Koordinatengleichung

oft zu empfehlen, zumal eine weitere Untersuchung von Abständen und Winkeln (vgl. Band 5) die Kenntnis einer Koordinatengleichung (=Normalenform) ohnehin verlangt.

Beachten Sie einen weiteren wichtigen Vorteil bei der Benutzung der beiden Koordinatengleichungen: Parallelität und Identität sind dabei unmittelbar zu erkennen. Bei der entsprechenden Umformung in c$_2$) entsteht dann nämlich in der zweiten Zeile eine Nullzeile in der *Koeffizientenmatrix*, bei identischen Ebenen sogar eine vollständige Nullzeile. Die beiden Ebenen haben dann entweder gar keine oder alle Punkte gemeinsam.

Zum Abschluß noch ein Hinweis: Häufig wird versucht, die Schnittgeraden zweier Ebenen durch Addition der beiden Koordinatengleichungen zu bestimmen. Dies liefert eine weitere Ebenengleichung, aber keine Geradengleichung. Die so erhaltene Ebene enthält zwar alle gemeinsamen Punkte der beiden betrachteten Ebenen, also auch die Schnittgerade, aber auch noch weitere Punkte. Eine Gerade in $\mathbb{R}^3$ läßt sich **nicht** durch eine einzige Koordinatengleichung beschreiben, sondern nur durch zwei. Nach dem bisher Gesagten wird deutlich, daß die Gerade auf diese Weise als Schnittmenge zweier Ebenen dargestellt wird.

d) Die umgekehrte Vorgehensweise, nämlich aus einer Koordinatengleichung eine Parametergleichung zu gewinnen, ist zwar selten nötig, aber recht einfach.

Eine Möglichkeit besteht darin, drei beliebige Punkte aus E_2 mit Hilfe der Koordinategleichung zu bestimmen und dann die Parameterform aufzustellen.

Einfacher ist es aber, wenn die Koordiantengleichung als einzige Gleichung eines linearen Gleichungssystems aufgefaßt wird. Nach Ergänzung von zwei vollständigen Nullzeilen läßt sich die Lösungsmenge (mit zwei Parametern) auf die herkömmliche Weise beschreiben.

Das Gleichungssystem liefert zwei freie Parameter:

r	s	t	
−1	1	1	6
0	0	0	0
0	0	0	0

$x_3 = v \in \mathbb{R}$ und $x_2 = t \in \mathbb{R}$. Damit ergibt sich
$-x_1 = 6 - x_2 - x_3 = 6 - t - v \Leftrightarrow x_1 = -6 + t + v$.

Also gilt für jeden Ortsvektor zu E_2: $\vec{x} = \begin{pmatrix} x_1 \\ x_2 \\ x_3 \end{pmatrix} = \begin{pmatrix} -6+t+v \\ t \\ v \end{pmatrix}$, das zeigt

$$E_2: \vec{x} = \begin{pmatrix} -6 \\ 0 \\ 0 \end{pmatrix} + t \begin{pmatrix} 1 \\ 1 \\ 0 \end{pmatrix} + v \begin{pmatrix} 1 \\ 0 \\ 1 \end{pmatrix}.$$

Dies ist eine Parametergleichung der Ebene E_2.

e) Auch mit den beiden Parametergleichungen läßt sich die Schnittgerade bestimmen. Stellen Sie zunächst ein lineares Gleichungssystem auf. Wie viele Gleichungen und wie viele Variablen treten dabei auf?

Die Ortsvektoren der Punkte der Schnittgerade erfüllen beide die Parametergleichung:

$$\vec{x} = \begin{pmatrix} -6 \\ 0 \\ 0 \end{pmatrix} + t \begin{pmatrix} 1 \\ 1 \\ 0 \end{pmatrix} + v \begin{pmatrix} 1 \\ 0 \\ 1 \end{pmatrix} = \begin{pmatrix} -1 \\ -1 \\ 0 \end{pmatrix} + r \begin{pmatrix} 2 \\ 7 \\ 4 \end{pmatrix} + s \begin{pmatrix} 10 \\ 2 \\ -2 \end{pmatrix}$$

$$\Leftrightarrow \quad t \begin{pmatrix} 1 \\ 1 \\ 0 \end{pmatrix} + v \begin{pmatrix} 1 \\ 0 \\ 1 \end{pmatrix} + r \begin{pmatrix} -2 \\ -7 \\ -4 \end{pmatrix} + s \begin{pmatrix} -10 \\ -2 \\ 2 \end{pmatrix} = \begin{pmatrix} -1 \\ -1 \\ 0 \end{pmatrix} - \begin{pmatrix} -6 \\ 0 \\ 0 \end{pmatrix} = \begin{pmatrix} 5 \\ -1 \\ 0 \end{pmatrix}$$

Dies führt auf ein lineares Gleichungssystem aus drei Gleichungen mit vier Variablen.

Achten Sie in jedem Fall darauf, daß alle vier Variablen verschieden bezeichnet sind, auch wenn in den Ausgangsgleichungen jedesmal dasselbe Parameterpaar (etwa r und s) benutzt wurde.

t	v	r	s	
1	1	-2	-10	5
1	0	-7	-2	-1
0	1	-4	2	0
1	1	-2	-10	5
0	-1	-5	8	-6
0	1	-4	2	0
1	1	-2	-10	5
0	-1	-5	8	-6
0	0	-9	10	-6

Das Gleichungssystem kann nicht eindeutig lösbar sein, denn nach Ergänzung einer vollständigen Nullzeile liegt eine Dreiecksform vor (hier mit einer (4×4)-Koeffizientenmatrix). Somit kann $s \in \mathbb{R}$ als freier Parameter beliebig gewählt werden.

Mit Hilfe dieses Schlußschemas kann ein Zusammenhang zwischen r und s hergestellt werden. Die ganze Lösungsmenge L muß also gar nicht bestimmt werden. Aus der dritten Zeile ergibt sich $-9r + 10s = -6 \Leftrightarrow r = \dfrac{10}{9}s + \dfrac{2}{3}$. Dies ist genau die Beziehung die bereits in c$_1$) gezeigt wurde. Einsetzen in die Parametergleichung von E_1 liefert die Gleichung der Schnittgeraden.

Genauso wären Sie ans Ziel gekommen, wenn Sie eine Beziehung zwischen t und v aufgestellt hätten (zwei Nullen in den beiden letzten Spalten). Dann muß entsprechend in die Parametergleichung der Ebene E_2 eingesetzt werden.

Zusammenfassend kann bemerkt werden, daß die Benutzung der Parametergleichungen mehr Rechenaufwand benötigt. In der Regel ist die Verwendung der Koordinatengleichung vorteilhafter, denn Schnittprobleme lassen sich unmittelbar durch lineare Gleichungssysteme formulieren, deren Lösungsmengen sich dann umgekehrt geometrisch interpretieren lassen.

Aufgabe III.5 (Lösung im Anhang 1)
(Bearbeitungszeit: ca. 45 min.)

Betrachten Sie die beiden Ebenen E_1 und E_2, die gegeben sind durch

$$E_1: \vec{x} = \begin{pmatrix} 1 \\ 0 \\ -1 \end{pmatrix} + r \begin{pmatrix} 1 \\ -1 \\ 3 \end{pmatrix} + s \begin{pmatrix} -4 \\ 1 \\ -6 \end{pmatrix} \text{ und } E_2: x_1 - 2x_2 - 2x_3 = 1.$$

a) Berechnen Sie die Gleichungen der Schnittgeraden g von E_1 und E_2 mit Hilfe der beiden gegebenen Darstellungsformen.

b) Bestimmen Sie zu E_1 eine Koordinatengleichung.

c) Berechnen Sie die Gleichung aus a) ebenfalls mit Hilfe der beiden Koordinatengleichungen.

d) Bestätigen Sie, daß sich in beiden Fällen dieselbe Gerade ergibt.

e) Zeigen Sie, daß auch die Ebene $E_3: x_1 - 2x_2 + 5x_3 = 8$ mit E_1 und E_2 dieselbe Schnittgerade hat.

Aufgabe III.6 (Lösung im Anhang 1)
(Bearbeitungszeit: ca. 45 min.)

Betrachten Sie die Ebene $E_1: 2x_1 - 4x_2 - 3x_3 = 1$ und die Ebene E_2, die definiert ist durch die Gerade $h: \vec{x} = \begin{pmatrix} 1 \\ 1 \\ 1 \end{pmatrix} + r \begin{pmatrix} 1 \\ -1 \\ 0 \end{pmatrix}$ und den Punkt $P(1|1|2)$.

a) Stellen Sie eine Parametergleichung der Ebene E_2 auf.

b) Bestimmen Sie eine Koordinatengleichung von E_2. Welche besondere Lage hat diese Ebene?

c) Berechnen Sie die Gleichung der Schnittgeraden g von E_1 und E_2.

d) Zeigen Sie: Jede Ebene der Schar E_a: $(4+2a)x_1+8x_2+(2-a)x_3 = 3a+10$ ($a \in \mathbb{R}$) enthält die Schnittgerade g. Für welche Werte $a \in \mathbb{R}$ erhält man die Ebenen E_1 und E_2?

e) Berechnen Sie den Schnittpunkt S der Geraden g und h.

Aufgabe III.7 (mit ausführlicher Bearbeitung)
(Bearbeitungszeit: ca. 60 min.)

Prüfen Sie die gegenseitige Lage der drei Ebenen

$$E_1: \quad x_1 - 3x_2 - 2x_3 = 2$$
$$E_2: \quad -3x_1 + 8x_2 + 5x_3 = -8$$
$$E_3: \quad \vec{x} = \begin{pmatrix} 1 \\ -2 \\ 0 \end{pmatrix} + r \begin{pmatrix} 3 \\ 1 \\ 1 \end{pmatrix} + s \begin{pmatrix} 2 \\ 0 \\ 4 \end{pmatrix}$$

durch Bearbeitung der folgenden Teilaufgaben.

a) Bestimmen Sie die Schnittgerade $g(E_1, E_2)$ der beiden Ebenen E_1 und E_2 durch eine *Parametergleichung*.

b) Prüfen Sie die Lage von $g(E_1, E_2)$ zur Ebene E_3 durch Benutzung der angegebenen Parametergleichung von E_3.

c) Stellen Sie eine *Koordinatengleichung* der Ebene E_3 auf.

d) Lösen Sie Teil b) mit Hilfe der Koordinatengleichung von E_3.

e) Benutzen Sie die drei Koordinatengleichungen, um die Menge der gemeinsamen Punkte aller drei Ebenen unmittelbar zu berechnen.

Bearbeitung von Aufgabe III.7:

Für die Bestimmung der gegenseitigen Lage der drei Ebenen gibt es mehrere Möglichkeiten. Die Ebenen E_1 und E_2 sind durch ihre Koordinatengleichungen gegeben. Daraus können Sie unmittelbar erkennen, daß E_1 und E_2 nicht parallel sind, es gibt also eine Schnittgerade $g(E_1, E_2)$. Weil die Ebenengleichung von E_3 in Parameterform gegeben ist, kann man nicht sofort sehen, ob die Schnittgerade $g(E_1, E_2)$ die Ebene E_3 schneidet oder parallel dazu verläuft (als Sonderfall könnte die Schnittgerade auch ganz in E_3 verlaufen).

Um die Parametergleichung von E_3 auszunutzen, soll in den Teilen a) und b) zunächst auch die Schnittgerade $g(E_1, E_2)$ durch ihre Parametergleichung dargestellt werden. Gleichsetzen der beiden Parameterformen führt auf ein lineares (3×3)-Gleichungssystem, das die gemeinsamen Punkte aller drei Ebenen liefert und auf die bekannte Weise gelöst werden kann.

a) Die Bestimmung der Schnittgeraden $g(E_1, E_2)$ mit Hilfe der beiden Koordinatengleichungen führt auf das Gleichungssystem (Ergänzung einer vollständigen Nullzeile):

x_1	x_2	x_3	
1	-3	-2	2
-3	8	5	-8
0	0	0	0
1	-3	-2	2
0	-1	-1	-2
0	0	0	0

Mit $x_3 = t \in \mathbb{R}$ als Parameter führt dies auf $-x_2 = -2 + x_3 = -2 + t \Leftrightarrow x_2 = 2 - t$ und $x_1 = 2 + 3x_2 + 2x_3 = 2 + 3(2-t) + 2t = 2 + 6 - 3t + 2t = 8 - t$.

Damit ergibt sich $L = \{(x_1|x_2|x_3) \in \mathbb{R}^3 | x_1 = 8 - t \wedge x_2 = 2 - t \wedge t \in \mathbb{R}\}$.
Die vektorielle Schreibweise führt auf die Parametergleichung der Schnittgeraden

$$g(E_1, E_2): \vec{x} = \begin{pmatrix} 8 - t \\ 2 - t \\ t \end{pmatrix} = \begin{pmatrix} 8 \\ 2 \\ 0 \end{pmatrix} + t \begin{pmatrix} -1 \\ -1 \\ 1 \end{pmatrix}$$

b) Die gegenseitige Lage der drei Ebenen wird beschrieben durch die Menge der gemeinsamen Punkte X. Die zugehörigen *Ortsvektoren* erhalten Sie durch Gleichsetzen der beiden Parametergleichungen von $g(E_1, E_2)$ und E_3.

Die Bedingung $\vec{x} = \begin{pmatrix} 8 \\ 2 \\ 0 \end{pmatrix} + t \begin{pmatrix} -1 \\ -1 \\ 1 \end{pmatrix} = \begin{pmatrix} 1 \\ -2 \\ 0 \end{pmatrix} + r \begin{pmatrix} 3 \\ 1 \\ 1 \end{pmatrix} + s \begin{pmatrix} 2 \\ 0 \\ 4 \end{pmatrix}$ führt auf

$$r \begin{pmatrix} 3 \\ 1 \\ 1 \end{pmatrix} + s \begin{pmatrix} 2 \\ 0 \\ 4 \end{pmatrix} + t \begin{pmatrix} 1 \\ 1 \\ -1 \end{pmatrix} = \begin{pmatrix} 8 \\ 2 \\ 0 \end{pmatrix} - \begin{pmatrix} 1 \\ -2 \\ 0 \end{pmatrix} = \begin{pmatrix} 7 \\ 4 \\ 0 \end{pmatrix}$$

und somit auf das Gleichungssystem

r	s	t	
3	2	1	7
1	0	1	4
1	4	-1	0
1	0	1	4
3	2	1	7
1	4	-1	0
1	0	1	4
0	2	-2	-5
0	4	-2	-4
1	0	1	4
0	2	-2	-5
0	0	2	6

vertauschen

$|\cdot(-3)|\cdot(-1)$

$|\cdot(-2)|$

Die Dreiecksform zeigt, daß das Gleichungssystem eindeutig lösbar ist: Es gibt genau einen gemeinsamen Punkt aller drei Ebenen.

Es folgt sofort: $2t = 6 \Leftrightarrow t = 3$.

Obwohl jetzt bereits der Schnittpunkt berechnet werden kann, sollten Sie zur Kontrolle auch r und s bestimmen.

Damit ergibt sich weiter $2s = -5+2t = -5+6 = 1 \Leftrightarrow s = \frac{1}{2}$ und $r = 4-t = 4-3 = 1$. Die Lösungsmenge des Gleichungssystems lautet somit $L = \{(1|0.5|3)\}$.

Damit läßt sich leicht der Schnittpunkt S berechnen. Beachten Sie, daß dies **nicht** der Punkt $P(1|0.5|3)$ ist. Setzen Sie den speziellen Parameter t in die Geradengleichung zu g oder die Parameter r und s in die Ebenengleichung von E_3 ein, am besten zur Kontrolle beides.

Der Schnittpunkt S berechnet sich durch

$$\vec{x}_S = \begin{pmatrix} 8 \\ 2 \\ 0 \end{pmatrix} + 3 \begin{pmatrix} -1 \\ -1 \\ 1 \end{pmatrix} = \begin{pmatrix} 5 \\ -1 \\ 3 \end{pmatrix} \text{ oder}$$

$$\vec{x}_S = \begin{pmatrix} 1 \\ -2 \\ 0 \end{pmatrix} + 1 \begin{pmatrix} 3 \\ 1 \\ 1 \end{pmatrix} + \frac{1}{2} \begin{pmatrix} 2 \\ 0 \\ 4 \end{pmatrix} = \begin{pmatrix} 5 \\ -1 \\ 3 \end{pmatrix}.$$

Die drei Ebenen schneiden sich im Punkt $P(5|-1|3)$, dem einzigen gemeinsamen Punkt aller drei Ebenen.

c) Mit Hilfe der Parametergleichung der Schnittgeraden $g(E_1, E_2)$ läßt sich der Schnittpunkt S auch bestimmen, wenn eine Koordinatengleichung der Ebene E_3 bekannt ist. Diese erhält man durch Elimination der Parameter r und s.

Für die Koordinaten der Ebene E_3 gelten die Gleichungen

$$\begin{array}{rlr}
(1) & x_1 = 1 + 3r + 2s & \cdot(-2) \\
(2) & x_2 = -2 + r & \cdot 5 \\
(3) & x_3 = r + 4s &
\end{array}$$

und weiter durch Addition

$$\begin{array}{rl}
(1') & -2x_1 = -2 - 6r - 4s \\
(3) & x_3 = r + 4s \\ \hline
(4) & -2x_1 + x_3 = -2 - 5r
\end{array} \;+$$

$$\begin{array}{rl}
(2') & 5x_2 = -10 + 5r \\
(4) & -2x_1 + x_3 = -2 - 5r
\end{array} \;+$$

$$\boxed{E_3:\ -2x_1 + 5x_2 + x_3 = -12}$$

Die Ebene wird dargestellt durch die Koordinatengleichung
E_3: $-2x_1 + 5x_2 + x_3 = -12$.

d) Durch Einsetzen der Koordinaten von $g(E_1, E_2)$ (in Abhängigkeit vom Parameter t) in die Koordinatengleichung von E_3 läßt sich berechnen, für welchen Wert t der zugehörige Punkt zu beiden Mengen, also zu allen drei Ebenen gehört.

Die Punkte von $g(E_1, E_2)$ werden beschrieben durch die Koordinaten

$$\vec{x} = \begin{pmatrix} x_1 \\ x_2 \\ x_3 \end{pmatrix} = \begin{pmatrix} 8-t \\ 2-t \\ t \end{pmatrix} \quad (t \in \mathbb{R}).$$

Einsetzen in die Koordinatengleichung von E_3 liefert:

$$-2(8-t) + 5(2-t) + t = -12 \Leftrightarrow -16 + 2t + 10 - 5t + t = -12$$
$$\Leftrightarrow -6 - 2t = -12 \Leftrightarrow 2t = 6 \Leftrightarrow t = 3$$

Dies führt wieder auf den Parameterwert $t = 3$ und somit auf $\vec{x}_S = \begin{pmatrix} 5 \\ -1 \\ 3 \end{pmatrix}$

(vgl. b)), also $S(5|-1|3)$.

⌈ Die Parameter r und s tauchen hierbei gar nicht mehr auf. Sie stecken in der
⌊ Koordinaten-(=parameterfreien) Gleichung von E_3.

e) Schließlich läßt sich der Schnittpunkt S auch mit Hilfe der drei Koordinatengleichungen bestimmen. Dies führt unmittelbar auf ein (3×3)-Gleichungssystem, das in diesem Falle eindeutig lösbar ist.

Die drei Koordinatengleichungen führen auf das Gleichungssystem

x_1	x_2	x_3	
1	-3	-2	2
-3	8	5	-8
-2	5	1	-12
1	-3	-2	2
0	-1	-1	-2
0	-1	-3	-8
1	-3	-2	2
0	-1	-1	-2
0	0	-2	-6

Dies führt auf die Lösung
$-2x_3 = -6 \Leftrightarrow x_3 = 3$,
$-x_2 = -2 + x_3 = -2 + 3 = 1 \Leftrightarrow x_2 = -1$
und
$x_1 = 2 + 2x_3 + 3x_2 = 2 + 6 - 3 = 5$.
Hier ergibt sich L = $\{(5|-1|3)\}$.

Da die Variablen des Gleichungssystems die Koordinaten der Punkte sind, ist dies auch der Schnittpunkt $S(5|-1|3)$.

Beachten Sie den Unterschied zum Gleichungssystem in b). Dort treten die Parameter als Variablen auf.

Abschließende Bemerkung: Die Aufgabe ist auch mit einer anderen Schnittgeraden, etwa $g(E_1, E_3)$ oder $g(E_2, E_3)$ entsprechend zu lösen. Machen Sie sich klar, daß sich in diesem Fall alle drei Schnittgeraden in einem Punkt, nämlich $S(5|-1|3)$ schneiden.

Aufgabe III.8 (Lösung im Anhang 1)
(Bearbeitungszeit: ca. 45 min.)

Gegeben sind die drei Ebenen

$E_1: \quad x_1 + x_2 + x_3 = 2$
$E_2: \quad 2x_1 - 2x_2 + x_3 = 4$
$E_3: \quad \vec{x} = \begin{pmatrix} 1 \\ 1 \\ 0 \end{pmatrix} + r \begin{pmatrix} 1 \\ -2 \\ 1 \end{pmatrix} + s \begin{pmatrix} 3 \\ -1 \\ -2 \end{pmatrix}$

a) Bestimmen Sie eine Parameterform der Schnittgeraden $g(E_1, E_2)$.

b) Prüfen Sie die Lage von $g(E_1, E_2)$ zur Ebene E_3 mit Hilfe der gegebenen Parametergleichung von E_3. Was bedeutet das Ergebnis geometrisch?

c) Stellen Sie eine Koordinatengleichung von E_3 auf. Lösen Sie mit deren Hilfe Teil b) auf eine weitere Weise.

d) Bestimmen Sie die Menge aller gemeinsamen Punkte von E_1, E_2 und E_3 unter Benutzung der drei Koordinatengleichungen.

Aufgabe III.9 (Lösung im Anhang 1)
(Bearbeitungszeit: ca. 45 min.)

Betrachten Sie die drei Ebenen

$$\begin{aligned} E_1 : &\quad x_1 + 2x_3 = 1 \\ E_2 : &\quad x_1 - 2x_2 + x_3 = b \\ E_3 : &\quad 2x_1 - 2x_2 + ax_3 = 4 \quad (a, b \in \mathbb{R}) \end{aligned}$$

a) Bestimmen Sie, unter welchen Voraussetzungen an a und b die drei Ebenen

1) genau einen Punkt,

2) keinen Punkt,

3) unendlich viele Punkte

gemeinsam haben.

b) Berechnen Sie eine Parametergleichung der Schnittgeraden $g(E_1, E_2)$ in Abhängigkeit von b. Warum gibt es stets eine Schnittgerade?

c) Bestätigen Sie die Ergebnisse von Teil a) mit Hilfe von $g(E_1, E_2)$ und der Koordinatengleichung von E_3.

d) Stellen Sie eine Parametergleichung von E_1 auf.

e) Die Ebene E_1 hat eine besondere Lage. Wie erkennt man diese jeweils an der Parameter- und Koordinatengleichung?

Kapitel IV

Matrizen II, Lineare Gleichungssysteme II, Untervektorräume II, Lineare Abbildungen

Aufgabe IV.1 (mit ausführlicher Bearbeitung)
(Bearbeitungszeit: ca. 90 min.)

Betrachten Sie das homogene lineare Gleichungssystem

$$(G_0) \begin{cases} a_{11}x_1 + \ldots + a_{1n}x_n = 0 \\ \quad\quad\quad\vdots \\ a_{m1}x_1 + \ldots + a_{mn}x_n = 0, \end{cases}$$

bestehend aus m Gleichungen mit n Variablen; $m, n \in \mathbb{N}$.

a) Das Gleichungssystem (G_0) läßt sich mit Hilfe der *Koeffizientenmatrix* in der Form $A\vec{x} = \vec{0}$ schreiben. (*Matrizenmultiplikation!*)

Zeigen Sie für $\vec{x}, \vec{y} \in \mathbb{R}^n, r \in \mathbb{R}$:

1) $A(\vec{x} + \vec{y}) = A\vec{x} + A\vec{y}$
2) $A(r\vec{x}) = rA\vec{x}$.

b) Folgern Sie aus a), daß die Lösungsmenge L_0 von (G_0) einen *Unterraum* von $\mathbb{R}^n$ bildet.

c) Das Gleichungssystem (G_0) läßt sich auch als Vektorgleichung darstellen, indem man die linke Seite als *Linearkombination* der n Spaltenvektoren $\vec{a}_1, \ldots, \vec{a}_n$ der Matrix A auffaßt. Formulieren Sie einen Zusammenhang zwischen der Lösungsmenge L_0 und der linearen (Un-)Abhängigkeit der Spaltenvektoren.

d) Was bedeutet dies für den Fall $m < n$?

e) Bestimmen Sie mit Hilfe des *Gaußchen Eliminationsverfahrens* die Lösungsmenge L_0 des folgenden Gleichungssystems. Geben Sie die *Dimension* und eine *Basis* an!

$$\begin{cases} x_1 + x_2 + x_3 + 2x_4 = 0 \\ -2x_1 - x_2 + 3x_3 - x_4 = 0 \\ 5x_1 + 4x_2 - 4x_3 + 3x_4 = 0 \end{cases}$$

Bearbeitung von Aufgabe IV.1:

In diesem Kapitel IV soll das Lösen von linearen Gleichungssystemen allgemeiner behandelt werden. Im Vordergrund steht dabei die Frage nach der Lösbarkeit und der speziellen Gestalt der Lösungsmenge. Gleichungssysteme von m Gleichungen mit n Variablen können mit Hilfe der Matrizenschreibweise formal vereinfacht behandelt werden. Das Gaußche Eliminationsverfahren wird dabei zur Bestimmung der Lösungsmenge auch hier eine große Rolle spielen.

a) Interpretieren Sie zunächst das Gleichungssystem (G_0) als Matrizengleichung $A\vec{x} = \vec{0}$.

Die linke Seite des Gleichungssystems wird bestimmt durch die $m \cdot n$ vielen Koeffizienten, die man zu einer Koeffizientenmatrix

$$A = \begin{pmatrix} a_{11} & \cdots & a_{1n} \\ \vdots & & \vdots \\ a_{m1} & \cdots & a_{mn} \end{pmatrix}$$

zusammenfassen kann. Sie besteht aus m Zeilen und n Spalten, sie wird deshalb auch als $(m \times n)$-Matrix bezeichnet. Falls $m = n$, so ist A eine quadratische Matrix. Die Menge aller $(m \times n)$-Matrizen soll mit $M_{m,n}(\mathbb{R})$ abgekürzt werden, die quadratischen Matrizen mit $M_n(\mathbb{R})$.

> In der Algebra wird das Produkt einer $(m \times n)$-Matrix mit einem Spaltenvektor aus $\mathbb{R}^n$ (das ist eine $(n \times 1)$-Matrix) definiert durch
>
> $$A\vec{x} = \begin{pmatrix} a_{11} & \ldots & a_{1n} \\ \vdots & & \vdots \\ a_{m1} & \ldots & a_{mn} \end{pmatrix} \begin{pmatrix} x_1 \\ \vdots \\ x_n \end{pmatrix} = \begin{pmatrix} a_{11}x_1 & + & \ldots & + & a_{1n}x_n \\ \vdots & & & & \vdots \\ a_{m1}x_1 & + & \ldots & + & a_{mn}x_n \end{pmatrix} \in \mathbb{R}^m$$
>
> Auf diese Weise läßt sich das Gleichungssystem (G_0) als Matrizengleichung darstellen.

Das Gleichungssystem (G_0) hat die Gestalt $A\vec{x} = \vec{0}$, wobei $A \in M_{m,n}(\mathbb{R}^n)$, $\vec{x} \in \mathbb{R}^n$, $\vec{0} \in \mathbb{R}^m$. Da auf der rechten Seite nur Nullen stehen (oder der Nullvektor $\vec{0} \in \mathbb{R}^m$), liegt ein homogenes Gleichungssystem vor. Im anderen Fall nennt man das Gleichungssystem inhomogen. Dies ist also dann in der Form $A\vec{x} = \vec{b}$ ($\vec{b} \neq \vec{0}$) zu schreiben.

> Falls Sie mit der Matrizenschreibweise nicht so vertraut sind, bedenken Sie, daß dies nur eine andere Schreibweise des Gleichungssystems darstellt: $A\vec{x}$ ist so definiert, daß die linke Seite von (G_0) entsteht. Durch $A\vec{x} = \vec{0}$ (bzw. $\vec{b}$) wird die Gleichheit zweier m-Tupel gefordert, was nichts anderes bedeutet als: $\vec{x} \in \mathbb{R}^n$ ist eine Lösung des Gleichungssystems.

Die Bestimmung der Lösungsmenge von (G_0) besteht damit in der Aufgabe, alle $\vec{x} \in \mathbb{R}^n$ anzugeben mit $A\vec{x} = \vec{0}$.

Mit Hilfe dieser Schreibweise lassen sich die beiden verlangten Gleichungen 1) und 2) beweisen.

Zu 1): Mit $\vec{x} = \begin{pmatrix} x_1 \\ \vdots \\ x_n \end{pmatrix}$ und $\vec{y} = \begin{pmatrix} y_1 \\ \vdots \\ y_n \end{pmatrix}$ folgt

$$\begin{aligned} A(\vec{x} + \vec{y}) &= \begin{pmatrix} a_{11} & \ldots & a_{1n} \\ \vdots & & \vdots \\ a_{m1} & \ldots & a_{mn} \end{pmatrix} \begin{pmatrix} x_1 + y_1 \\ \vdots \\ x_n + y_n \end{pmatrix} \\ &= \begin{pmatrix} a_{11}(x_1+y_1) & + & \ldots & + & a_{1n}(x_n+y_n) \\ & & \vdots & & \\ a_{m1}(x_1+y_1) & + & \ldots & + & a_{mn}(x_n+y_n) \end{pmatrix} \\ &= \begin{pmatrix} a_{11}x_1 + a_{11}y_1 & + & \ldots & + & a_{1n}x_n + a_{1n}y_n \\ & & \vdots & & \\ a_{m1}x_1 + a_{m1}y_1 & + & \ldots & + & a_{mn}x_n + a_{mn}y_n \end{pmatrix} \end{aligned}$$

$$= \begin{pmatrix} a_{11}x_1 + \ldots + a_{1n}x_n \\ \vdots \\ a_{m1}x_1 + \ldots + a_{mn}x_n \end{pmatrix} + \begin{pmatrix} a_{11}y_1 + \ldots + a_{1n}y_n \\ \vdots \\ a_{m1}y_1 + \ldots + a_{mn}y_n \end{pmatrix}$$
$$= A\vec{x} + A\vec{y}.$$

Zu 2):

$$A(r\vec{x}) = \begin{pmatrix} a_{11} & \ldots & a_{1n} \\ \vdots & & \vdots \\ a_{m1} & \ldots & a_{mn} \end{pmatrix} \begin{pmatrix} rx_1 \\ \vdots \\ rx_n \end{pmatrix}$$
$$= \begin{pmatrix} a_{11}rx_1 + \ldots + a_{1n}rx_n \\ \vdots \\ a_{m1}rx_1 + \ldots + a_{mn}rx_n \end{pmatrix}$$
$$= rA\vec{x},$$

wenn man den Faktor r in jeder Zeile ausklammert.

Diese mit der Matrizenschreibweise einfach zu formulierenden Rechenregeln können selbstverständlich auch elementar (zeilenweise), allerdings nicht ganz so elegant, gezeigt werden.

b) Die Lösungsmenge von (G_0) wird beschrieben durch die Menge aller $\vec{x} \in \mathbb{R}^n$ mit $A\vec{x} = \vec{0} \in \mathbb{R}^m$. Mit Hilfe von a) ergeben sich spezielle Aussagen, die L_0 als Unterraum von $\mathbb{R}^n$ nachweisen. Machen Sie sich gegebenfalls noch einmal klar, wie man zeigt, daß eine Teilmenge $U \subseteq \mathbb{R}^n$ einen Unterraum bildet (vgl. Aufg. I.7 oder Anhang 2).

1) Zunächst ist $\vec{0} \in L_0$, denn $A\vec{0} = \vec{0}$. Die Lösungsmenge L_0 ist somit nicht leer: ein homogenes Gleichungssystem hat immer die triviale Lösung.

2) Sind $\vec{x}, \vec{y} \in L_0$, also $A\vec{x} = \vec{0}$ und $A\vec{y} = \vec{0}$, dann gilt nach a) $A(\vec{x}+\vec{y}) = A\vec{x}+A\vec{y} = \vec{0} + \vec{0} = \vec{0}$, somit also auch $\vec{x} + \vec{y} \in L_0$.

3) Schließlich folgt mit $\vec{x} \in L_0, r \in \mathbb{R}$ auch $A(r\vec{x}) = rA\vec{x} = r\vec{0} = \vec{0}$, also gilt $r\vec{x} \in L_0$.

Damit ist gezeigt: $L_0 \neq \emptyset$ ist bezüglich der Addition und der skalaren Multiplikation abgeschlossen. Die Lösungsmenge L_0 von (G_0) bildet einen Unterraum von $\mathbb{R}^n$.

c) Die Matrizenschreibweise von (G_0) macht deutlich, daß die Lösungsmenge genau aus allen n-Tupeln $(x_1|\ldots|x_n) \in \mathbb{R}^n$ besteht, für die gilt

$$(G_0) \quad x_1 \begin{pmatrix} a_{11} \\ \vdots \\ a_{m1} \end{pmatrix} + \cdots + x_n \begin{pmatrix} a_{1n} \\ \vdots \\ a_{mn} \end{pmatrix} = \begin{pmatrix} 0 \\ \vdots \\ 0 \end{pmatrix} \in \mathbb{R}^m$$

oder

$$x_1 \vec{a}_1 + \ldots + x_n \vec{a}_n = \vec{0} \in \mathbb{R}^m,$$

wobei $\vec{a}_i \in \mathbb{R}^m$ der i-te Spaltenvektor von A ist ($i = 1,\ldots,n$).

Diese Gleichung erinnert unmittelbar an die Bedingung der *linaren (Un-)Abhängigkeit* von Vektoren, hier der n Spaltenvektoren $\vec{a}_1,\ldots,\vec{a}_n \in \mathbb{R}^m$. Was bedeutet es für die Spaltenvektoren $\vec{a}_1,\ldots,\vec{a}_n \in \mathbb{R}^m$, wenn sie linear abhängig sind?

Die Vektoren $\vec{a}_1,\ldots,\vec{a}_n \in \mathbb{R}^m$ sind linear abhängig, wenn sich der Nullvektor $\vec{0} \in \mathbb{R}^m$ aus ihnen nicht-trivial darstellen läßt. Für das Gleichungssystem (G_0) bedeutet das: es existiert eine nicht-triviale Lösung. Damit läßt sich folgender Zusammenhang formulieren: Sind die Spaltenvektoren $\vec{a}_1,\ldots,\vec{a}_n \in \mathbb{R}^m$ linear unabhängig, so gibt es nur die triviale Nullkombination, also $L_0 = \{\vec{0}\} \subseteq \mathbb{R}^n$. In diesem Fall enthält der Unterraum $L_0 \subseteq \mathbb{R}^n$ nur den Nullvektor, er hat deshalb die Dimension 0: $\dim L_0 = 0$ (Der Nullvektor ist linear abhängig!). Sind die Spaltenvektoren von A linear abhängig, gibt es außerdem noch nicht-triviale Lösungen von (G_0), der Unterraum L_0 enthält dann außer dem Nullvektor noch weitere Vektoren, die Dimension ist in diesem Fall größer oder gleich 1: $\dim L_0 \geq 1$.

Die Spaltenvektoren von A und der von ihnen aufgespannte Unterraum $<\vec{a}_1,\ldots,\vec{a}_n> \subseteq \mathbb{R}^m$ spielen im Folgenden eine große Rolle für die Lösungsmengen der zu untersuchenden homogenen und inhomogenen Gleichungssysteme.

d) Falls $m < n$, läßt sich über die lineare Abhängigkeit der Spaltenvektoren eine elementare Aussage machen.

Ist $m < n$, so sind die n Spaltenvektoren $\vec{a}_1,\ldots,\vec{a}_n \in \mathbb{R}^m$ in jedem Fall linear abhängig, denn in $\mathbb{R}^m$ können höchstens m viele Vektoren linear unabhängig sein. Die Dimension eines Vektorraums (hier m) gibt stets die Maximalzahl linear unabhängiger Vektoren an. Jeder zusätzliche Vektor ist dann auf jeden Fall durch die anderen Vektoren linear kombinierbar, also sind sie insgesamt linear abhängig. Zusammenfassend ist festzustellen: Falls $m < n$, so gibt es stets nicht-triviale Lösungen, die Lösungsmenge L_0 ist als Unterraum von $\mathbb{R}^n$ mindestens eindimensional.

e) Für die konkrete Bestimmung von L_0 ist das Gaußsche Eliminationsverfahren, das bisher stets für (3×3)-Gleichungssysteme angewandt wurde, auf die vorliegenden $(m \times n)$-Gleichungssysteme zu übertragen. Die dahinter stehende Idee ist immer die gleiche: Elimination von Variablen, um das Gleichungssystem auf Stufenform (Dreiecksform) zu bringen.

Das Rechenschema führt hier auf

x_1	x_2	x_3	x_4	
1	1	1	2	0
−2	−1	3	−1	0
5	4	−4	3	0
1	1	1	2	0
0	1	5	3	0
0	−1	−9	−7	0
1	1	1	2	0
0	1	5	3	0
0	0	−4	−4	0
0	0	0	0	0

Da wir hier keine quadratische Koeffizientenmatrix vorliegen haben, sieht das Schlußschema entsprechend anders aus. Ergänzt man jedoch wieder eine vollständige Nullzeile, so haben Sie das gewohnte Bild, denn es stehen unterhalb der Diagonalen nur Nullen.

Es ist $m = 3$, $n = 4$, also $m < n$, deshalb gibt es nicht-triviale Lösungen. Dies wird durch die ergänzte Nullzeile deutlich: Sie liefert einen freien Parameter! Mit $x_4 = t \in \mathbb{R}$ folgt der Reihe nach durch Einsetzen:

$$x_3 = -x_4 = -t$$
$$x_2 = -3x_4 - 5x_3 = -3t + 5t = 2t \text{ und schließlich}$$
$$x_1 = -2x_4 - x_3 - x_2 = -2t + t - 2t = -3t.$$

Damit also insgesamt:

$$L_0 = \{(x_1|x_2|x_3|x_4) \in \mathbb{R}^4 | x_1 = -3t \wedge x_2 = 2t \wedge x_3 = -t \wedge x_4 = t \in \mathbb{R}\}$$

Schreibt man diese Menge vektoriell, so ergibt sich

$$L_0 = \{(-3t|2t|-t|t) \in \mathbb{R}^4 | t \in \mathbb{R}\} = <(-3|2|-1|1)>.$$

Die Zeilenschreibweise ist für $n > 3$ praktischer als die herkömmliche Spaltenschreibweise und soll deshalb meist benutzt werden. Die Verknüpfungen von Vektoren sind von der Schreibweise natürlich unabhängig.

Die Lösungsmenge zeigt unmittelbar zusätzlich: $\dim L_0 = 1$, eine Basis wird durch $\{(-3|2|-1|1)\}$ gegeben: Alle Lösungen sind ein Vielfaches dieser konkreten Lösung (als Vektoren aus $\mathbb{R}^4$)!

Aufgabe IV.2 (Lösung im Anhang 1)
(Bearbeitungszeit: ca. 45 min.)

Gegeben ist die Koeffizientenmatrix

$$A = \begin{pmatrix} -1 & 2 & 2 & -1 \\ 2 & -1 & -1 & -1 \\ 5 & -1 & -1 & -4 \\ -4 & 5 & 5 & -1 \end{pmatrix} \text{ und der Spaltenvektor } \vec{b} = \begin{pmatrix} 2 \\ 2 \\ 8 \\ 2 \end{pmatrix}.$$

a) Bestimmen Sie die Lösungsmenge L_0 des homogenen Gleichungssystems $A\vec{x} = \vec{0}$ mit Angabe der Dimension und einer Basis von L_0.

b) Lösen Sie auf analoge Weise das inhomogene Gleichungssystem $A\vec{x} = \vec{b}$ durch Bestimmung der Lösungsmenge L. Welcher Zusammenhang besteht zwischen den Lösungsmengen L und L_0?

c) Zeigen Sie allgemein für ein $(m \times n)$-Gleichungssystem: Ist $\vec{u} \in L$ eine spezielle Lösung des inhomogenen Gleichungssystems, so erhält man alle Lösungen durch $L = \vec{u} + L_0$.

d) Wie muß $k \in \mathbb{R}$ gewählt werden, damit $(4|5|-1|k) \in L$ aus b) gilt?

e) Folgern Sie aus c): Ist das inhomogene Gleichungssystem $A\vec{x} = \vec{b}$ überhaupt lösbar, so ist es eindeutig lösbar genau dann wenn $L_0 = \{\vec{0}\}$. Was bedeutet das für die Spaltenvektoren $\vec{a}_1, \ldots, \vec{a}_n$ von A?

Aufgabe IV.3 (Lösung im Anhang 1)
(Bearbeitungszeit: ca. 45 min.)

Betrachten Sie das Gleichungssystem

$$\begin{cases} 2x_1 + 4x_2 + 2x_3 = 1 \\ x_1 - 3x_2 - x_3 = 1 \\ 3x_1 + x_2 - x_3 = 0 \\ -x_1 - x_2 - x_3 = -1 \end{cases}$$

a) Wenden Sie auf das inhomogene Gleichungssystem $A\vec{x} = \vec{b}$ das Gaußsche Eliminationsverfahren an und zeigen Sie damit, daß die Spaltenvektoren $\vec{a}_1$, $\vec{a}_2$ und $\vec{a}_3 \in \mathbb{R}^4$ linear unabhängig sind.

b) Wie erkennt man am Schlußschema, daß das Gleichungssystem lösbar ist?

c) Was bedeutet das für die lineare (Un-)Abhängigkeit der Vektoren $\vec{a}_1$, $\vec{a}_2$, $\vec{a}_3$ und $\vec{b}$?

d) Bestimmen Sie die Lösungsmenge L.

e) Wählen sie statt $\vec{b}$ den Vektor $\vec{b}_1 = \begin{pmatrix} 1 \\ 1 \\ 0 \\ 1 \end{pmatrix}$ und beschreiben Sie den wesentlichen Unterschied zur ursprünglichen Aufgabe.

Aufgabe IV.4 (mit ausführlicher Bearbeitung)
(Bearbeitungszeit: ca. 90 min.)

Betrachten Sie die durch die *Matrix* $A = \begin{pmatrix} 1 & 2 & -1 \\ -1 & 0 & -7 \\ 1 & 1 & 3 \end{pmatrix}$

definierte *lineare Abbildung* $A : \begin{array}{c} \mathbb{R}^3 \longrightarrow \mathbb{R}^2 \\ \vec{x} \longmapsto A\vec{x} \end{array}$.

a) Bestimmen Sie *Kern* A und $\operatorname{rg} A = \dim \operatorname{Bild} A$. Verifizieren Sie die Dimensionsgleichung $\dim \operatorname{Kern} A + \operatorname{rg} A = 3$ und verallgemeinern Sie diese für $(m \times n)$-Matrizen.

b) Zeigen Sie allgemein: $A\vec{x}_1 = A\vec{x}_2 \Leftrightarrow \vec{x}_1 - \vec{x}_2 \in \operatorname{Kern} A$. Was bedeutet das für den Kern einer *injektiven* (umkehrbaren) linearen Abbildung?

c) Bestimmen Sie zur gegebenen Matrix A alle Vektoren $\vec{x} \in \mathbb{R}^3$ mit

$$A\vec{x} = \begin{pmatrix} 5 \\ -1 \\ 3 \end{pmatrix}.$$

d) Zeigen Sie: $\vec{b} \in \operatorname{Bild} A \Leftrightarrow \operatorname{rg} A = \operatorname{rg}(A, \vec{b})$, wobei $(A, \vec{b})$ die um den Spaltenvektor $\vec{b}$ erweiterte Matrix A bedeutet.

e) Folgern Sie aus dem bisher Gezeigten: Für jede $(n \times n)$-Matrix A sind äquivalent

1) $\operatorname{Kern} A = \{\vec{0}\}$
2) $\operatorname{Bild} A = \mathbb{R}^n$

3) Die Spaltenvektoren $\vec{a}_1, \ldots, \vec{a}_n \in \mathbb{R}^n$ sind *linear unabhängig*.

Formulieren Sie eine entsprechende Aussage für lineare $(n \times n)$-Gleichungssysteme.

Bearbeitung von Aufgabe IV.4:

> Jede $(m \times n)$-Matrix (und damit das zugehörige lineare Gleichungssystem) definiert durch die Zuordnung
> $A: \quad \mathbb{R}^n \longrightarrow \mathbb{R}^m$
> $\qquad \vec{x} \longmapsto A\vec{x} = x_1\vec{a}_1 + \ldots + x_n\vec{a}_n$
> eine lineare Abbildung (Vektorraumhomomorphismus), also eine Abbildung $\mathbb{R}^n \longrightarrow \mathbb{R}^n$ mit den Eigenschaften
>
> 1) $A(\vec{x} + \vec{y}) = A\vec{x} + A\vec{y}$ und
>
> 2) $A(r\vec{x}) = rA\vec{x}$ $\quad (\vec{x}, \vec{y} \in \mathbb{R}^n, r \in \mathbb{R})$.
>
> Die Gültigkeit dieser Gleichungen folgt direkt aus der *Matrizenmultiplikation* (vgl. Aufg. IV.1). Umgekehrt läßt sich auch jede lineare Abbildung durch eine Matrix A in der Form $\vec{x} \longmapsto A\vec{x}$ beschreiben (vgl. Anhang 2).
>
> Die allgemeine Behandlung linearer Abbildungen wird in diesem Buch nur in Kap. V unter besonderen Aspekten für den Fall $m = n = 2$ durchgeführt. Hier soll lediglich der unmittelbare Zusammenhang zwischen linearen ¡Gleichungssystemen und linearen Abbildungen dargestellt und für spezielle Fragestellungen ausgenutzt werden.

a$_1$) Für eine lineare Abbildung $A: \mathbb{R}^n \longrightarrow \mathbb{R}^m$ wird die Menge Kern A definiert durch Kern $A = \{\vec{x} \in \mathbb{R}^n | A\vec{x} = \vec{0} \in \mathbb{R}^m\}$. Diese Menge besteht demnach aus allen Vektoren aus $\mathbb{R}^n$, die unter der linearen Abbildung A auf den Nullvektor $\vec{0} \in \mathbb{R}^m$ abgebildet werden.

> Da durch $A\vec{x} = \vec{0}$ ein lineares $(m \times n)$-Gleichungssystem definiert wird, ist Kern A nichts anders als die Lösungsmenge des durch A definierten homogenen Gleichungssystems, also speziell ein Unterraum von $\mathbb{R}^n$.

Für die vorliegende (3×3)-Matrix A ist Kern A auf die herkömmliche Weise zu bestimmen. $A\vec{x} = \vec{0}$ führt auf das Schema

x_1	x_2	x_3	
1	2	−1	0
−1	0	−7	0
1	1	3	0
1	2	−1	0
0	2	−8	0
0	−1	4	0
1	2	−1	0
0	2	−8	0
0	0	0	0

Die Nullzeile bedeutet, daß es einen freien Parameter gibt: Die Lösungsmenge Kern A bildet demnach einen eindimensionalen Unterraum von $\mathbb{R}^3$.

Mit $x_3 = t \in \mathbb{R}$ erhält man $2x_2 = 8x_3 = 8t \Leftrightarrow x_2 = 4t$ und $x_1 = x_3 - 2x_2 = t - 8t = -7t$. Also:

$$\text{Kern } A = \{(x_1|x_2|x_3) \in \mathbb{R}^3 | x_1 = -7t \wedge x_2 = 4t \wedge x_3 = t \in \mathbb{R}\} = \left\langle \begin{pmatrix} -7 \\ 4 \\ 1 \end{pmatrix} \right\rangle.$$

Eine *Basis* des eindimensionalen *Unterraumes* ist gegeben durch $\left\{ \begin{pmatrix} -7 \\ 4 \\ 1 \end{pmatrix} \right\}$.

Jedes Element aus Kern A ist ein Vielfaches des Vektors: dim Kern $A = 1$.

a$_2$) Da $A\vec{x} = x_1\vec{a}_1 + \ldots + x_n\vec{a}_n$, besteht die Menge Bild A aller Bildvektoren genau aus den *Linearkombinationen* der Spaltenvektoren. Die *Dimension* dieses Unterraumes ergibt sich ebenfalls aus dem obigen Schema.

Die Spaltenvektoren $\vec{a}_1, \vec{a}_2, \vec{a}_3$ der Matrix A sind linear abhängig. Da genau eine Nullzeile entsteht, erzeugen die Spalten einen zweidimensionale Unterraum von $\mathbb{R}^3$: $\vec{a}_3$ läßt sich etwa mit Hilfe von $\vec{a}_1$ und $\vec{a}_2$ linear kombinieren.

Als *Rang* von A, in Zeichen rg A, bezeichnet man die Dimension von Bild $A = <\vec{a}_1, \ldots, \vec{a}_n>$.

Für die Spaltenvektoren $\vec{a}_1, \vec{a}_s$ und $\vec{a}_3$ der gegebenen Matrix A gilt also rg $A = 2$. Die lineare Abbildung A ist nicht *surjektiv*, denn Bild $A \neq \mathbb{R}^3$.

Allgemein gilt offenbar: $A: \mathbb{R}^n \longmapsto \mathbb{R}^m$ ist surjektiv genau dann wenn rg $A = m$. Diese Beziehung ist nämlich äquivalent zu Bild $A = \mathbb{R}^m$.

a$_3$) Es gilt die Dimensionsgleichung dim Kern $A + $ rg $A = 3$.

Stellt man bei einer $(n \times n)$-Matrix dieselben Überlegungen an wie bei dem obigen Schlußschema, so ergibt sich die Verallgemeinerung für beliebige $n \in \mathbb{N}$.

Das Gaußsche Eliminationsverfahren (angewandt auf eine $(n \times n)$-Matrix) zeigt die lineare (Un-)Abhängigkeit der n Spaltenvektoren. Sind sie linear unabhängig, so entsteht gar keine Nullzeile und $\operatorname{rg} A = n$. Jede auftretende Nullzeile bedeutet einen freien Parameter, also eine weitere Dimension für Kern A. Diese geht Bild A dann entsprechend verloren. Der andere Extremfall ist dann die Nullmatrix: Es gibt n Nullzeilen, somit Kern $A = \mathbb{R}^n$ und $\operatorname{rg} A = 0$. Insgesamt gilt die Dimensionsgleichung ($n \in \mathbb{N}$):

$$\boxed{\dim \operatorname{Kern} A + \operatorname{rg} A = n}$$

> Bemerkung: Diese Gleichung gilt sogar für jede $(m \times n)$-Matrix: Falls $m < n$, so bedeutet dies bereits $n - m$ viele Nullzeilen, für $m > n$ ist $\operatorname{rg} A \leq n$ (s. Anhang 2).

b) Die behauptete Äquivalenz gilt für jede $(m \times n)$-Matrix, sie ist also unabhängig von der vorliegenden Matrix A.

Die Gleichung $A\vec{x}_1 = A\vec{x}_2$ bedeutet, daß die Vektoren $\vec{x}_1$ und $\vec{x}_2$ auf denselben Bildvektor $\vec{b}$ abgebildet werden.

> Das muß im allgemeinen nicht bedeuten, daß $\vec{x}_1 = \vec{x}_2$. Es können verschiedene Vektoren denselben Bildvektor haben. Eine Abbildung A heißt injektiv (umkehrbar), wenn aus $A\vec{x}_1 = A\vec{x}_2$ stets $\vec{x}_1 = \vec{x}_2$ folgt.

Aus $A\vec{x}_1 = A\vec{x}_2 \Leftrightarrow A\vec{x}_1 - A\vec{x}_2 = \vec{0} = A(\vec{x}_1 - \vec{x}_2)$ (die letzte Identität folgt aus den Eigenschaften der linearen Abbildung für $r = -1$) folgt unmittelbar $\vec{x}_1 - \vec{x}_2 \in$ Kern A.

> Haben $\vec{x}_1$ und $\vec{x}_2$ denselben Bildvektor, so liegt jedenfalls der Differenzvektor $\vec{x}_1 - \vec{x}_2$ in Kern A. Damit läßt sich eine wichtige Aussage über den Kern injektiver linearer Abbildungen folgern.

Ist A injektiv, so folgt aus $A\vec{x}_1 = A\vec{x}_2$ stets $\vec{x}_1 = \vec{x}_2$. Deshalb ist $\vec{x}_1 - \vec{x}_2 = \vec{0}$: Der Kern A kann also nur aus dem Nullvektor bestehen. Die umgekehrte Schlußweise ist ebenfalls offensichtlich: Falls Kern $A = \{\vec{0}\}$, so ist A injektiv. Es folgt somit:

$$\boxed{A \text{ ist injektiv} \iff \operatorname{Kern} A = \{\vec{0}\}}$$

> Beachten Sie: Die zur vorgegebenen (3×3)-Matrix A gehörende lineare Abbildung ist nicht injektiv. Für ein zugrunde liegendes Gleichungssystem $A\vec{x} = \vec{b}$ bedeutet dies: Falls es überhaupt lösbar ist, so ist es nicht eindeutig lösbar.

c) Ob der Vektor $\vec{b} = \begin{pmatrix} 5 \\ -1 \\ 3 \end{pmatrix}$ in Bild A liegt, ist von vorneherein nicht sicher, da A nicht surjektiv ist. Ein geeigneter Ansatz führt auf ein lineares Gleichungssystem, das dies beweist und zusätzlich alle verlangten Vektoren mit $A\vec{x} = \vec{b}$ als Lösungsmenge liefert.

Die Gleichung $A\vec{x} = \begin{pmatrix} 5 \\ -1 \\ 3 \end{pmatrix} \Leftrightarrow \begin{pmatrix} 1 & 2 & -1 \\ -1 & 0 & -7 \\ 1 & 1 & 3 \end{pmatrix} \begin{pmatrix} x_1 \\ x_2 \\ x_3 \end{pmatrix} = \begin{pmatrix} 5 \\ -1 \\ 3 \end{pmatrix}$ führt auf das folgende Gleichungssystem:

x_1	x_2	x_3	
1	2	−1	5
−1	0	−7	−1
1	1	3	3
1	2	−1	5
0	2	−8	4
0	−1	4	−2
1	2	−1	5
0	2	−8	4
0	0	0	0

Es entsteht eine vollständige Nullzeile. Das bedeutet, daß $\vec{b} \in \text{Bild}\, A$, denn der Vektor $\vec{b}$ läßt sich mit Hilfe der Spaltenvektoren $\vec{a}_1, \vec{a}_2$ und $\vec{a}_3$ der Matrix A linear kombinieren. Anders ausgedrückt: $\vec{b}$ liegt ebenfalls in dem zweidimensionalen Unterraum Bild A, der bereits von den Spaltenvektoren $\vec{a}_1$ und $\vec{a}_2$ aufgespannt wird.

Mit $x_3 = t \in \mathbb{R}$ folgt $2x_2 = 4 + 8x_3 = 4 + 8t \Leftrightarrow x_2 = 2 + 4t$ und $x_1 = 5 + x_3 - 2x_2 = 5 + t - 2(2 + 4t) = 5 + t - 4 - 8t = 1 - 7t$ ergibt sich

$$L = \{(x_1|x_2|x_3) \in \mathbb{R}^3 \mid x_1 = 1 - 7t \wedge x_2 = 2 + 4t \wedge x_3 = t \in \mathbb{R}\}$$

$$= \left\{ \begin{pmatrix} 1 \\ 2 \\ 0 \end{pmatrix} + t \begin{pmatrix} -7 \\ 4 \\ 1 \end{pmatrix} \middle| t \in \mathbb{R} \right\}$$

$$= \begin{pmatrix} 1 \\ 2 \\ 0 \end{pmatrix} + \text{Kern}\, A \quad (\text{vgl. a}_1)).$$

Beachten Sie, daß $\vec{u} = \begin{pmatrix} 1 \\ 2 \\ 0 \end{pmatrix}$ eine spezielle Lösung von $A\vec{x} = \vec{b}$ (für $t = 0$) ist. Jede (andere) Lösung läßt sich dann in der Form $\vec{u} + t \begin{pmatrix} -7 \\ 4 \\ 1 \end{pmatrix}$, $t \in \mathbb{R}$ darstellen.

Alle Vektoren aus L werden durch A auf den Vektor $\vec{b} = \begin{pmatrix} 5 \\ -1 \\ 3 \end{pmatrix}$ abgebildet.

d) Auch diese Aussage gilt für alle $(m \times n)$-Matrix, also nicht nur für die gegebene Matrix A.

Da $\vec{b} \in \text{Bild}\, A = <\vec{a}_1, \ldots, \vec{a}_n>$ äquivalent ist zur Bedingung, daß $\vec{b}$ eine Linearkombination der n Spaltenvektoren ist, bedeutet dies $<\vec{a}_1, \ldots, \vec{a}_n> = <\vec{a}_1, \ldots, \vec{a}_n, \vec{b}>$. Die erweiterte Matrix $(A, \vec{b})$ erzeugt also denselben Unterraum von $\mathbb{R}^m$, speziell gilt $\text{rg}\, A = \text{rg}(A, \vec{b})$.

$\left[\begin{array}{l}\text{In den bisher gerechneten Beispiele ist zu erkennen, daß diese Gleichung die}\\ \text{Entstehung \textbf{vollständiger} Nullzeilen bedeutet. Steht auf der rechten Seite}\\ \text{eine von Null verschiedene Zahl, während auf der linken (Koeffizienten-)Seite}\\ \text{eine Nullzeile auftaucht, bedeutet dies die Unlösbarkeit der Gleichung } A\vec{x} = \vec{b},\\ \text{weil dann } \text{rg}(A, \vec{b}) > \text{rg}\, A \text{ ist, und das bedeutet } \vec{b} \notin <\vec{a}_1, \ldots, \vec{a}_n>.\end{array}\right.$

e) Die Dimensionsgleichung aus a) führt für $(n \times n)$-Matrizen zu einer wichtigen Aussage über injektive und surjektive lineare Abbildungen.

Falls (1) $\text{Kern}\, A = \{\vec{0}\}$, bedeutet dies, daß A injektiv ist. Wegen $\dim \text{Kern}\, A = 0$ folgt aus der Dimensionsgleichung $\text{rg}\, A = n$, somit ist A dann auch surjektiv, denn $\text{Bild}\, A = \mathbb{R}^n$, also (2). Für die Spaltenvektoren heißt das lineare Unabhängigkeit (3), und diese Eigenschaft ist äquivalent zu $\text{Kern}\, A = \{\vec{0}\}$. Damit ist die Äquivalenz der drei Aussagen (1), (2) und (3) bewiesen. Für lineare Abbildungen $\mathbb{R}^n \longrightarrow \mathbb{R}^n$ sind demnach die Eigenschaften Injektivität und Surjektivität äquivalent. Solche Abbildungen heißen bijektiv. Bijektive lineare Abbildungen sind *Isomorphismen*. Insgesamt folgt für die $(n \times n)$-Matrizen:

$$\boxed{A \text{ ist ein Isomorphismus} \iff \text{Kern}\, A = \{\vec{0}\}}$$

Für die zugehörigen linearen $(n \times n)$-Gleichungssysteme bedeutet dies, daß $A\vec{x} = \vec{b}$ stets eindeutig lösbar ist: Zu jedem $\vec{b} \in \mathbb{R}^n$ gibt es genau ein $\vec{x} \in \mathbb{R}^n$ mit $A\vec{x} = \vec{b}$.

$\left[\begin{array}{l}\text{Hinweis: Mit Hilfe der \emph{Umkehrmatrix} } A^{-1} \text{ läßt sich dann die Lösung durch}\\ \vec{x} = A^{-1}\vec{b} \text{ berechnen. Die Bestimmung der Umkehrmatrix } A^{-1} \text{ ist rechnerisch}\\ \text{allerdings etwas schwieriger und wird nur für } n = 2 \text{ durchgeführt (vgl. Aufg. II.4}\\ \text{und Kap. V).}\end{array}\right.$

Aufgabe IV.5 (Lösung im Anhang 1)
(Bearbeitungszeit: ca. 45 min.)

Gegeben sei das Gleichungssystem

$$\begin{cases} x_1 + x_2 & = & x_3 + x_4 \\ x_2 + x_3 & = & x_4 + x_5 \\ x_3 + x_4 & = & x_1 + x_5 \\ x_1 + x_2 + x_3 + x_4 + x_5 & = & 0 \end{cases}$$

a) Stellen Sie dieses in der Form $A\vec{x} = \vec{0}$ dar mit Hilfe der zugehörigen Matrix A.

b) Bestimmen Sie dim Kern A, rg A und prüfen Sie die zugehörige Abbildung A auf Injektivität und Surjektivität.

c) Berechnen Sie Kern A durch Angabe einer Basis mit lauter ganzzahligen Koordinaten.

d) Bestimmen sie das Bild $\vec{v}$ von $\vec{u} = (1|1|1|1|1)$ bezüglich A. Berechnen Sie einen zweiten Vektor $\vec{u}_1$ mit demselben Bildvektor $\vec{v}$.

e) Berechnen Sie zu $\vec{b} = (-4|-4|1|15)$ denjenigen Urbildvektor $\vec{x}$ mit $x_1 = 1$.

Aufgabe IV.6 (Lösung im Anhang 1)
(Bearbeitungszeit: ca. 45 min.)

Betrachten Sie die Matrix $A = \begin{pmatrix} 1 & 1 & 1 \\ 1 & 2 & 2 \\ 2 & 1 & 2 \\ 3 & 1 & 2 \end{pmatrix}$ sowie die Vektoren $\vec{b}_1 = \begin{pmatrix} 1 \\ 3 \\ 1 \\ 3 \end{pmatrix}$ und

$\vec{b}_2 = \begin{pmatrix} 1 \\ 0 \\ 2 \\ 4 \end{pmatrix}$

a) Formen Sie gleichzeitig die Gleichungssysteme $A\vec{x} = \vec{b}_1$ und $A\vec{x} = \vec{b}_2$ mit dem Gaußschen Eliminationsverfahren um.

b) Bestimmen Sie mit Hilfe des Schlußschemas für die zugehörige lineare Abbildung dim Kern A, rg A und prüfen Sie, ob A injektiv oder surjektiv ist.

c) Begründen Sie mit dem Lösbarkeitskriterium, daß genau eines der beiden Gleichungssysteme lösbar ist. Bestimmen Sie die Lösungsmenge L.

d) Streichen Sie in der Matrix A die letzte Zeile. Welche Eigenschaften hat die zugehörige Abbildung A_1: $\mathbb{R}^3 \longrightarrow \mathbb{R}^3$?

e) Lösen Sie die entsprechenden Gleichungssysteme, indem Sie auch in $\vec{b}_1$ und $\vec{b}_2$ die vierte Koordinate streichen.

Dieses Kapitel IV soll mit drei „Anwendungsaufgaben" abgeschlossen werden.

Aufgabe IV.7 (mit ausführlicher Bearbeitung)
(Bearbeitungszeit: ca. 60 min.)

Der Graph $G(f)$ einer ganzrationalen Funktion f vom Grade 3 verläuft durch den Punkt $P(-1|-2)$ und berührt bei -2 die x-Achse.

a) Stellen Sie mit Hilfe der Bedingungen ein lineares Gleichungssystem auf. Kann dieses eindeutig lösbar sein?

b) Bestimmen Sie die Lösungsmenge L und beschreiben Sie die Funktionenschar f_t aller Funktionen, die die gestellten Bedingungen erfüllen.

c) Zu der Funktionenschar gehört ebenfalls eine Funktion vom Grade 2. Stellen Sie den Funktionsterm auf und beschreiben Sie den Graphen.

d) Durch die zusätzliche Bedingung, daß $P(-1|-2)$ sogar ein Wendepunkt sein soll, ergibt sich eine weitere Gleichung. Zeigen Sie, daß es jetzt eine eindeutige Lösung gibt und bestimmen Sie den zugehörigen Funktionsterm $f(x)$.

Bearbeitung von Aufgabe IV.7:

a) Der Funktionsterm $f(x)$ ist von der Form $f(x) = ax^3 + bx^2 + cx + d$; $a, b, c, d \in \mathbb{R}$.
Aus den gegebenen Bedingungen lassen sich Gleichungen ableiten, die auf ein lineares Gleichungssystem führen.

Da der Graph $G(f)$ durch $P(-1|-2)$ verläuft, gilt
① $f(-1) = -2$.

Der Graph berührt die x-Achse an der Stelle -2. Beachten Sie, daß dadurch **zwei** weitere Bedingungen gegeben sind.

Zunächst gilt
② $f(-2) = 0$, weil -2 eine Nullstelle ist.
Zusätzlich besitzt $G(f)$ an der Stelle -2 eine horizontale Tangente (Berührpunkt!), so daß ebenfalls gilt
③ $f'(-2) = 0$

Aus dem allgemeinen Ansatz für $f(x)$ läßt sich auch $f'(x)$ bestimmen. Einsetzen der entsprechenden Werte führt jeweils auf eine lineare Gleichung.

Es ist $f(x) = ax^3 + bx^2 + cx + d$ und $f'(x) = 3ax^2 + 2bx + c$. Durch Einsetzen der Werte -1 bzw. -2 ergeben sich folgende Gleichungen:

① $f(-1) = -a + b - c + d = -2$
② $f(-2) = -8a + 4b - 2c + d = 0$
③ $f'(-2) = 12a - 4b + c = 0$

> Aus den gegeben Bedingungen sind keine weiteren Gleichungen abzuleiten. Da vier Variablen vorliegen, kann das Gleichungssystem nicht eindeutig lösbar sein.

b) Das Gleichungssystem führt auf

a	b	c	d	
−1	1	−1	1	−2
−8	4	−2	1	0
12	−4	1	0	0
−1	1	−1	1	−2
0	−4	6	−7	16
0	8	−11	12	−24
−1	1	−1	1	−2
0	−4	6	−7	16
0	0	1	−2	8
0	0	0	0	0

Das Gleichungssystem ist lösbar ($\operatorname{rg} A = 3$, $\operatorname{rg}(A, \vec{b}) = 3$), jedoch nicht eindeutig (dim Kern $A = 1$). Wählt man $d \in \mathbb{R}$ als freien Parameter, so liefert dies zunächst $c = 8 + 2d$. Aus $-4b = 16 + 7d - 6c = 16 + 7d - 6(8 + 2d) = -32 - 5d$ folgt $b = 8 + \frac{5}{4}d$ und schließlich

$$-a = -2 - d + c - b = -2 - d + 8 + 2d - 8 - \frac{5}{4}d = -2 - \frac{1}{4}d$$

$$\Longleftrightarrow a = 2 + \frac{1}{4}d.$$

Also ergibt sich die Lösungsmenge L durch

$$L = \{(2 + \frac{1}{4}d / 8 + \frac{5}{4}d / 8 + 2d / d) \in \mathbb{R}^4 \mid d \in \mathbb{R}\}$$

> Es ist hier praktisch, einen anderen Parameter zu wählen: Mit $t = \frac{1}{4}d$ erhalten Sie eine einfachere Darstellung.

Es ist $L = \{(2 + t/8 + 5t/8 + 8t/4t) \in \mathbb{R}^4 \mid t \in \mathbb{R}\}$. Das bedeutet: Jede Funktion f_t mit $f_t(x) = (2 + t)x^3 + (8 + 5t)x^2 + (8 + 8t)x + 4t$ mit $t \in \mathbb{R}$ erfüllt die drei Bedingungen. Dabei ist $t = \frac{1}{4}d$ oder $d = 4t$.

c) Die Funktion f_t ist quadratisch, wenn $a = 0$. Damit f_t eine quadratische Funktion wird, muß $2 + t = 0$, also $t = -2$ sein. Der Term lautet dann

$$f(x) = -2x^2 - 8x - 8 = -2(x + 2)^2.$$

Der Graph ist eine nach unten geöffnete Parabel, die bei -2 die x-Achse berührt und durch $P(-1|-2)$ verläuft.

⎡ Beachten Sie, daß auch die Bedingung „f ist eine ganzrationale Funktion
⎢ höchstens 3. Grades" auf dieselben Bedingungen führen. Alle Rechnungen
⎣ bleiben auch für $a = 0$ sinnvoll und richtig.

d) Durch die zusätzliche Bedingung, daß P sogar ein Wendepunkt sein soll, be-
kommen sie eine weitere vierte Gleichung, durch die das Gleichungssystem (in
diesem Fall) eindeutig lösbar wird. Dazu müssen Sie die notwendige Bedingung
für Wendepunkte kennen und ausnutzen.

Weil $P(-1|-2)$ zusätzlich ein Wendepunkt ist, gilt außerdem
④ $f''(-1) = 0$
Mit $f''(x) = 6ax + 2b$ ergibt sich die Gleichung
④' $f''(-1) = -6a + 2b = 0$.

⎡ Ersetzen Sie im obigen Schlußschema die vollständige Nullzeile durch die Glei-
⎣ chung ④', so läßt sich das entstehende (4×4)-Gleichungssystem einfach lösen.

Die Rechnung liefert

a	b	c	d	
-1	1	-1	1	-2
0	-4	6	-7	16
0	0	1	-2	8
-6	2	0	0	0
-1	1	-1	1	-2
0	-4	6	-7	16
0	0	1	-2	8
0	-4	6	-6	12
-1	1	-1	1	-2
0	-4	6	-7	16
0	0	1	-2	8
0	0	0	1	-4

Dies führt auf die eindeutige Lösung
(vgl. b)): $d = -4$, $c = 8 + 2d = 8 - 8 = 0$, $b = 8 + \frac{5}{4}d = 8 - 5 = 3$
und $a = 2 + \frac{1}{4}d = 2 - 1 = 1$, also
$L = \{(1|3|0|-4)\}$.

Für den Parameter $t \in \mathbb{R}$ bedeutet dies $t = -1$. Die eindeutig bestimmte Funktion
f mit allen vier Bedingungen ist definiert durch $f(x) = x^3 + 3x^2 - 4$.

⎡ Eigentlich müßten Sie noch nachweisen, daß die Funktion f auch wirklich alle
⎢ Eigenschaften besitzt, denn die Bedingungen sind nur notwendig. Sicher ist
⎢ lediglich, daß es keine anderer Funktion der verlangten Art gibt.
⎢ Beachten Sie außerdem: Durch die Gleichung ④' hätte sich auch die Unlösbar-
⎢ keit des Gleichungssystems ergeben können. Dann gibt es keine Funktion
⎢ mit allen Eigenschaften. Eine andere Möglichkeit ist, daß sich wiederum eine
⎣ vollständige Nullzeile ergibt. Dies bedeutet dann: Die Bedingung ④' folgt be-

reits aus den ersten drei Bedingungen. Dann erhält man keine neue Information und deshalb als Lösung dieselbe Funktionenschar f_t wie in b).

Aufgabe IV.8 (Lösung im Anhang 1)
(Bearbeitungszeit: ca. 45 min.)

a) Für die Summe $1 + \ldots + n$ der ersten n natürlichen Zahlen gibt es eine Summenformel vom Typ

$$D(n) = 1 + \ldots + n = an^2 + bn + c \quad (n \in \mathbb{N}).$$

Stellen Sie durch Einsetzen der ersten drei Zahlen $n = 1, 2$ und 3 ein Gleichungssystem auf, lösen Sie es und bestimmen Sie damit den Term $D(n)$.

b) Die Folge zu $D(n)$ liefert die „Dreieckszahlen". Zeigen Sie: Für die $(n \times n)$-Matrizen bildet die Menge D_n aller oberen Dreiecksmatrizen einen Vektorraum der Dimension $D(n)$.

c) Bestimmen Sie analog die Summenformel der ersten n Kubikzahlen

$$K(n) = 1^3 + \ldots + n^3 = an^4 + bn^3 + cn^2 + dn \ (n \in \mathbb{N})$$

durch Aufstellen und Lösen eines (4×4)-Gleichungssystems.

d) Welcher Zusammenhang besteht zwischen $D(n)$ und $K(n)$?

Aufgabe IV.9* (Lösung im Anhang 1)
(Bearbeitungszeit: ca. 60 min.)

Zum Abschluß eine historische Aufgabe vom indischen Mathematiker und Astronom Bhaskara II (Mitte des 12. Jahrhunderts) aus seinem Werk „Der Kranz der Wissenschaften": Das Problem der 100 Vögel.

„Fünf Tauben sind für 3 Drammas zu haben, sieben Kraniche für 5, neun Gänse für 7 und drei Pfaue für 9. Bring 100 dieser Vögel für 100 Drammas zu des Prinzen Befriedigung." (Quelle: *H. Pieper*, Heureka, ich hab's gefunden, Verlag Harri Deutsch, Thun und Frankfurt am Main)

Zur Vereinfachung soll hier **zusätzlich** die Bedingung gestellt werden, daß höchstens 10 Gänse dabei sein sollen. Außerdem soll mindestens ein Tier von jeder Sorte gebracht werden.

Kapitel V

Eigenwertprobleme, Basistransformation

Aufgabe V.1 (mit ausführlicher Bearbeitung)
(Bearbeitungszeit: ca. 60 min.)

Betrachten Sie die durch die Matrix $A = \begin{pmatrix} -1 & 1 \\ 2 & 0 \end{pmatrix}$ definierte *lineare Abbildung* $A : \mathbb{R}^2 \longrightarrow \mathbb{R}^2$.

a) Bestimmen Sie die *charakteristische Gleichung* und berechnen Sie die *Eigenwerte* von A.

b) Geben Sie zu jedem Eigenwert den zugehörigen *Eigenraum* an.

c) Zeigen Sie: Zwei Eigenvektoren zu verschiedenen Eigenwerten sind stets *linear unabhängig*.

d) Besitzt $\mathbb{R}^2$ eine *Basis* aus Eigenvektoren von A? Formulieren Sie eine Bedingung für die Existenz einer solchen Basis.

e) Bestimmen Sie die *Umkehrmatrix* A^{-1}. Welcher Zusammenhang besteht zwischen der Existenz der Umkehrmatrix und den Eigenwerten von A?

Bearbeitung von Aufgabe V.1:

Die in Kap. IV behandelten Fragestellungen sind für lineare Abbildungen $\mathbb{R}^2 \longrightarrow \mathbb{R}^2$ besonders einfach zu übersehen. Die zugehörigen *Matrizen* $A \in M_2(\mathbb{R})$ sind rechnerisch leicht zu untersuchen. Die eindeutige Lösbarkeit von (2×2)-Gleichungssystemen, äquivalent zur *Injektivität* der zugehörigen linearen Abbildung A, muß nicht zeitaufwendig durch ein Rechenschema überprüft werden, sondern läßt sich unmittelbar durch Berechnung der *Determinante* von A zeigen: $\det A \neq 0$ sichert die Existenz der Umkehrmatrix A^{-1}, was wiederum äquivalent ist zur linearen Unabhängigkeit der Spaltenvektoren von A und zu Kern $A = \{\vec{0}\}$. Die Matrix A heißt in diesem Fall regulär. Die konkrete Lösung von Gleichungssystemen $A\vec{x} = \vec{b}$ läßt sich dann elegant mit Hilfe der Umkehrmatrix lösen: $\vec{x} = A^{-1}\vec{b}$. Obendrein lassen sich sowohl $\vec{x}$ als auch der Bildvektor $A\vec{x}$ in einem Koordinatensystem darstellen, so daß sich die lineare Abbildung häufig graphisch interpretieren läßt. Aus diesem Grund ist es naheliegend, für den Fall $m = n = 2$ weitergehende Eigenschaften zu untersuchen, die für höhere Dimensionen einen viel größeren Rechenaufwand verlangen würden. Eine elementare und für viele Fragestellungen wichtige Eigenschaft liegt vor, wenn $\vec{x}$ und $A\vec{x}$ dieselbe Richtung haben, also linear abhängig sind. Das führt auf das Eigenwertproblem linearer Abbildungen.

a) Eine Zahl $r \in \mathbb{R}$ heißt Eigenwert von A, wenn es einen Vektor $\vec{u} \neq \vec{0}$ gibt mit $A\vec{u} = r\vec{u}$. Dieser heißt dann Eigenvektor zum Eigenwert r.

Benutzt man für Matrizen $A \in M_2(\mathbb{R})$ statt der doppelten Indizes die einfachere Schreibweise $A = \begin{pmatrix} a & c \\ b & d \end{pmatrix}$, so bedeutet wegen

$$A\vec{u} = r\vec{u} \Leftrightarrow \begin{pmatrix} a & c \\ b & d \end{pmatrix} \begin{pmatrix} u_1 \\ u_2 \end{pmatrix} = \begin{pmatrix} ru_1 \\ ru_2 \end{pmatrix} \Leftrightarrow \begin{pmatrix} a-r & c \\ b & d-r \end{pmatrix} \begin{pmatrix} u_1 \\ u_2 \end{pmatrix} = \begin{pmatrix} 0 \\ 0 \end{pmatrix}$$

die Eigenschaft „r ist Eigenwert von A" gerade die Existenz von nicht-trivialen Lösungen des zur Matrix

$$A_r = \begin{pmatrix} a-r & c \\ b & d-r \end{pmatrix} = A - rE$$

gehörigen homogenen Gleichungssystems. Diese existieren genau im Falle $\det A_r = 0$. Die ausführliche Rechnung führt auf die „charakteristische Gleichung"

$$\boxed{r^2 - (a+d)r + (ad-bc) = 0}.$$

Die linke Seite, also det A_r, heißt auch charakteristisches Polynom von A, in Zeichen char A. Mit den Abkürzungen $a + d = spur\, A$ (Summe der Diagonalelemente) und $ad - bc = det\, A$ erhält die charakteristische Gleichung die Form

$$\text{char } A = 0 \Leftrightarrow r^2 - (\text{spur } A)r + \det A = 0 \text{ (vgl. Anhang 2)}.$$

> Eigenwerte von A sind somit genau die Lösungen der charakteristischen Gleichung. Damit ist klar, daß es höchstens zwei Eigenwerte von A geben kann.

Mit $\begin{pmatrix} -1 & 1 \\ 2 & 0 \end{pmatrix}$ folgt spur $A = -1$ und det $A = -2$, die charakteristische Gleichung lautet damit char $A = r^2 + r - 2 = 0$. Die Lösungen ergeben sich durch $r_{1/2} = -\frac{1}{2} \pm \sqrt{\frac{1}{4} + 2} = -\frac{1}{2} \pm \frac{3}{2}$. Dies führt auf die beiden Eigenwerte $r_1 = 1$ und $r_2 = -2$. Die Matrix A hat also zwei verschiedene Eigenwerte.

> Beachten Sie, daß wegen der speziellen Form der charakteristischen Gleichung stets $r_1 + r_2 = \text{spur } A$ und $r_1 \cdot r_2 = \det A$ gilt, falls es zwei Eigenwerte gibt.
> Hinweis: Ein Eigenvektor ist per Definition immer vom Nullvektor verschieden, denn sonst wäre die Bedingung $A\vec{u} = r\vec{u}$ für jeden Skalar $r \in \mathbb{R}$ erfüllt. Dagegen kann aber $r = 0$ als Eigenwert auftreten!

b) Die Menge aller Eigenvektoren zum Eigenwert r (ergänzt durch den Nullvektor) nennt man den Eigenraum E_r. Daß es sich tatsächlich um einen Unterraum von $\mathbb{R}^2$ handelt, läßt sich entweder direkt zeigen (vgl. Anhang 2) oder aber aus der Tatsache folgern, daß $E_r = \text{Kern } A_r$ als Kern einen Unterraum von $\mathbb{R}^2$ bildet. Dieser Unterraum E_r ist (für jeden Eigenwert gesondert) auf die bekannte Weise zu berechnen.

Die Matrix $A_r = \begin{pmatrix} a - r & c \\ b & d - r \end{pmatrix}$ ist zu untersuchen. Für $r_1 = 1$ ergibt sich

$$A_1 = \begin{pmatrix} -1 - 1 & 1 \\ 2 & 0 - 1 \end{pmatrix} = \begin{pmatrix} -2 & 1 \\ 2 & -1 \end{pmatrix}.$$

> Der Eigenraum E_1 ist der Kern A_1. Die Lösungsmenge des zugehörigen homogenen Gleichungssystems muß bestimmt werden.

Dies führt auf

$$\begin{cases} -2x_1 + x_2 = 0 \\ 2x_1 - x_2 = 0 \end{cases} \Leftrightarrow -2x_1 + x_2 = 0 \Leftrightarrow x_2 = 2x_1.$$

Die spezielle Wahl $x_1 = 1$ führt auf $x_2 = 2$, somit ist $\vec{u} = \begin{pmatrix} 1 \\ 2 \end{pmatrix}$ ein bestimmter Eigenvektor zu $r_1 = 1$, insgesamt ergibt sich damit $E_1 = \left\langle \begin{pmatrix} 1 \\ 2 \end{pmatrix} \right\rangle$. Der Eigenraum E_1 ist ein eindimensionaler Unterraum von $\mathbb{R}^2$, der aus allen Vielfachen des Vektors $\begin{pmatrix} 1 \\ 2 \end{pmatrix}$ besteht. Da $r_1 = 1$, wird sogar jeder Vektor aus E_1 auf sich selbst abgebildet: Zum Beispiel: $A \begin{pmatrix} 1 \\ 2 \end{pmatrix} = \begin{pmatrix} 1 \\ 2 \end{pmatrix}$.

> Beachten Sie: Da stets det $A_r = 0$ gilt, ist das homogene Gleichungssystem immer mehrdeutig (und nicht-trivial) lösbar. Weil die beiden Spalten von A_r linear abhängig sind, gilt dies auch für die beiden Gleichungen: Sie sind immer äquivalent, so daß Sie stets zu **einer** Gleichung mit (höchstens) zwei Variablen gelangen. Falls (durch einen Rechenfehler!) die Matrix A_r regulär werden sollte, führt das Gleichungssystem auf die „eindeutige Lösung" $\begin{pmatrix} 0 \\ 0 \end{pmatrix}$. Dies ist aber kein Eigenvektor und der „Eigenraum" $E_r = \left\langle \begin{pmatrix} 0 \\ 0 \end{pmatrix} \right\rangle$ somit unsinnig. In diesem Falle ist die Berechung von A_r sofort zu überprüfen.

Für den zweiten Eigenwert $r_2 = -2$ ergibt sich analog

$$A_{-2} = \begin{pmatrix} -1+2 & 1 \\ 2 & 0+2 \end{pmatrix} = \begin{pmatrix} 1 & 1 \\ 2 & 2 \end{pmatrix}.$$

Dies führt auf die Gleichung $x_1 + x_2 = 0 \Leftrightarrow x_2 = -x_1$. Als Eigenraum ergibt sich hier $E_{-2} = \left\langle \begin{pmatrix} 1 \\ -1 \end{pmatrix} \right\rangle$.

> c) Daß zwei Eigenvektoren zu verschiedenen Eigenwerten stets linear unabhängig sind, läßt sich nach dem bisher Gezeigten leicht nachweisen. Führen Sie die gegenteilige Annahme zum Widerspruch: Nehmen Sie an, daß die beiden Eigenvektoren linear abhängig sind.

Wenn zwei Eigenvektoren linear abhängig sind, etwa $\vec{u}_1 = s\vec{u}_2$ und $f(\vec{u}_2) = r\vec{u}_2$, so folgt wegen $f(\vec{u}_1) = f(s\vec{u}_2) = sf(\vec{u}_2) = s(r\vec{u}_2) = r(s\vec{u}_2) = r\vec{u}_1$, daß zu $\vec{u}_1$ derselbe Eigenwert gehört wie zu $\vec{u}_2$. Damit ist ein Widerspruch hergeleitet zur Voraussetzung, daß die beiden Eigenwerte verschieden sind.

> Diese Aussage folgt ebenfalls aus der Tatsache, daß E_r ein Unterraum von $\mathbb{R}^2$ ist: Mit $\vec{u}_2$ enthält er auch alle Vielfachen von $\vec{u}_2$.

> d) Eine Basis von $\mathbb{R}^2$ besteht aus zwei linear unabhängigen Vektoren. Da die Vektoren aus E_1 untereinander linear abhängig sind, ebenso wie die Vektoren aus E_{-2}, erhält man eine Basis von $\mathbb{R}^2$ aus Eigenvektoren (von A) genau dann, wenn man aus E_1 und E_{-2} je einen (von $\vec{0}$ verschiedenen) Vektor wählt.

Durch $B_* = \left\{ \begin{pmatrix} 1 \\ 2 \end{pmatrix}, \begin{pmatrix} 1 \\ -1 \end{pmatrix} \right\}$ ist eine Basis aus Eigenvektoren gegeben. Die beiden Vektoren sind linear unabhängig. Wie in c) gezeigt, ist dies stets der Fall, wenn die beiden Eigenwerte von A verschieden sind. Damit läßt sich die allgemeine Aussage formulieren: Wenn die Matrix A zwei verschiedene Eigenwerte besitzt, gibt es eine Basis B_* von $\mathbb{R}^2$ aus Eigenvektoren.

> Die Bedeutung solcher Basen wird in den Aufgaben V.4 ff deutlich. Man kann mit ihrer Hilfe die Abbildung A durch eine besonders einfache Matrix beschreiben.

e) Die Umkehrmatrix A^{-1} zu A hat die Gestalt $A^{-1} = \dfrac{1}{\det A} \begin{pmatrix} d & -c \\ -b & a \end{pmatrix}$ (vgl. Anhang 2 oder Aufgabe II.4). Mit $\det A = -2$ ergibt sich

$$A^{-1} = \frac{1}{-2} \begin{pmatrix} 0 & -1 \\ -2 & -1 \end{pmatrix} = \begin{pmatrix} 0 & \frac{1}{2} \\ 1 & \frac{1}{2} \end{pmatrix}.$$

Durch A^{-1} wird die Umkehrabbildung beschrieben, die den Vektor $A\vec{x}$ wieder auf $\vec{x}$ zurückabbildet.

> Diese gibt es nur, wenn A injektiv ist: A^{-1} existiert nur im Fall $\det A \neq 0$. Um einen Zusammenhang mit den Eigenwerten von A herzustellen, betrachten Sie bitte die charakteristische Gleichung für den Fall $\det A = 0$.

Falls $\det A = 0$ hat die charakteristische Gleichung die Form

$$r^2 - (\operatorname{spur} A)r = 0$$

Diese hat stets die Lösung $r_1 = 0$ (und $r_2 = \operatorname{spur} A$). Umgekehrt folgt ebenso aus der charakteristischen Gleichung, daß der Eigenwert $r = 0$ die Bedingung $\det A = 0$ zur Folge hat. Somit läßt sich zusammenfassend sagen: Genau dann existiert die Umkehrmatrix A^{-1}, wenn $r = 0$ kein Eigenwert von A ist.

> Dies läßt sich auch anders einsehen: Der Eigenwert $r = 0$ bedeutet die Existenz eines Vektors $\vec{u} \neq \vec{0}$ mit $A\vec{u} = 0\vec{u} = \vec{0}$. das bedeutet aber nichts anderes als Kern $A \neq \{\vec{0}\}$. Die Abbildung A ist also nicht injektiv, somit nicht umkehrbar.

Aufgabe V.2 (Lösung im Anhang 1)
(Bearbeitungszeit: ca. 60 min.)

Gegeben sei die Matrix $A = \begin{pmatrix} 1 & 2 \\ -1 & 4 \end{pmatrix}$.

a) Ermitteln Sie das charakteristische Polynom char A und berechnen Sie die Eigenwerte von A.

b) Bestimmen Sie die zugehörigen Eigenräume und geben Sie eine Basis von $\mathbb{R}^2$ aus Eigenvektoren an.

c) Berechnen Sie die Umkehrmatrix A^{-1} und das charakteristische Polynom char A^{-1}.

d) Ermitteln Sie ebenfalls die Eigenwerte von A^{-1}. Welcher Zusammenhang mit den Eigenwerten von A fällt dabei auf?

e) Zeigen Sie allgemein: Besitzt A den Eigenwert $r \neq 0$, so besitzt A^{-1} den Eigenwert $\frac{1}{r}$.

Aufgabe V.3 (Lösung im Anhang 1)
(Bearbeitungszeit: ca. 45 min.)

Für die Matrix $A \in M_2(\mathbb{R})$ gelte $A \begin{pmatrix} 2 \\ -1 \end{pmatrix} = \begin{pmatrix} -2 \\ -3 \end{pmatrix}$ und $A \begin{pmatrix} 4 \\ 1 \end{pmatrix} = \begin{pmatrix} 2 \\ 0 \end{pmatrix}$.

a) Zeigen Sie: $A = \begin{pmatrix} 0 & 2 \\ -\frac{1}{2} & 2 \end{pmatrix}$.

b) Bestimmen Sie die Eigenwerte von A.

c) Ermitteln Sie die zugehörigen Eigenräume.

d) Begründen Sie, warum es keine Basis von $\mathbb{R}^2$ aus Eigenvektoren von A gibt.

e) Zeigen Sie, daß A und A^{-1} dasselbe charakteristische Polynom besitzen. Woran liegt das in diesem Fall?

Aufgabe V.4 (mit ausführlicher Bearbeitung)
(Bearbeitungszeit: ca. 90 min.)

Es sei $A = \begin{pmatrix} 1 & 4 \\ -\frac{3}{4} & -1 \end{pmatrix}$ die *Abbildungsmatrix* bezüglich der *Standardbasis* $B = \left\{ \begin{pmatrix} 1 \\ 0 \end{pmatrix}, \begin{pmatrix} 0 \\ 1 \end{pmatrix} \right\}$.

a) Bestimmen Sie eine *Basis* B_* von $\mathbb{R}^2$ aus *Eigenvektoren* von A.

b) Stellen Sie die Vektoren $\begin{pmatrix} 1 \\ 1 \end{pmatrix}_*$ mit Hilfe der jeweils anderen Basis dar.

c) Berechnen Sie den Bildvektor von $\begin{pmatrix} 1 \\ 1 \end{pmatrix}_*$ unter A und stellen Sie diesen bezüglich B und B_* dar.

d*)Bestimmen Sie unter Berücksichtigung von c) diejenige Matrix A^*, welche bezüglich B_* dieselbe Abbildung wie A beschreibt. Welche besonders einfache Form hat A^* in diesem Falle?

e) Erläutern Sie den Zusammenhang zwischen der besonderen Form von A^* und der Tatsache, daß B_* aus Eigenvektoren besteht. Zeigen Sie: char A^* = char A.

Bearbeitung von Aufgabe V.4:

a) Mit Hilfe der *Eigenwerte* von A sind die *Eigenräume* zu bestimmen. Dadurch gelangen Sie zu einer Basis aus Eigenvektoren. Mit spur $A = 0$ und det $A = 1 \cdot (-1) - \frac{3}{4} \cdot 4 = -4$ lautet die *charakteristische Gleichung* $r^2 - 4 = 0$. Diese hat die beiden Lösungen $r_1 = 2$ und $r_2 = -2$. A besitzt also zwei verschiedene Eigenwerte.

$\left[\begin{array}{l}\text{Zu den beiden Eigenwerten sind die Eigenräume durch Lösung der entsprechen-} \\ \text{den homogenen Gleichungssysteme zu bestimmen.}\end{array}\right.$

Für $r_1 = 2$ führt $A_2 = \begin{pmatrix} 1-2 & 4 \\ \frac{3}{4} & -1-2 \end{pmatrix} = \begin{pmatrix} -1 & 4 \\ \frac{3}{4} & -3 \end{pmatrix}$ auf $-x_1 + 4x_2 = 0 \Leftrightarrow$

$x_1 = 4x_2$. Ein spezieller Lösungsvektor ist zum Beispiel $\begin{pmatrix} 4 \\ 1 \end{pmatrix}$. Als zugehörigen Eigenraum erhält man $E_2 = \left\langle \begin{pmatrix} 4 \\ 1 \end{pmatrix} \right\rangle$.

$\left[\begin{array}{l}\text{Beachten Sie, daß die Matrizen } A_r \text{ stets zwei linear abhängige Spalten (und} \\ \text{Zeilen) besitzen. In diesem Fall ist die zweite Gleichung das } (-\frac{3}{4})\text{-fache der} \\ \text{ersten Gleichung. Deshalb gelangt man immer auf } \underline{\text{eine}} \text{ einzige Gleichung.}\end{array}\right.$

Analog liefert $r_2 = -2$ wegen $A_{-2} = \begin{pmatrix} 1+2 & 4 \\ \frac{3}{4} & -1+2 \end{pmatrix} = \begin{pmatrix} 3 & 4 \\ \frac{3}{4} & 1 \end{pmatrix}$ die Gleichung $3x_1 + 4x_2 = 0 \Leftrightarrow x_1 = -\frac{4}{3}x_2$. Mit der speziellen Lösung $\begin{pmatrix} -4 \\ 3 \end{pmatrix}$ wird der zweite Eigenraum durch $E_2 = \left\langle \begin{pmatrix} -4 \\ 3 \end{pmatrix} \right\rangle$ beschrieben. Damit läßt sich durch $B_* = \left\{ \begin{pmatrix} 4 \\ 1 \end{pmatrix}, \begin{pmatrix} -4 \\ 3 \end{pmatrix} \right\}$ eine Basis von $\mathbb{R}^2$ aus Eigenvektoren von A angeben.

b) Die Kennzeichnung durch ein Sternchen soll die Koordinatendarstellung bezüglich B_* als Unterscheidung zur Darstellung mit Hilfe der Standardbasis $B = \left\{ \begin{pmatrix} 1 \\ 0 \end{pmatrix}, \begin{pmatrix} 0 \\ 1 \end{pmatrix} \right\}$ deutlich machen. Welcher Vektor wird durch $\begin{pmatrix} 1 \\ 1 \end{pmatrix}_*$ dargestellt?

Die Koordinaten des Vektors $\begin{pmatrix} 1 \\ 1 \end{pmatrix}_*$ beziehen sich auf die Basis B_*. Die ausführliche Schreibweise zeigt

$$\begin{pmatrix} 1 \\ 1 \end{pmatrix}_* = 1 \begin{pmatrix} 4 \\ 1 \end{pmatrix} + 1 \begin{pmatrix} -4 \\ 3 \end{pmatrix} = \begin{pmatrix} 4 \\ 1 \end{pmatrix} + \begin{pmatrix} -4 \\ 3 \end{pmatrix} = \begin{pmatrix} 0 \\ 4 \end{pmatrix}.$$

Der Vektor hat bezüglich B die Koordinatendarstellung $\begin{pmatrix} 0 \\ 4 \end{pmatrix}$.

Im Folgenden soll die Schreibweise $\begin{pmatrix} 1 \\ 1 \end{pmatrix}_* = \begin{pmatrix} 0 \\ 4 \end{pmatrix}$ in diesem Sinne benutzt werden. Das Gleichheitszeichen macht deutlich, daß es sich um dieselben *Vektoren* (des geometrischen Vektorraums V_2) handelt, die nur bezüglich verschiedener Koordinatensysteme (*Basen*) dargestellt werden. Als arithmetische Vektoren von $\mathbb{R}^2$ sind die Vektoren $\vec{x} = \begin{pmatrix} 0 \\ 4 \end{pmatrix}$ und $\vec{x}_* = \begin{pmatrix} 1 \\ 1 \end{pmatrix}$ verschieden. In diesem Zusammenhang läßt sich die Matrizenschreibweise wieder vorteilhaft benutzen. Die Darstellung

$$\vec{x} = \begin{pmatrix} 0 \\ 4 \end{pmatrix} = 1 \begin{pmatrix} 4 \\ 1 \end{pmatrix} + 1 \begin{pmatrix} -4 \\ 3 \end{pmatrix} = \begin{pmatrix} 4 & -4 \\ 1 & 3 \end{pmatrix} \begin{pmatrix} 1 \\ 1 \end{pmatrix}$$

zeigt, daß sich der Koordinatenvektor $\vec{x}$ (bezüglich B) gerade als *Matrizenprodukt* $S\vec{x}_*$ berechnen läßt. Dabei ist $S = \begin{pmatrix} 4 & -4 \\ 1 & 3 \end{pmatrix}$ die *Transformationsmatrix*, die als Spalten die Vektoren der „neuen" Basis B_* besitzt und $\vec{x}_*$ der Koordinatenvektor ($\in \mathbb{R}^2$) bezüglich B_*. Also:

$$\boxed{(1) \quad \vec{x} = S\vec{x}_*}$$

In diesem Falle gilt $\begin{pmatrix} 0 \\ 4 \end{pmatrix} = S \begin{pmatrix} 1 \\ 1 \end{pmatrix}$. Diese Matrizengleichung ist zur Schreibweise $\begin{pmatrix} 1 \\ 1 \end{pmatrix}_* = \begin{pmatrix} 0 \\ 4 \end{pmatrix}$ äquivalent. Soll umgekehrt der Vektor $\vec{x}$ mit Hilfe von B_* dargestellt werden, so ist die Gleichung (1) entsprechend nach $\vec{x}_*$ aufzulösen.

Zu $\begin{pmatrix} 4 \\ 5 \end{pmatrix}$ ist die Darstellung bezüglich B_* gesucht. Wegen $\begin{pmatrix} 4 \\ 5 \end{pmatrix} = \vec{x} = S\vec{x}_*$ gilt $\vec{x}_* = S^{-1}\vec{x} = S^{-1}\begin{pmatrix} 4 \\ 5 \end{pmatrix}$.

Die Koordinatendarstellung mittels B_* erhält man somit als Matrizenprodukt

$$\boxed{(2) \quad \vec{x}_* = S^{-1}\vec{x}}$$

(Beachten Sie, daß S stets regulär ist, da die Spaltenvektoren eine Basis definieren.)

Zunächst muß S^{-1} zu $S = \begin{pmatrix} 4 & -4 \\ 1 & 3 \end{pmatrix}$ bestimmt werden. Mit $\det S = 12 + 4 = 16$ berechnet man $S^{-1} = \frac{1}{16}\begin{pmatrix} 3 & 4 \\ -1 & 4 \end{pmatrix}$, somit als Koordinatenvektor

$$\vec{x}_* = S^{-1}\begin{pmatrix} 4 \\ 5 \end{pmatrix} = \frac{1}{16}\begin{pmatrix} 3 & 4 \\ -1 & 4 \end{pmatrix}\begin{pmatrix} 4 \\ 5 \end{pmatrix} = \frac{1}{16}\begin{pmatrix} 32 \\ 16 \end{pmatrix} = \begin{pmatrix} 2 \\ 1 \end{pmatrix},$$

also $\begin{pmatrix} 4 \\ 5 \end{pmatrix} = \begin{pmatrix} 2 \\ 1 \end{pmatrix}_*$. In der Tat ist $2\begin{pmatrix} 4 \\ 1 \end{pmatrix} + 1\begin{pmatrix} -4 \\ 3 \end{pmatrix} = \begin{pmatrix} 4 \\ 5 \end{pmatrix}$.

Man nennt den Übergang von einer Basis zu einer anderen auch Basiswechsel. Die Berechnung der Koordinaten mit Hilfe der Transformationsmatrix S kann dabei einfach und elegant durchgeführt werden. Als Sonderfall ergibt sich hier speziell:

$$S^{-1}\begin{pmatrix} 4 \\ 1 \end{pmatrix} = \frac{1}{16}\begin{pmatrix} 3 & 4 \\ -1 & 4 \end{pmatrix}\begin{pmatrix} 4 \\ 1 \end{pmatrix} = \frac{1}{16}\begin{pmatrix} 16 \\ 0 \end{pmatrix} = \begin{pmatrix} 1 \\ 0 \end{pmatrix},$$

also $\begin{pmatrix} 4 \\ 1 \end{pmatrix} = \begin{pmatrix} 1 \\ 0 \end{pmatrix}_*$, denn $\begin{pmatrix} 4 \\ 1 \end{pmatrix}$ ist der erste Basisvektor von B_* und besitzt als solcher die Koordinaten $\begin{pmatrix} 1 \\ 0 \end{pmatrix}_*$. Entsprechend ergibt sich $\begin{pmatrix} -4 \\ 3 \end{pmatrix} = \begin{pmatrix} 0 \\ 1 \end{pmatrix}_*$.

c) Machen Sie sich zunächst noch einmal die Bedeutung der Abbildungsmatrix $A = \begin{pmatrix} a & c \\ b & d \end{pmatrix}$ klar: Das Bild von $\vec{x} = \begin{pmatrix} x_1 \\ x_2 \end{pmatrix}$ ist $A\vec{x} = A \begin{pmatrix} x_1 \\ x_2 \end{pmatrix} = x_1 \begin{pmatrix} a \\ b \end{pmatrix} +$ $x_2 \begin{pmatrix} c \\ d \end{pmatrix}$, also die entsprechende Linearkombination der Spaltenvektoren von A. Dabei werden alle auftretenden Vektoren bezüglich der Standardbasis B dargestellt. Speziell ist $A \begin{pmatrix} 1 \\ 0 \end{pmatrix} = \begin{pmatrix} a \\ b \end{pmatrix}$ und $A \begin{pmatrix} 0 \\ 1 \end{pmatrix} = \begin{pmatrix} c \\ d \end{pmatrix}$. Damit ist die Matrix A unmittelbar abhängig von der benutzten Basis. Stellt man die Urbildvektoren, die Bildvektoren oder beide bezüglich einer anderen Basis B_* dar, so bekommt die Abbildungsmatrix eine andere Gestalt, obwohl die Abbildung $\mathbb{R}^2 \longrightarrow \mathbb{R}^2$ dieselbe bleibt. Der Vektor $\begin{pmatrix} 1 \\ 1 \end{pmatrix}_*$ muß also vor der Abbildung durch A mit Hilfe der Standardbasis ausgedrückt werden und dann abgebildet werden.

Bereits in b) wurde gezeigt: $S \begin{pmatrix} 1 \\ 1 \end{pmatrix} = \begin{pmatrix} 0 \\ 4 \end{pmatrix}$, d.h. $\begin{pmatrix} 1 \\ 1 \end{pmatrix}_* = \begin{pmatrix} 0 \\ 4 \end{pmatrix}$. Somit ergibt sich der Bildvektor

$$A \begin{pmatrix} 1 \\ 1 \end{pmatrix}_* = A \left(S \begin{pmatrix} 1 \\ 1 \end{pmatrix} \right) = A \begin{pmatrix} 0 \\ 4 \end{pmatrix} = \begin{pmatrix} 1 & 4 \\ 3/4 & -1 \end{pmatrix} \begin{pmatrix} 0 \\ 4 \end{pmatrix} = \begin{pmatrix} 16 \\ -4 \end{pmatrix}.$$

Der Bildvektor von $\begin{pmatrix} 1 \\ 1 \end{pmatrix}_*$ hat bezüglich der Basis B den Koordinatenvektor $\begin{pmatrix} 16 \\ -4 \end{pmatrix}$.

Um auch den Bildvektor mit Hilfe von B_* darzustellen, ist eine Rücktransformation mittels (2) aus b) nötig.

Bezüglich der Basis B_* ergibt sich dann

$$\vec{x}_* = S^{-1} \begin{pmatrix} 16 \\ -4 \end{pmatrix} = \frac{1}{16} \begin{pmatrix} 3 & 4 \\ -1 & 4 \end{pmatrix} \begin{pmatrix} 16 \\ -4 \end{pmatrix} = \frac{1}{16} \begin{pmatrix} 32 \\ -32 \end{pmatrix} = \begin{pmatrix} 2 \\ -2 \end{pmatrix},$$

insgesamt also $A \begin{pmatrix} 1 \\ 1 \end{pmatrix}_* = \begin{pmatrix} 2 \\ -2 \end{pmatrix}_*$.

d*) Gesucht ist diejenige Matrix A^*, welche dieselbe Abbildung wie A beschreibt, nur bezüglich der Basis B_*. Das letzte Ergebnis aus c) zeigt, daß dann speziell $A^* \begin{pmatrix} 1 \\ 1 \end{pmatrix} = \begin{pmatrix} 2 \\ -2 \end{pmatrix}$ gelten muß. Analysiert man die Rechnungen in c), so läßt sich die Matrix A^* mit Hilfe von A und S ausdrücken. Verfolgen Sie am speziellen Beispiel $\begin{pmatrix} 1 \\ 1 \end{pmatrix}_*$ die durchgeführten Rechenschritte.

Der Vektor $\begin{pmatrix} 1 \\ 1 \end{pmatrix}_*$ wird zunächst mit Hilfe der Standardbasis B ausgedrückt und dann abgebildet: $A \begin{pmatrix} 1 \\ 1 \end{pmatrix}_* = A \left(S \begin{pmatrix} 1 \\ 1 \end{pmatrix} \right)$.

[Die Matrizengleichung zeigt, daß die rechte Seite in der Form $(AS) \begin{pmatrix} 1 \\ 1 \end{pmatrix}$ geschrieben werden kann, wobei AS das Matrizenprodukt der beiden $(n \times n)$-Matrizen A und S ist (vgl. Anhang 2). Die Matrix AS beschreibt also die Abbildung A, wobei der Urbildvektor bezüglich B_* und der Bildvektor bezüglich B dargestellt wird.

Schließlich soll der Bildvektor ebenfalls mit Hilfe von B_* ausgedrückt werden. Das bedeutet

$$S^{-1} \left(A \begin{pmatrix} 1 \\ 1 \end{pmatrix}_* \right) = S^{-1} \left(A \left(S \begin{pmatrix} 1 \\ 1 \end{pmatrix} \right) \right) = (S^{-1}AS) \begin{pmatrix} 1 \\ 1 \end{pmatrix}.$$

Die Matrix AS wird also noch einmal mit S^{-1} von links multipliziert. (Die Reihenfolge ist deshalb wichtig, weil die Matrizenmultiplikation nicht kommutativ ist. Dagegen gilt das Assoziativgesetz.)

[Welche Funktion hat die Matrix $S^{-1}AS$?

Damit ist klar: Werden Urbild- und Bildvektor bezüglich B_* dargestellt, beschreibt die Matrix $S^{-1}AS$ dieselbe Abbildung wie A (bezüglich B). Deshalb ist $S^{-1}AS = A^*$ unsere gesuchte Abbildungsmatrix. Die spezielle Wahl des Urbildvektors, hier $\begin{pmatrix} 1 \\ 1 \end{pmatrix}_*$, hat für dieses Vorgehen keinen Einfluß gehabt. Es gilt für alle Vektoren $\vec{x}_*$.

[Die Matrix A^* kann als Produkt $S^{-1}AS$ nun berechnet werden.
Es ist $A^* = \dfrac{1}{16} \begin{pmatrix} 3 & 4 \\ -1 & 4 \end{pmatrix} \begin{pmatrix} 1 & 4 \\ 3/4 & -1 \end{pmatrix} \begin{pmatrix} 4 & -4 \\ 1 & 3 \end{pmatrix}$.

[Da das Assoziativgesetz gilt, gibt es zwei Möglichkeiten der Berechnung.

Das Produkt der beiden letzten Matrizen soll ausführlich berechnet werden:

$$\begin{pmatrix} 1 & 4 \\ 3/4 & -1 \end{pmatrix} \begin{pmatrix} 4 & -4 \\ 1 & 3 \end{pmatrix} = \begin{pmatrix} 1 \cdot 4 + 4 \cdot 1 & 1 \cdot (-4) + 4 \cdot 3 \\ \dfrac{3}{4} \cdot 4 + (-1) \cdot 1 & \dfrac{3}{4} \cdot (-4) + (-1) \cdot 3 \end{pmatrix}$$
$$= \begin{pmatrix} 8 & 8 \\ 2 & -6 \end{pmatrix}$$

Die weitere Rechnung ergibt also

$$A^* = \frac{1}{16} \begin{pmatrix} 3 & 4 \\ -1 & 4 \end{pmatrix} \begin{pmatrix} 8 & 8 \\ 2 & -6 \end{pmatrix} = \frac{1}{16} \begin{pmatrix} 32 & 0 \\ 0 & -32 \end{pmatrix} = \begin{pmatrix} 2 & 0 \\ 0 & -2 \end{pmatrix}.$$

Diese Matrix hat *Diagonalgestalt*, da außerhalb der Hauptdiagonalen nur Nullen stehen. Auffallend ist obendrein, daß auf der Diagonalen gerade die Eigenwerte auftauchen. Der Grund dafür soll in e) formuliert werden. Beachten Sie, daß tatsächlich gilt $A^* \begin{pmatrix} 1 \\ 1 \end{pmatrix} = \begin{pmatrix} 2 \\ -2 \end{pmatrix}$!

e) In Hinblick auf die Ausführungen am Anfang von c) wird deutlich, daß die Diagonalgestalt eine unmittelbare Folge der Tatsache ist, daß B_* aus Eigenvektoren besteht. Da die Bildvektoren der Basisvektoren durch die Spalten der Abbildungsmatrix beschrieben werden, liefert $A^* \begin{pmatrix} 1 \\ 0 \end{pmatrix} = \begin{pmatrix} 2 \\ 0 \end{pmatrix}$ (Eigenwert 2) und $A^* \begin{pmatrix} 0 \\ 1 \end{pmatrix} = \begin{pmatrix} 0 \\ -2 \end{pmatrix}$ (Eigenwert -2) die Matrix $A^* = \begin{pmatrix} 2 & 0 \\ 0 & -2 \end{pmatrix}$. Aus diesem Grunde stehen auf der Hauptdiagonalen genau die beiden Eigenwerte von A. Zusammenfassend läßt sich formulieren: Ist B_* eine Basis aus Eigenvektoren, so besitzt die Matrix $A^* = S^{-1}AS$ Diagonalgestalt. Sie beschreibt dieselbe Abbildung wie A, nur bezüglich der Basis B_*. Die Matrix S ist dabei die Transformationsmatrix, sie hat als Spalten die Vektoren der Basis B_*.

> Die Frage, ob es eine solche Matrix A^* in Diagonalgestalt gibt, ist damit äquivalent zur Existenz einer Basis B_* aus Eigenvektoren. Als hinreichende Bedingung wurde bereits die Existenz von zwei verschiedenen Eigenwerten von A erkannt (Aufg. V.1). Die Bestimmung der Matrix A^* nennt man Transformation auf Diagonalgestalt, die Matrix A heißt dann diagonalisierbar.

Die Rechnung zeigt unmittelbar für dieses Beispiel: spur $A^* = 0 =$ spur A und det $A^* = -4 = $ det A. Damit gilt also auch char $A^* = $ char A. Die Matrizen A und A^* besitzen deshalb auch dieselben Eigenwerte.

> Man kann zeigen, daß dies in jedem Falle gilt, also auch wenn A^* nicht Diagonalgestalt hat. Der Hintergrund ist dabei, daß die Eigenschaften der Abbildung A nicht von der Wahl der zugrunde liegenden Basis abhängt.

Aufgabe V.5 (Lösung im Anhang 1)
(Bearbeitungszeit: ca. 60 min.)

Gegeben sei die Matrix $\begin{pmatrix} -1/3 & -2/3 \\ -2 & 1 \end{pmatrix}$.

a) Berechnen Sie die Eigenwerte von A. Läßt sich die Matrix A diagonalisieren?

b) Bestimmen Sie die zugehörigen Eigenräume.

c) Geben Sie eine Basis B_* aus Eigenvektoren von A an.

d) Bestimmen Sie die zur Basis B_* gehörige Abbildungsmatrix $A^* = S^{-1}AS$.

e) Berechnen Sie spur A^*, det A^* und $(A^*)^{-1}$. Welche Rolle spielen dabei die Eigenwerte von A?

Aufgabe V.6 (Lösung im Anhang 1)
(Bearbeitungszeit: ca. 45 min.)

Betrachten Sie die Matrix $A = \begin{pmatrix} 1 & -1 \\ 2 & -2 \end{pmatrix}$.

a) Berechnen Sie die Eigenwerte von A.

b) Was läßt sich aufgrund von a) über die Injektivität und die Surjektivität der zugehörigen linearen Abbildung aussagen?

c) Bestimmen Sie die Eigenräume von A.

d) Läßt sich die Matrix A diagonalisieren?

e) Geben Sie gegebenenfalls eine Basis B_* aus Eigenvektoren von A an und berechnen Sie A^*.

Aufgabe V.7 (mit ausführlicher Bearbeitung)
(Bearbeitungszeit: ca. 60 min.)

Betrachten Sie die *Matrizen* der Form $A_t = \begin{pmatrix} 1 & t \\ 2 & 5 \end{pmatrix}$; $t \in \mathbb{R}$.

a) Berechnen Sie die *Eigenwerte* von A_t in Abhängigkeit von t. Wann gibt es zwei verschiedene Eigenwerte, genau einen oder keinen Eigenwert?

b) Bestimmen Sie für die beiden Eigenwerte r_1 und r_2 ($r_1 \geq r_2$) allgemein $r_1 + r_2$ und $r_1 - r_2$. Begründen Sie, daß nur einer der beiden Werte von t abhängig ist.

c) Es sei $r_1 - r_2 = 4$. Bestimmen Sie den Wert $t \in \mathbb{R}$ und die beiden Eigenwerte.

d) Geben Sie für den Wert t aus c) die beiden *Eigenräume*, eine *Basis* B_* aus Eigenvektoren und die Matrix A^* an.

e) Für welchen Wert $t \in \mathbb{R}$ hat A_t den Eigenwert 0? Wie lautet dann der andere Eigenwert?

Bearbeitung von Aufgabe V.7:

a) Da die Matrix A_t einen Parameter $t \in \mathbb{R}$ enthält, der zwar beliebig wählbar, aber dann für die gesamte Aufgabe fest ist, kommt im charakteristischen Polynom char A_t neben der Variablen r auch noch t vor. Deshalb ist die Existenz und die Berechnung der Eigenwerte abhängig von t. Zunächst ist das *charakteristische Polynom* aufzustellen und dessen Nullstellen in Abhängigkeit von t zu untersuchen.

Es ist spur $A_t = 6$ und det $A_t = 5 - 2t$. Das charakteristische Polynom lautet somit char $A_t = r^2 - 6r + (5 - 2t)$.

Lösen Sie die charakteristische Gleichung allgemein. Aus der Darstellung der Lösungen ist eine Entscheidung über Existenz und Größe der Eigenwerte von A_t abzulesen.

Die Gleichung $r^2 - 6r + (5 - 2t) = 0$ hat die Lösungen $r_{1/2} = 3 \pm \sqrt{9 - (5 - 2t)} = 3 \pm \sqrt{4 + 2t}$. Die Eigenwerte sind somit $r_1 = 3 + \sqrt{4 + 2t}$ und $r_2 = 3 - \sqrt{4 + 2t}$.

Dabei ist allerdings zu beachten, daß unter der Wurzel (=Diskriminante der quadratischen Gleichung) keine negative Zahl stehen darf. Da dieser Term von t abhängig ist, muß eine Fallunterscheidung durchgeführt werden.

Die Fallunterscheidung zeigt:

1) Falls $4 + 2t > 0 \Leftrightarrow t > -2$, so gibt es zwei verschiedene Eigenwerte r_1 und r_2 von der oben berechneten Form.

2) Gilt $4 + 2t = 0 \Leftrightarrow t = -2$, so fallen die beiden Eigenwerte zusammen. Es gibt nur noch einen Eigenwert. Dieser berechnet sich dann zu $r_1 = r_2 = 3$.

3) Schließlich gibt es für $4 + 2t < 0 \Leftrightarrow t < -2$ keine reellen Eigenwerte.

b) Falls es zwei (eventuell gleiche) Eigenwerte gibt, lassen sich mit Hilfe der berechneten Darstellungen Summe und Differenz in Abhängigkeit von t angeben.

Wegen $r_1 = 3 + \sqrt{4 + 2t}$ und $r_2 = 3 - \sqrt{4 + 2t}$ folgt unmittelbar $r_1 + r_2 = 6$ und $r_1 - r_2 = 2\sqrt{4 + 2t}$.

Dabei fällt auf, daß die Summe der Eigenwerte von t unabhängig ist. Hätte man dies bereits der Matrix A_t ansehen können?

Weil spur $A_t = 6$ von t unabhängig ist und dies gerade die Summe der beiden Eigenwerte darstellt, bedeutet dies, daß für alle $t \in \mathbb{R}$ die Summe der Eigenwerte von A_t den Wert 6 besitzt.

> Damit haben Sie in diesem Falle eine leichte Möglichkeit, den zweiten Eigenwert zu berechnen, wenn einer der beiden bekannt ist.

c) Mit der allgemeinen Darstellung von $r_1 - r_2$ aus b) haben Sie die Mögichkeit, den Parameter t zu berechnen, damit die Differenz den Wert 4 annimmt. Damit läßt sich dann der zweite Eigenwert berechnen.

Die Gleichung $r_1 - r_2 = 2\sqrt{4 + 2t} = 4 \Leftrightarrow \sqrt{4 + 2t} = 2 \Leftrightarrow 4 + 2t = 4 \Leftrightarrow t = 0$ zeigt, daß die Bedingung erfüllt ist für $t = 0$. die Eigenwerte ergeben sich dann zu $r_1 = 3 + 2 = 5$ und $r_2 = 3 - 2 = 1$.

d) Die Bestimmung der Eigenräume sowie der Basis B_* kann nun für den Parameter $t = 0$ nach der herkömmlichen Methode durchgeführt werden.

Für $t = 0$ hat die Matrix die Form $A_0 = \begin{pmatrix} 1 & 0 \\ 2 & 5 \end{pmatrix}$. Der Eigenwert $r_1 = 5$ führt auf $A_0 - 5E = \begin{pmatrix} 1-5 & 0 \\ 2 & 5-5 \end{pmatrix} = \begin{pmatrix} -4 & 0 \\ 2 & 0 \end{pmatrix}$ und die Gleichung $2x_1 = 0 \Leftrightarrow x_1 = 0$.

> Es fällt auf, daß diese Gleichung gar nicht von x_2 abhängt. Deshalb ist $x_2 \neq 0$ beliebig wählbar.

Ein Eigenvektor ist zum Beispiel $\begin{pmatrix} 0 \\ 1 \end{pmatrix}$, als Eigenraum erhält man dann $E_5 = \left\langle \begin{pmatrix} 0 \\ 1 \end{pmatrix} \right\rangle$. Der Eigenwert $r_2 = 1$ liefert $A_0 - 1E = \begin{pmatrix} 1-1 & 0 \\ 2 & 5-1 \end{pmatrix} = \begin{pmatrix} 0 & 0 \\ 2 & 4 \end{pmatrix}$ und die Gleichung $2x_1 + 4x_2 = 0 \Leftrightarrow x_2 = -\frac{1}{2}x_1$. Das zeigt: $E_1 = \left\langle \begin{pmatrix} 2 \\ -1 \end{pmatrix} \right\rangle$.

Eine Basis aus Eigenvektoren ist also gegeben durch $B_* = \left\{ \begin{pmatrix} 0 \\ 1 \end{pmatrix}, \begin{pmatrix} 2 \\ -1 \end{pmatrix} \right\}$.

> Mit Hilfe der zugehörigen *Transformationsmatrix* S läßt sich A_0 auf eine Diagonalmatrix A_0^* transformieren.

Die Transformationsmatrix hat die Gestalt $S = \begin{pmatrix} 0 & 2 \\ 1 & -1 \end{pmatrix}$. Wegen $\det S = -2$ ist $S^{-1} = -\frac{1}{2} \begin{pmatrix} -1 & -2 \\ -1 & 0 \end{pmatrix}$. Die gesuchte Diagonalmatrix $A_0^* = S^{-1}AS$ hat dann die Form

$$A_0^* = -\frac{1}{2} \begin{pmatrix} -1 & -2 \\ -1 & 0 \end{pmatrix} \begin{pmatrix} 1 & 0 \\ 2 & 5 \end{pmatrix} \begin{pmatrix} 0 & 2 \\ 1 & -1 \end{pmatrix} = -\frac{1}{2} \begin{pmatrix} -1 & -2 \\ -1 & 0 \end{pmatrix} \begin{pmatrix} 0 & 2 \\ 5 & -1 \end{pmatrix}$$

$$= -\frac{1}{2}\begin{pmatrix} -10 & 0 \\ 0 & -2 \end{pmatrix} = \begin{pmatrix} 5 & 0 \\ 0 & 1 \end{pmatrix},$$

wobei auf der Hauptdiagonalen gerade die Eigenwerte von A_0 stehen.

e) Zur Lösung dieser Aufgabe können Sie zwei verschiedene Wege beschreiben. Einmal läßt sich die allgemeine Form der Eigenwerte aus a) verwenden, zum anderen kann man ausnutzen, daß A_t genau den Eigenwert 0 besitzt, wenn $\det A_t = 0$.

1. Weg: Von den beiden Eigenwerten kann nur $r_2 = 3 - \sqrt{4+2t}$ den Wert 0 annehmen, denn der Wurzelterm ist stets positiv, also auch r_1. Das führt auf die Gleichung $3 - \sqrt{4+2t} = 0 \Leftrightarrow \sqrt{4+2t} = 3 \Leftrightarrow 4+2t = 9 \Leftrightarrow 2t = 5 \Leftrightarrow t = \frac{5}{2}$. Diese Lösung ist wegen der obigen Überlegung eindeutig. Nur für $t = \frac{5}{2}$ besitzt A_t den Eigenwert 0.

2. Weg: Eleganter ist die Überlegung, daß A_t genau dann den Eigenwert 0 besitzt, wenn A_t nicht regulär ist, die zugehörige lineare Abbildung also nicht *injektiv* ist. Das bedeutet:

$$\det A_t = 5 - 2t = 0 \Leftrightarrow t = \frac{5}{2}$$

In beiden Fällen ergibt sich derselbe Wert. Für den zweiten Eigenwert bedeutet dies dann

$$r_1 = 3 + \sqrt{4 + 2 \cdot \frac{5}{2}} = 3 + 3 = 6.$$

Dies folgt noch einfacher aus der Tatsache, daß die Summe der beiden Eigenwerte den Wert 6 ergeben muß nach b).

Aufgabe V.8 (Lösung im Anhang 1)
(Bearbeitungszeit: ca. 60 min.)
Gegeben sei die Matrizenschar $A_t = \begin{pmatrix} t+1 & 3 \\ 1 & t-1 \end{pmatrix}$; $t \in \mathbb{R}$.

a) Zeigen Sie, daß A_t für alle $t \in \mathbb{R}$ zwei verschiedene Eigenwerte r_1 und r_2 besitzt.

b) Berechnen Sie allgemein $r_1 + r_2$ und $r_1 - r_2$ ($r_1 \geq r_2$).

c) Es sei $r_1 + r_2 = 3$. Bestimmen Sie den Wert $t \in \mathbb{R}$ und die beiden Eigenwerte.

d) Ein Eigenwert von A_t sei -1. Wie lautet dann der andere Eigenwert? (Zwei Lösungen!)

e) Bestimmen Sie für die beiden Fälle in d) jeweils die Eigenräume und vergleichen Sie diese.

Aufgabe V.9 (Lösung im Anhang 1)
(Bearbeitungszeit: ca. 60 min.)
Betrachten Sie die Matrizen der Form $A_t = \begin{pmatrix} t+1 & -1 \\ t-1 & 1 \end{pmatrix}$; $t \in \mathbb{R}$.

a) Zeigen Sie, daß es für alle $t \in \mathbb{R}$ Eigenwerte von A_t gibt. Berechnen Sie diese in Abhängigkeit von t.

b) Für welchen Wert t gibt es nur einen Eigenwert?

c) Läßt sich in diesem Fall eine Basis B_* aus Eigenvektoren angeben?

d) Wie lauten die beiden Eigenwerte, wenn A_t nicht regulär ist?

e) Bestimmen Sie zu $t \in \mathbb{R}$ allgemein (für den Fall zweier verschiedener Eigenwerte) die Eigenräume und die Diagonalmatrix A_t^*.

Anhang 1:
Lösungen der zusätzlichen Aufgaben

In diesem Anhang 1 finden Sie die Lösungen zu den Aufgaben, die im Hauptteil nicht bearbeitet wurden. Sie sind nicht so ausführlich bearbeitet wie die jeweiligen Aufgaben 1, 4 und 7, aber mit Erläuterungen zu den Rechnungen und Lösungsansätzen sprachlich abgerundet, auch als Orientierung für die eigenen Ausarbeitungen und die Gestaltung von Klausuren, die ja auch nicht nur aus einer Reihe von unzusammenhängenden Rechnungen bestehen dürfen.

In diesem Teil des Buches sind die erläuterten Begriffe nicht kursiv geschrieben. Schauen Sie trotzdem in Anhang 2 nach, wenn Sie etwas nicht genau wissen oder vergessen haben.

Aufgabe I.2

a) Die Vektoren lassen sich jeweils als Differenzvektoren darstellen: $\overrightarrow{OA} + \overrightarrow{AC} = \overrightarrow{OC}$, also $\overrightarrow{AC} = \overrightarrow{OC} - \overrightarrow{OA} = \vec{c} - \vec{a}$. Ebenso: $\overrightarrow{BC} = \overrightarrow{OC} - \overrightarrow{OB} = \vec{c} - \vec{b}$ und $\overrightarrow{DC} = \overrightarrow{OC} - \overrightarrow{OD}$. Da $\overrightarrow{OD} = \vec{a} + \vec{b}$ folgt $\overrightarrow{DC} = \vec{c} - \vec{a} - \vec{b}$.

b) Durch Ablesen der Figur I.2 ergibt sich:

$$\overrightarrow{CM} = \overrightarrow{CO} + \overrightarrow{OM} = -\vec{c} + \frac{1}{2}(\vec{a} + \vec{b}) = \frac{1}{2}\vec{a} + \frac{1}{2}\vec{b} - \vec{c}$$

$$\overrightarrow{OF} = \overrightarrow{OC} + \frac{1}{2}\overrightarrow{CM} = \vec{c} + \frac{1}{2}(-\vec{c} + \frac{1}{2}(\vec{a} + \vec{b})) = \vec{c} - \frac{1}{2}\vec{c} + \frac{1}{4}(\vec{a} + \vec{b})$$
$$= \frac{1}{2}\vec{c} + \frac{1}{4}(\vec{a} + \vec{b}) = \frac{1}{4}\vec{a} + \frac{1}{4}\vec{b} + \frac{1}{2}\vec{c}$$

Diese Beziehung läßt sich auch durch $\overrightarrow{OF} = \overrightarrow{OM} + \frac{1}{2}\overrightarrow{MC}$ zeigen und sei zur Übung empfohlen.

$$\overrightarrow{GH} = \overrightarrow{GA} + \overrightarrow{AD} + \overrightarrow{DH} = \frac{1}{2}\vec{a} + \vec{b} + \frac{1}{2}(\vec{c} - \vec{a} - \vec{b}) = \frac{1}{2}\vec{a} + \vec{b} + \frac{1}{2}\vec{c} - \frac{1}{2}\vec{a} - \frac{1}{2}\vec{b} = \frac{1}{2}\vec{b} + \frac{1}{2}\vec{c}$$

c) Die Umformungen ergeben

$$2(\vec{x}+\vec{b}-\frac{1}{2}\vec{c}) = 2\vec{b}-(\vec{a}-\vec{x}) \iff 2\vec{x}+2\vec{b}-\vec{c} = 2\vec{b}-\vec{a}+\vec{x} \iff \vec{x} = \vec{c}-\vec{a}$$

Da dies genau $\overrightarrow{AC}$ ist, bedeutet das: C ist der gesuchte Punkte. Trägt man $\vec{x}$ in A an, so liegt die Spitze im Punkt C.

d_1) Nachweis mit den Vektoren $\vec{a}$, $\vec{b}$ und $\vec{c}$: $\overrightarrow{OC} = \vec{c}$; $\overrightarrow{AC} = \vec{c}-\vec{a}$; $\overrightarrow{BC} = \vec{c}-\vec{b}$; $\overrightarrow{DC} = \vec{c}-\vec{a}-\vec{b}$; $\overrightarrow{MC} = \vec{c}-\frac{1}{2}(\vec{a}+\vec{b})$, also $\vec{c}+(\vec{c}-\vec{a})+(\vec{c}-\vec{b})+(\vec{c}-\vec{a}-\vec{b}) = 4\vec{c}-2\vec{a}-2\vec{b} = 4\vec{c}-2(\vec{a}+\vec{b}) = 4(\vec{c}-\frac{1}{2}(\vec{a}+\vec{b})) = 4\overrightarrow{MC}$

d_2) Dies kann man auch direkt zeigen: $\overrightarrow{OC} = \overrightarrow{OM} + \overrightarrow{MC}$; $\overrightarrow{AC} = \overrightarrow{AM} + \overrightarrow{MC}$; $\overrightarrow{BC} = \overrightarrow{BM} + \overrightarrow{MC}$ und $\overrightarrow{DC} = \overrightarrow{DM} + \overrightarrow{MC}$. Wegen $\overrightarrow{OM} = -\overrightarrow{DM}$ und $\overrightarrow{AM} = -\overrightarrow{BM}$ ergibt sich als Sume aller vier Vektoren genau $4\overrightarrow{MC}$.

Aufgabe I.3

a) Da von jeder der 8 Ecken genau 7 Pfeile ausgehen, gibt es $8 \cdot 7 = 56$ Pfeile, die von einer Ecke zu einer anderen Ecke verlaufen.

b) Dabei werden folgende Vektoren definiert: $\vec{a}$, $\vec{b}$, $\vec{c}$ mit Gegenvektoren je 4mal (Kanten),
$\vec{a}+\vec{b}$, $\vec{b}+\vec{c}$, $\vec{a}+\vec{c}$ mit Gegenvektoren je 2mal (Hauptdiagonalen),
$\vec{a}-\vec{b}$, $\vec{b}-\vec{c}$, $\vec{a}-\vec{c}$ mit Gegenvektoren je 2mal (Nebendiagonalen).
Dazu kommen je einmal die 4 Raumdiagonalen $\vec{a}+\vec{b}+\vec{c}$, $\vec{a}+\vec{b}-\vec{c}$, $\vec{b}+\vec{c}-\vec{a}$ und $\vec{a}+\vec{c}-\vec{b}$ mit Gegenvektoren, insgesamt also $6+6+6+8 = 24$ Vektoren.

c) 1) $\vec{b}+\vec{c} = \overrightarrow{OG}$ und $\frac{1}{2}\vec{a} = \overrightarrow{OM}_{OA}$, wobei M_{OA} der Mittelpunkt von OA darstellt. Zusammen: $\vec{b}+\vec{c}-\frac{1}{2}\vec{a} = \overrightarrow{M_{OA}G}$, der Vektor zeigt von der Mitte der Kante OA zum Punkt G.

2) $\frac{1}{2}(\vec{a}+\vec{b}+\vec{c}) = \frac{1}{2}\overrightarrow{OF}$, der Vektor zeigt von O zur Mitte der Raumdiagonalen $\overrightarrow{OF}$.

3) $\vec{c}-\frac{1}{2}(\vec{a}+\vec{b}) = \overrightarrow{OC} - \frac{1}{2}\overrightarrow{OD} = \overrightarrow{M_{OD}C}$, dieser Vektor zeigt von der Mitte M_{OD} zum Punkt C.

d) Wegen $\overrightarrow{PQ} = \overrightarrow{OQ} - \overrightarrow{OP}$ und $\overrightarrow{OP} = \frac{1}{2}\vec{b}+\frac{1}{2}\vec{c}$ sowie $\overrightarrow{OQ} = \vec{b}+\frac{1}{2}\vec{a}+\frac{1}{2}\vec{c}$ folgt insgesamt $\overrightarrow{PQ} = (\vec{b}+\frac{1}{2}\vec{a}+\frac{1}{2}\vec{c})-(\frac{1}{2}\vec{b}+\frac{1}{2}\vec{c}) = \frac{1}{2}\vec{b}+\frac{1}{2}\vec{a} = \frac{1}{2}(\vec{a}+\vec{b})$, also $\overrightarrow{PQ} = \frac{1}{2}\overrightarrow{OD}$.

Aufgabe I.5

a) $\vec{AB} = \vec{b} - \vec{a} = \begin{pmatrix} 4 \\ 0 \\ 1 \end{pmatrix} - \begin{pmatrix} 2 \\ -1 \\ 3 \end{pmatrix} = \begin{pmatrix} 2 \\ 1 \\ -2 \end{pmatrix}$ und $\vec{AC} = \vec{c} - \vec{a} = \begin{pmatrix} 2 \\ -3 \\ 8 \end{pmatrix} - \begin{pmatrix} 2 \\ -1 \\ 3 \end{pmatrix} = \begin{pmatrix} 0 \\ -2 \\ 5 \end{pmatrix}$. Damit ergibt sich $\vec{AB} + \vec{AC} = \begin{pmatrix} 2 \\ 1 \\ -2 \end{pmatrix} + \begin{pmatrix} 0 \\ -2 \\ 5 \end{pmatrix} = \begin{pmatrix} 2 \\ -1 \\ 3 \end{pmatrix}$.

b) Wegen $\vec{OP} + \vec{PA} = \vec{OA} = \vec{a}$ folgt $\vec{OP} = \vec{a} - \vec{PA} = \begin{pmatrix} 2 \\ -1 \\ 3 \end{pmatrix} - \begin{pmatrix} 1 \\ 2 \\ 3 \end{pmatrix} = \begin{pmatrix} 1 \\ -3 \\ 0 \end{pmatrix}$.

Der Punkt P hat die Koordinaten $P(1|-3|0)$.

c) Es ist

$$2\vec{a} - \vec{b} + 3\vec{c} = 2\begin{pmatrix} 2 \\ -1 \\ 3 \end{pmatrix} - \begin{pmatrix} 4 \\ 0 \\ 1 \end{pmatrix} + 3\begin{pmatrix} 2 \\ -3 \\ 8 \end{pmatrix}$$

$$= \begin{pmatrix} 4 \\ -2 \\ 6 \end{pmatrix} - \begin{pmatrix} 4 \\ 0 \\ 1 \end{pmatrix} + \begin{pmatrix} 6 \\ -9 \\ 24 \end{pmatrix} = \begin{pmatrix} 6 \\ -11 \\ 29 \end{pmatrix},$$

somit erhält man mit $\vec{d} = \begin{pmatrix} -6 \\ 11 \\ -29 \end{pmatrix}$ eine geschlossene Vektorkette.

d_1) Die Vektorgleichung führt auf

$$\vec{b} - \vec{x} + 2\vec{a} + 2\vec{c} = \frac{2}{3}\vec{a} - \frac{2}{3}\vec{x} + 2\vec{b} + 2\vec{c}$$
$$\iff \frac{2}{3}\vec{x} - \vec{x} = 2\vec{b} - \vec{b} + \frac{2}{3}\vec{a} - 2\vec{a}$$
$$\iff -\frac{1}{3}\vec{x} = \vec{b} - \frac{4}{3}\vec{a}$$
$$\iff \vec{x} = -3\vec{b} + 4\vec{a}$$

d_2) Für die angegebenen Vektoren bedeutet das

$$\vec{x} = 4\vec{a} - 3\vec{b} = 4\begin{pmatrix} 2 \\ -1 \\ 3 \end{pmatrix} - 3\begin{pmatrix} 4 \\ 0 \\ 1 \end{pmatrix} = \begin{pmatrix} 8 \\ -4 \\ 12 \end{pmatrix} - \begin{pmatrix} 12 \\ 0 \\ 3 \end{pmatrix} = \begin{pmatrix} -4 \\ -4 \\ 9 \end{pmatrix}.$$

e) Der Ansatz $r\vec{a} + s\vec{b} + t\vec{c} = \vec{0}$ führt auf die Vektorgleichung

$$r\begin{pmatrix} 2 \\ -1 \\ 3 \end{pmatrix} + s\begin{pmatrix} 4 \\ 0 \\ 1 \end{pmatrix} + t\begin{pmatrix} 2 \\ -3 \\ 8 \end{pmatrix} = \begin{pmatrix} 0 \\ 0 \\ 0 \end{pmatrix}$$

$$\iff \begin{cases} 2r + 4s + 2t = 0 \\ -r - 3t = 0 \\ 3r + s + 8t = 0 \end{cases} \text{vertauschen}$$

$$\iff \begin{cases} -r - 3t = 0 \quad |\cdot 2\,|\cdot 3 \\ 2r + 4s + 2t = 0 + \\ 3r + s + 8t = 0 + \end{cases}$$

$$\iff \begin{cases} -r - 3t = 0 \\ 4s - 4t = 0 \\ s - t = 0 \end{cases}$$
Hierbei wurden die durchgeführten Umformungen am Rand notiert.

Die beiden letzten Gleichungen sind äquivalent. Deshalb führt das Gleichungssystem auf

$$\iff \begin{cases} -r - 3t = 0 \\ s - t = 0 \end{cases}$$

Daraus folgt zu beliebigen $t \in \mathbb{R}$: $s = t$ und $r = -3t$. Zum Beispiel liefert $t = 1$, $s = 1$ und $r = -3$ die spezielle Kombination $-3\vec{a} + \vec{b} + \vec{c} = \vec{0}$.

Die Darstellung ist nicht eindeutig, das zugehörige Gleichungssystem hat die Lösungsmenge $L = \{(r|s|t) \in \mathbb{R}^3 \mid r = -3t \land s = t \land t \in \mathbb{R}^3\}$. Dies hängt unmittelbar mit der Frage der linearen Abhängigkeit von Vektoren zusammen (vgl. Kap. II).

Aufgabe I.6

a) Die 4 Raumdiagonalen werden dargestellt durch

1) $\overrightarrow{OF} = \vec{a} + \vec{b} + \vec{c} = \begin{pmatrix} 6 \\ 2 \\ 0 \end{pmatrix} + \begin{pmatrix} -2 \\ 4 \\ 2 \end{pmatrix} + \begin{pmatrix} 2 \\ 4 \\ 8 \end{pmatrix} = \begin{pmatrix} 6 \\ 10 \\ 10 \end{pmatrix}$

2) $\overrightarrow{AG} = \vec{b} + \vec{c} - \vec{a} = \begin{pmatrix} -2 \\ 4 \\ 2 \end{pmatrix} + \begin{pmatrix} 2 \\ 4 \\ 8 \end{pmatrix} - \begin{pmatrix} 6 \\ 2 \\ 0 \end{pmatrix} = \begin{pmatrix} -6 \\ 6 \\ 10 \end{pmatrix}$

3) $\overrightarrow{DC} = \vec{c} - \vec{a} - \vec{b} = \begin{pmatrix} 2 \\ 4 \\ 8 \end{pmatrix} - \begin{pmatrix} 6 \\ 2 \\ 0 \end{pmatrix} - \begin{pmatrix} -2 \\ 4 \\ 2 \end{pmatrix} = \begin{pmatrix} -2 \\ -2 \\ 6 \end{pmatrix}$

4) $\overrightarrow{BE} = \vec{a} + \vec{c} - \vec{b} = \begin{pmatrix} 6 \\ 2 \\ 0 \end{pmatrix} + \begin{pmatrix} 2 \\ 4 \\ 8 \end{pmatrix} - \begin{pmatrix} -2 \\ 4 \\ 2 \end{pmatrix} = \begin{pmatrix} 10 \\ 2 \\ 6 \end{pmatrix}$

b) Da der Mittelpunkt S auch die Strecke OF halbiert, ergibt sich

$$\overrightarrow{OS} = \frac{1}{2}(\vec{a}+\vec{b}+\vec{c}) = \frac{1}{2}\begin{pmatrix} 6 \\ 10 \\ 10 \end{pmatrix} = \begin{pmatrix} 3 \\ 5 \\ 5 \end{pmatrix}.$$

c) Die Koordinaten eines Mittelpunktes M wird durch den Ortsvektor $\overrightarrow{OM}$ beschrieben.

Sei M_1 der Mittelpunkt der Vorderfläche $OAEC$:

$$\overrightarrow{OM_1} = \frac{1}{2}(\vec{a}+\vec{c}) = \frac{1}{2}\begin{pmatrix} 8 \\ 6 \\ 8 \end{pmatrix} = \begin{pmatrix} 4 \\ 3 \\ 4 \end{pmatrix}$$

Für die Rückseite ergibt sich dann

$$\overrightarrow{OM_2} = \vec{b}+\overrightarrow{OM_1} = \begin{pmatrix} -2 \\ 4 \\ 2 \end{pmatrix} + \begin{pmatrix} 4 \\ 3 \\ 4 \end{pmatrix} = \begin{pmatrix} 2 \\ 7 \\ 6 \end{pmatrix}.$$

Sei M_3 der Mittelpunkt der linken Seitenfläche $OBGC$:

$$\overrightarrow{OM_3} = \frac{1}{2}(\vec{b}+\vec{c}) = \frac{1}{2}\begin{pmatrix} 0 \\ 8 \\ 10 \end{pmatrix} = \begin{pmatrix} 0 \\ 4 \\ 5 \end{pmatrix}$$

Für die rechte Seite bedeutet das

$$\overrightarrow{OM_4} = \vec{a}+\overrightarrow{OM_3} = \begin{pmatrix} 6 \\ 2 \\ 0 \end{pmatrix} + \begin{pmatrix} 0 \\ 4 \\ 5 \end{pmatrix} = \begin{pmatrix} 6 \\ 6 \\ 5 \end{pmatrix}$$

Sei M_5 der Mittelpunkt der Grundseite $OADB$:

$$\overrightarrow{OM_5} = \frac{1}{2}(\vec{a}+\vec{b}) = \frac{1}{2}\begin{pmatrix} 4 \\ 6 \\ 2 \end{pmatrix} = \begin{pmatrix} 2 \\ 3 \\ 1 \end{pmatrix}$$

Also für die Oberseite

$$\overrightarrow{OM_6} = \vec{c}+\overrightarrow{OM_5} = \begin{pmatrix} 2 \\ 4 \\ 8 \end{pmatrix} + \begin{pmatrix} 2 \\ 3 \\ 1 \end{pmatrix} = \begin{pmatrix} 4 \\ 7 \\ 9 \end{pmatrix}.$$

d) Es ist $\overrightarrow{GS} = \overrightarrow{OS} - \overrightarrow{OG} = \frac{1}{2}(\vec{a}+\vec{b}+\vec{c}) - (\vec{b}+\vec{c}) = \begin{pmatrix} 3 \\ 5 \\ 5 \end{pmatrix} - \begin{pmatrix} 0 \\ 8 \\ 10 \end{pmatrix} = \begin{pmatrix} 3 \\ -3 \\ -5 \end{pmatrix}$.

Dieser Vektor stimmt mit $-\frac{1}{2}\overrightarrow{AG}$ überein.

e) Zu lösen ist das Gleichungssystem

$$r\vec{a} + s\vec{b} = \overrightarrow{OP}$$

$$\iff r\begin{pmatrix} 6 \\ 2 \\ 0 \end{pmatrix} + s\begin{pmatrix} -2 \\ 4 \\ 2 \end{pmatrix} = \begin{pmatrix} 0 \\ 3,5 \\ 1,5 \end{pmatrix}$$

$$\iff \begin{cases} 6r - 2s = 0 \\ 2r + 4s = 3,5 \\ 2s = 1,5 \end{cases}$$

Das liefert die eindeutige Lösung $s = \frac{3}{4}$ und weiter $r = \frac{1}{4}$ (Probe in den <u>beiden</u> ersten Gleichungen!). Also ergibt sich die Darstellung

$$\overrightarrow{OP} = \frac{1}{4}\vec{a} + \frac{3}{4}\vec{b} = \frac{1}{4}\begin{pmatrix} 6 \\ 2 \\ 0 \end{pmatrix} + \frac{3}{4}\begin{pmatrix} -2 \\ 4 \\ 2 \end{pmatrix} = \begin{pmatrix} 0 \\ 3,5 \\ 1,5 \end{pmatrix}.$$

Der Punkt P liegt innerhalb des von $\vec{a}$ und $\vec{b}$ aufgespannten Parallelogramms.

Aufgabe I.8

a) Die Linearkombinationen ergeben

$2\begin{pmatrix} 1 & 2 \\ -1 & 3 \end{pmatrix} - 3\begin{pmatrix} 3 & 1 \\ 0 & 1 \end{pmatrix} = \begin{pmatrix} 2 & 4 \\ -2 & 6 \end{pmatrix} - \begin{pmatrix} 9 & 3 \\ 0 & 3 \end{pmatrix} = \begin{pmatrix} -7 & 1 \\ -2 & 3 \end{pmatrix}$ und

$-\frac{1}{2}\begin{pmatrix} 1 & 2 \\ -1 & 3 \end{pmatrix} + \frac{3}{2}\begin{pmatrix} 3 & 1 \\ 0 & 1 \end{pmatrix} = \begin{pmatrix} -1/2 & 1 \\ 1/2 & -3/2 \end{pmatrix} + \begin{pmatrix} 9/2 & 3/2 \\ 0 & 3/2 \end{pmatrix} = \begin{pmatrix} 4 & 5/2 \\ 1/2 & 0 \end{pmatrix}.$

b) Der Ansatz $M = \begin{pmatrix} 2 & -1 \\ 1 & 2 \end{pmatrix} = r\begin{pmatrix} 1 & 2 \\ -1 & 3 \end{pmatrix} + s\begin{pmatrix} 3 & 1 \\ 0 & 1 \end{pmatrix} = \begin{pmatrix} r+3s & 2r+s \\ -r & 3r+s \end{pmatrix}$

führt auf das Gleichungssystem

$$\begin{cases} r + 3s = 2 & (1) \\ 2r + s = -1 & (2) \\ -r = 1 & (3) \\ 3r + s = 2 & (4) \end{cases}$$

(3) liefert unmittelbar $r = -1$ und (4) dann $s = 5$. Einsetzen in (1) und (2) liefert dann jedoch $-1 + 15 = 2$ (f) und $-2 + 5 = -1$ (f). Das Gleichungssystem ist somit unlösbar, man kann M nicht mit Hilfe von A und B linear kombinieren.

c) Es müssen drei Bedingungen geprüft werden:

1) Die Nullmatrix $\begin{pmatrix} 0 & 0 \\ 0 & 0 \end{pmatrix} \in C$ mit $a = b = 0$.

2) Mit $\begin{pmatrix} a_1 & -b_1 \\ b_1 & a_1 \end{pmatrix} \in C$ und $\begin{pmatrix} a_2 & -b_2 \\ b_2 & a_2 \end{pmatrix} \in C$ ist auch die Summe

$\begin{pmatrix} a_1 + a_2 & -(b_1 + b_2) \\ b_1 + b_2 & a_1 + a_2 \end{pmatrix} \in C$, d. h. C ist additiv geschlossen.

3) Mit $\begin{pmatrix} a & -b \\ b & a \end{pmatrix} \in C$ und $r \in \mathbb{R}$ folgt auch $r \begin{pmatrix} a & -b \\ b & a \end{pmatrix} = \begin{pmatrix} ra & -rb \\ rb & ra \end{pmatrix} \in C$.

C ist auch bezüglich der S-Multiplikation abgeschlossen. Damit bildet die Menge C einen Unterraum von $M_2(\mathbb{R})$.

d_1) Die Matrizen M, E und I sind unmittelbar als Elemente von C zu bestätigen: M mit $a = 2$ und $b = 1$, E mit $a = 1$ und $b = 0$ sowie I mit $a = 0$ und $b = 1$. Daraus folgt auch die Darstellung

$$M = \begin{pmatrix} 2 & -1 \\ 1 & 2 \end{pmatrix} = 2 \begin{pmatrix} 1 & 0 \\ 0 & 1 \end{pmatrix} + 1 \begin{pmatrix} 0 & -1 \\ 1 & 0 \end{pmatrix} = 2E + 1I$$

d_2) Dies läßt sich verallgemeinern: Offenbar gilt stets

$$M = \begin{pmatrix} a & -b \\ b & a \end{pmatrix} = a \begin{pmatrix} 1 & 0 \\ 0 & 1 \end{pmatrix} + b \begin{pmatrix} 0 & -1 \\ 1 & 0 \end{pmatrix} = aE + bI.$$

Jede Matrix aus C läst sich eindeutig mit Hilfe von E und I linear kombinieren. Die Skalare sind dabei gerade die Elemente a und b der Matrix.

Die Abhängigkeit der Matrizen aus C von den beiden Parametern a und b zeigt überdies, daß C zu $\mathbb{R}^2$ isomorph ist.

e) Die Teilmengen C_1 und C_2 ergeben sich durch die Spezialfälle $a = 0$ bzw. $b = 0$: $C_1 = \left\{ \begin{pmatrix} 0 & -b \\ b & 0 \end{pmatrix} \middle| b \in \mathbb{R} \right\}$ und $C_2 = \left\{ \begin{pmatrix} a & 0 \\ 0 & a \end{pmatrix} \middle| a \in \mathbb{R} \right\}$.

C_1 besteht gerade aus allen Vielfachen bI von I (aus d), C_2 besteht aus allen Vielfachen aE von E. Beide Matrizenmengen sind offensichtlich Unterräume von C, denn die Summe und ein Vielfaches von Matrizen aus C_1 bzw. C_2 ist stets wieder in derselben Menge. Aus eine ausführliche Rechnung soll hier verzichtet werden. Die Nullmatrix gehört ebenso zu beiden Mengen. Die besondere Gestalt der Matrizen macht deutlich, daß sowohl C_1 als auch C_2 zu $\mathbb{R}$ isomorph ist.

Schließlich wird klar, daß $C_1 \cap C_2$ von allen Matrizen mit $a = b = 0$ gebildet wird. Das bedeutet: Das einzige Element ist die Nullmatrix, das neutrale Element der Addition. Dadurch wird ebenfalls ein Unterraum von C definiert, der kleinste aller möglichen Unterräume, denn er ist in jedem anderen enthalten.

Aufgabe I.9

a) Die Tatsache, daß $\vec{a}$ und $\vec{b}$ einen Vektorraum $\langle \vec{a}, \vec{b} \rangle$ aufspannen, ist von der speziellen Gestalt der Vektoren unabhängig, deshalb kann der Beweis auch allgemein geführt werden.

1) Wegen $\vec{0} = 0\vec{a} + 0\vec{b}$ ist der Nullvektor stets eine Linearkombination von $\vec{a}$ und $\vec{b}$.

2) Sind $r_1\vec{a} + s_1\vec{b}$ und $r_2\vec{a} + s_2\vec{b}$ Linearkombinationen von $\vec{a}$ und $\vec{b}$, so auch die Summe $(r_1\vec{a} + s_1\vec{b}) + (r_2\vec{a} + s_2\vec{b}) = (r_1 + r_2)\vec{a} + (s_1 + s_2)\vec{b}$.

3) Ebenso ergibt die Skalarmultiplikation mit $r \in \mathbb{R}$: $r(r_1\vec{a} + s_1\vec{b}) = (rr_1)\vec{a} + (rs_1)\vec{b}$, also wieder eine Linearkombination von $\vec{a}$ und $\vec{b}$.

Der Vektorraum $\langle \vec{a}, \vec{b} \rangle$ ist deshalb zwangsläufig der kleinste Vektorraum, der $\vec{a}$ und $\vec{b}$ enthält.

b_1) Die Vektoren $\vec{c}$ und $\vec{d}$ müssen sich als Linearkombinationen von $\vec{a}$ und $\vec{b}$ darstellen lassen, wenn sie in $\langle \vec{a}, \vec{b} \rangle$ liegen.

$$\vec{c} = r\vec{a} + s\vec{b} \iff \begin{pmatrix} -3 \\ 2 \\ -1 \end{pmatrix} = r \begin{pmatrix} -2 \\ 1 \\ 0 \end{pmatrix} + s \begin{pmatrix} -1 \\ 0 \\ 1 \end{pmatrix}$$

$$\iff \begin{cases} -2r - s = -3 \\ r = 2 \\ s = -1 \end{cases}$$

Dies liefert sofort die Lösung, da auch die erste Gleichung erfüllt ist: $-4 + 1 = -3$ (w), somit $L = \{(2|-1)\}$ und $\vec{c} = 2\vec{a} - \vec{b} \in \langle \vec{a}, \vec{b} \rangle$.

b_2) Der Ansatz $\vec{d} = r\vec{a} + s\vec{b} \iff \begin{pmatrix} 1 \\ -1 \\ 2 \end{pmatrix} = r \begin{pmatrix} -2 \\ 1 \\ 0 \end{pmatrix} + s \begin{pmatrix} -1 \\ 0 \\ 1 \end{pmatrix}$ führt auf das

Gleichungssystem

$$\begin{cases} -2r - s = 1 \\ r = -1 \\ s = 2 \end{cases}$$

Prüfen der ersten Gleichung liefert $-2(-1) - 2 = 0 \neq 1$. Das Gleichungssystem ist somit unlösbar und $\vec{d} \notin \langle \vec{a}, \vec{b} \rangle$.

c) Es soll $\langle \vec{a}, \vec{b} \rangle = \langle \vec{e}, \vec{f} \rangle$ gezeigt werden. Dazu genügt es, $\vec{e}$ und $\vec{f}$ als Linearkombinationen von $\vec{a}$ und $\vec{b}$ darzustellen und umgekehrt.

Wie in b) führt $\vec{e} = r\vec{a} + s\vec{b}$ auf das Gleichungssystem

$$\begin{cases} -2r - s = 2 \\ r = -1 \\ s = 0 \end{cases}$$

Da die erste Gleichung erfüllt ist mit $r = -1$ und $s = 0$, folgt L = $\{(-1|0)\}$ und $\vec{e} = -\vec{a}$. Analog führt $\vec{f} = r\vec{a} + s\vec{b}$ auf

$$\Longleftrightarrow \begin{cases} -2r - s = 5 \\ r = -3 \\ s = 1 \end{cases}$$

Auch hier gilt die erste Gleichung. Damit ist L = $\{(-3|1)\}$ und $\vec{f} = -3\vec{a} + \vec{b}$. Jede Linearkombination von $\vec{e}$ und $\vec{f}$ ist damit auch eine Linearkombination von $\vec{a}$ und $\vec{b}$: $\langle \vec{e}, \vec{f} \rangle \subseteq \langle \vec{a}, \vec{b} \rangle$.

Umgekehrt: Da $\vec{a} = -\vec{e}$ und $\vec{b} = 3\vec{a} + \vec{f} = -3\vec{e} + \vec{f}$ lassen sich auch $\vec{a}$ und $\vec{b}$ als Linearkombinationen von $\vec{e}$ und $\vec{f}$ darstellen, deshalb gilt ebenfalls $\langle \vec{a}, \vec{b} \rangle \subseteq \langle \vec{e}, \vec{f} \rangle$. Insgesamt folgt, daß beide Unterräume gleich sind.

d) Eine explizite Angabe von L zu $x_1 + 2x_2 + x_3 = 0$ ist möglich. Wählt man $x_3 = t \in \mathbb{R}$ und $x_2 = s \in \mathbb{R}$ beliebig (als Parameter), so kann man x_1 daraus errechnen $x_1 = -2x_2 - x_3 = -2s - t$.

Somit ergibt sich L durch
L = $\{(x_1|x_2|x_3) \in \mathbb{R}^3 \mid x_1 = -2s - t \land x_2 = s \in \mathbb{R} \land x_3 = t \in \mathbb{R}\}$.

So liefert zum Beispiel $x_3 = t = 1$, $x_2 = s = 1$, $x_1 = -2 - 1 = -3$ die konkrete Lösung $(-3|1|1)$.

Faßt man die Lösungstripel als Spaltenvektoren von $\mathbb{R}^3$ auf, so ist L die Menge aller Vektoren der Form

$$\begin{pmatrix} x_1 \\ x_2 \\ x_3 \end{pmatrix} = \begin{pmatrix} -2s - t \\ s \\ t \end{pmatrix} \quad \text{oder in anderer Schreibweise}$$

$$\begin{pmatrix} x_1 \\ x_2 \\ x_3 \end{pmatrix} = s \begin{pmatrix} -2 \\ 1 \\ 0 \end{pmatrix} + t \begin{pmatrix} -1 \\ 0 \\ 1 \end{pmatrix}$$

Somit ergibt sich jeder Lösungsvektor als Linearkombination von $\vec{a}$ und $\vec{b}$ des Aufgabenteils a), insgesamt L $= \langle \vec{a}, \vec{b} \rangle$.

e) Die Lösungsmenge L der linearen Gleichung $x_1 + 2x_2 + x_3 = 0$ besteht aus den Zahlentripeln $(x_1|x_2|x_3) \in \mathbb{R}^3$, die auf die gewöhnliche Weise verknüpft werden können. Dabei spielt es keine Rolle, ob die Tripel als Spalten- oder Zeilenvektoren geschrieben werden. Diese Menge L bildet einen Unterraum von $\mathbb{R}^3$:

1) $(0|0|0) \in$ L ist offensichtlich.

2) Mit $(x_1|x_2|x_3) \in$ L und $(y_1|y_2|y_3) \in$ L enthält L auch die Summe $(x_1 + y_1|x_2 + y_2|x_3 + y_3)$, wie die Addition der beiden Gleichungen unmittelbar zeigt.

3) Schließlich ist $r(x_1|x_2|x_3) = (rx_1|rx_2|rx_3)$ ebenfalls eine Lösung, wie die Multiplikation der Gleichung mit $r \in \mathbb{R}$ zeigt.

Damit ist L als Unterraum von $\mathbb{R}^3$ nachgewiesen.

Aufgabe II.2

a) Die Vektorgleichung $r\vec{a} + s\vec{b} + t\vec{c} = \vec{0}$ führt auf das Schema

r	s	t	
2	1	1	0
1	1	2	0
3	0	-3	0
1	1	2	0
2	1	1	0
3	0	-3	0
1	1	2	0
0	-1	-3	0
0	-3	-9	0
1	1	2	0
0	-1	-3	0
0	0	0	0

Das Gleichungssystem ist nicht eindeutig lösbar, da eine vollständige Nullzeile entsteht. Das beweist die lineare Abhängigkeit der Vektoren $\vec{a}$, $\vec{b}$ und $\vec{c}$.

Mit $t \in \mathbb{R}$ (freier Parameter) folgt aus der zweiten Zeile $-s - 3t = 0 \iff s = -3t$ und schließlich aus der ersten Zeile $r = -s - 2t = 3t - 2t = t$.

Also: L = {(r|s|t) ∈ ℝ³ | r = t ∧ s = −3t ∧ t ∈ ℝ}.

Vektoriell geschrieben zeigt dies

$$\begin{pmatrix} r \\ s \\ t \end{pmatrix} = \begin{pmatrix} t \\ -3t \\ t \end{pmatrix} = t \begin{pmatrix} 1 \\ -3 \\ 1 \end{pmatrix}.$$

Für $t = 1$ ergibt sich zum Beispiel die spezielle Lösung (1| − 3|1), das bedeutet $\vec{a} - 3\vec{b} + \vec{c} = \vec{0}$ und somit $\vec{a} = 3\vec{b} - \vec{c}$.

b) Die Gleichung $\vec{d} = r\vec{a} + s\vec{b} + t\vec{c}$ ist zu lösen. Dabei sind die beiden ersten Zeilen schon vertauscht:

r	s	t	
1	1	2	−1 |·(−2) |·(−3)
2	1	1	1 +
3	0	−3	2 +
1	1	2	−1
0	−1	−3	3 |·(−3)
0	−3	−9	5 +
1	1	2	−1
0	−1	−3	3
0	0	0	−4

Dieses Gleichungssystem ist unlösbar, $\vec{d}$ läßt sich nicht durch $\vec{a}$, $\vec{b}$ und $\vec{c}$ linear kombinieren: $\vec{d} \notin \langle \vec{a}, \vec{b}, \vec{c} \rangle$.

c) Da $\vec{d}$ nicht durch $\vec{a}$ und $\vec{b}$ ausgedrückt werden kann, die Vektoren $\vec{a}$, $\vec{b}$ und $\vec{d}$ also nicht komplanar sind, bedeutet dies, daß $\vec{a}$, $\vec{b}$ und $\vec{d}$ linear unabhängig sind. (Dabei ist zu beachten, daß $\vec{a}$ und $\vec{b}$ offensichtlich linear unabhängig sind.)

d) $\vec{e} = \begin{pmatrix} -2 \\ 0 \\ -6 \end{pmatrix}$ soll als Linearkombination von $\vec{a}$, $\vec{b}$ und $\vec{c}$ dargestellt werden. Die Aufgabenstellung behauptet, daß $\vec{e} \in \langle \vec{a}, \vec{b}, \vec{c} \rangle$.

Dies führt auf das Schema

r	s	t	
2	1	1	-2
1	1	2	0
3	0	-3	-6
1	1	2	0
2	1	1	-2
3	0	-3	-6
1	1	2	0
0	-1	-3	-2
0	-3	-9	-6
1	1	2	0
0	-1	-3	-2
0	0	0	0

vertauschen $\;\;\;\;\;$ $|\cdot(-2)\;\;\;|\cdot(-3)$ $\;\;\;\;\;$ $|\cdot(-3)$

Es entsteht bei diesem inhomogenen Gleichungssystem eine vollständige Nullzeile. Deshalb ist es zwar lösbar, aber nicht eindeutig lösbar. Sei $t \in \mathbb{R}$ beliebig, dann folgt aus der zweiten Zeile $-s - 3t = -2 \iff -s = -2 + 3t \iff s = 2 - 3t$ und aus der ersten $r = -s - 2t = -2 + 3t - 2t = -2 + t$.

Damit ergibt sich $L = \{(r|s|t) \in \mathbb{R}^3 | r = -2 + t \wedge s = 2 - 3t \wedge t \in \mathbb{R}\}$. Zum Beispiel liefert $t = 0$ die Lösung $(-2|2|0) : \vec{e} = -2\vec{a} + 2\vec{b}$.

Die vektorielle Schreibweise ergibt hier

$$\begin{pmatrix} r \\ s \\ t \end{pmatrix} = \begin{pmatrix} -2 + t \\ 2 - 3t \\ t \end{pmatrix} = \begin{pmatrix} -2 \\ 2 \\ 0 \end{pmatrix} + t \begin{pmatrix} 1 \\ -3 \\ 1 \end{pmatrix}$$

e) Der Vergleich der beiden Lösungsmengen aus a) und b) zeigt:

$L_a = \left\langle \begin{pmatrix} 1 \\ -3 \\ 1 \end{pmatrix} \right\rangle$ ist ein Unterraum von $\mathbb{R}^3$, bestehend aus allen Vielfachen von

$\begin{pmatrix} 1 \\ -3 \\ 1 \end{pmatrix}$. Die Lösungsmenge $L_d = \begin{pmatrix} -2 \\ 2 \\ 0 \end{pmatrix} + \left\langle \begin{pmatrix} 1 \\ -3 \\ 1 \end{pmatrix} \right\rangle$ entsteht aus L_a durch

Addition des festen Vektors $\begin{pmatrix} -2 \\ 2 \\ 0 \end{pmatrix}$. Beachten Sie, daß $(-2|2|0)$ eine spezielle Lösung des inhomogenen Gleichungssystems aus d) ist. Dieser Zusammenhang wird bei der allgemeinen Behandlung der linearen Gleichungssysteme wieder auftreten (vgl. Aufg. IV.2).

Aufgabe II.3

a_1) Diese Aufgabe ist etwas abstrakter und erfordert genaue Kenntnisse der Begriffe und Schlußweisen.

„⇒": Sind $\vec{a}$ und $\vec{b}$ linear abhängig, so gibt es eine nicht-triviale Nullkombination $r\vec{a} + s\vec{b} = \vec{0}$; $(r|s) \neq (0|0)$. Falls $r \neq 0$, so ist $\vec{a} = -\frac{s}{r}\vec{b}$, falls $s \neq 0$ analog $\vec{b} = -\frac{r}{s}\vec{a}$. (Falls beide Koeffizienten von Null verschieden sind, gelten selbstverständlich beide Gleichungen.) In jedem Fall ist einer der beiden Vektoren ein Vielfaches des anderen.

„⇐": Falls zum Beispiel $\vec{b} = r\vec{a}$, so ist $r\vec{a} - 1\vec{b} = \vec{0}$ eine nicht-triviale Nullkombination. Der andere Fall wird entsprechend behandelt.

a$_2$) Geometrisch bedeutet dies $\vec{a} \| \vec{b}$ (sowohl in $\mathbb{R}^2$ als auch in $\mathbb{R}^3$). Für **zwei** Vektoren ist lineare Abhängigkeit äquivalent zur Parallelität. Man nennt zwei linear abhängige Vektoren deshalb auch „kollinear". (Der Nullvektor ist in dieser Aussage eingeschlossen, weil man ihm jede Richtung zuordnet.)

b$_1$) Da offenbar $\vec{b} = -2\vec{a}$ gilt, ist die lineare Abhängigkeit mit Hilfe von a) unmittelbar klar. Der Nachweis ist also stets durch die Angabe eines entsprechenden Faktors leicht zu erbringen.

b$_2$) Das homogene Gleichungssystem lautet

$$r\vec{a} + s\vec{b} = \vec{0} \iff r\begin{pmatrix} 1 \\ -2 \end{pmatrix} + s\begin{pmatrix} -2 \\ 4 \end{pmatrix} = \begin{pmatrix} 0 \\ 0 \end{pmatrix}, \quad \text{im Schema}$$

r	s		
1	-2	0	$\cdot 2$
-2	4	0	+
1	-2	0	
0	0	0	

Es entsteht eine vollständige Nullzeile (weil $\vec{b} = -2\vec{a}$!). Deshalb liefert der Parameter $s \in \mathbb{R}$ dann $r = 2s$: $L = \{(r|s) \in \mathbb{R}^2 \mid r = 2s \wedge s \in \mathbb{R}\} = \left\langle \begin{pmatrix} 2 \\ 1 \end{pmatrix} \right\rangle$.

Zum Beispiel ist $2\vec{a} + \vec{b} = \vec{0}$ eine nicht-triviale Nullkombination.

c) Es sind drei Gleichungssysteme zu lösen:

1) $r\vec{a} + s\vec{b} = \vec{c}$

r	s		
1	-2	2	$\cdot 2$
-2	4	3	+
1	-2	2	
0	0	7	

Die letzte Gleichung und damit das ganze Gleichungssystem ist unlösbar: $\vec{c}$ läßt sich nicht mit Hilfe von $\vec{a}$ und $\vec{b}$ linear kombinieren, d. h. $\vec{c} \notin \langle \vec{a}, \vec{b} \rangle$.

2) $r\vec{a} + s\vec{c} = \vec{b}$

r	s	
1	2	−2
−2	3	4
1	2	−2
0	7	0

$|\cdot 2$

Hier ergibt sich $s = 0$ und damit $r = -2$. Es ist ja $\vec{b} = -2\vec{a} + 0\vec{c}$. Die Darstellung ist eindeutig, $\vec{a}$ und $\vec{c}$ sind linear unabhängig.

3) $r\vec{b} + s\vec{c} = \vec{a}$

r	s	
−2	2	1
4	3	−2
−2	2	1
0	7	0

$|\cdot 2$

Hier ist ebenfalls $s = 0$ und $-2r = 1 \iff r = -\dfrac{1}{2}$: $\vec{a} = -\dfrac{1}{2}\vec{b} + 0\vec{c}$. Diese Darstellung ist ebenfalls eindeutig, da $\vec{b}$ und $\vec{c}$ linear unabhängig sind.

d) Da $\vec{a}$ und $\vec{c}$ linear unabhängig sind, läßt sich jeder Vektor $\vec{v} \in \mathbb{R}^2$ aus ihnen linear kombinieren (sogar eindeutig). Deshalb ist $\langle \vec{a}, \vec{c} \rangle = \mathbb{R}^2$. Das allgemeine Gleichungssystem zu $\vec{v} = \begin{pmatrix} v_1 \\ v_2 \end{pmatrix}$ lautet dann

r	s	
1	2	v_1
−2	3	v_2
1	2	v_1
0	7	$2v_1 + v_2$

$|\cdot(-2)$

Damit ergibt sich in jedem Fall eine eindeutige Lösung: $s = \dfrac{2v_1 + v_2}{7}$ und
$r = v_1 - 2s = v_1 - \dfrac{2}{7}(2v_1 + v_2) = \dfrac{7v_1 - 4v_1 - 2v_2}{7} = \dfrac{3v_1 - 2v_2}{7}$.

Allgemein: $\begin{pmatrix} r \\ s \end{pmatrix} = \dfrac{1}{7}\begin{pmatrix} 3v_1 - 2v_2 \\ 2v_1 + v_2 \end{pmatrix}$

e) Zur Verallgemeinerung: Sind die Vektoren $\vec{a}$ und $\vec{c}$ linear unabhängig, so läßt sich jeder Vektor $\vec{v} \in \mathbb{R}^2$ eindeutig aus $\vec{a}$ und $\vec{b}$ linear kombinieren.

Aufgabe II.5

a) Die Vektoren $\vec{a}$, $\vec{b}$ und $\vec{c}$ sind linear unabhängig:

r	s	t	
1	4	5	0
2	1	4	0
3	−2	0	0
1	4	5	0
0	−7	−6	0
0	−14	−15	0
1	4	5	0
0	−7	−6	0
0	0	3	0

Damit ist die lineare Unabhängigkeit bewiesen: $\vec{a}$, $\vec{b}$ und $\vec{c}$ bilden eine Basis B von $\mathbb{R}^3$.

b) Die Gleichung $r\vec{a} + s\vec{b} + t\vec{c} = \vec{d}$ führt auf das Schema

r	s	t	
1	4	5	0
2	1	4	7
3	−2	0	14
1	4	5	0
0	−7	−6	7
0	−14	−15	14
1	4	5	0
0	−7	−6	7
0	0	3	0

Hieraus erkennt man: $t = 0$ und damit $s = -1$ und $r = 4$. Dies ergibt die Koordinatendarstellung

$$\begin{pmatrix} 0 \\ 7 \\ 14 \end{pmatrix} = \begin{pmatrix} 4 \\ -1 \\ 0 \end{pmatrix}_B.$$

c) Da $\vec{d} = \begin{pmatrix} 0 \\ 7 \\ 14 \end{pmatrix} = 4\vec{a} - \vec{b}$ gilt, liegt der Vektor $\vec{d}$ in dem von $\vec{a}$ und $\vec{b}$ aufgespannten Unterraum $\langle \vec{a}, \vec{b} \rangle$. Deshalb sind die Vektoren $\vec{a}$, $\vec{b}$ und $\vec{d}$ linear abhängig und bilden keine Basis von $\mathbb{R}^3$. Der Vektorraum $\langle \vec{a}, \vec{b}, \vec{d} \rangle$ hat die Dimension 2.

d) Gesucht sind diejenigen Zahlen $k \in \mathbb{R}$ so daß $\vec{a}$, $\vec{b}$ und $\vec{c}_k = \begin{pmatrix} 5 \\ 4 \\ k \end{pmatrix}$ linear abhängig sind. Die Umformungen in a) liefern nach dem ersten Schritt

r	s	t	
1	4	5	0
0	-7	-6	0 $\;\mid\cdot(-2)$
0	-14	$k-15$	0 $\;+$
1	4	5	0
0	-7	-6	0
0	0	$k-3$	0

Das bedeutet: Genau für $k = 3$ sind die Vektoren $\vec{a}, \vec{b}$ und $\vec{c}_k$ linear abhängig, in diesem Fall bilden sie keine Basis von $\mathbb{R}^3$.

e) Für $k = 3$ folgt $t \in \mathbb{R}$ beliebig (Parameter), weiter $-7s = 6t \iff s = -\dfrac{6}{7}t$ und $r = -4s - 5t = \dfrac{24}{7}t - 5t = -\dfrac{11}{7}t$. Mit $t = 7$ erhält man $s = -6$ und $r = -11$: $-11\vec{a} - 6\vec{b} + 7\vec{c} = \vec{0} \iff \vec{c} = \dfrac{11}{7}\vec{a} + \dfrac{6}{7}\vec{b}$.

Aufgabe II.6

a) Der Ansatz $rA + sB + tC + vD = \begin{pmatrix} 0 & 0 \\ 0 & 0 \end{pmatrix}$ führt auf ein lineares Gleichungssystem aus vier Gleichungen mit vier Variablen:

$$r \begin{pmatrix} 1 & 1 \\ 1 & 1 \end{pmatrix} + s \begin{pmatrix} 0 & -1 \\ 1 & 0 \end{pmatrix} + t \begin{pmatrix} 1 & -1 \\ 0 & 0 \end{pmatrix} + v \begin{pmatrix} 1 & 0 \\ 0 & 0 \end{pmatrix} = \begin{pmatrix} 0 & 0 \\ 0 & 0 \end{pmatrix}$$

$$\iff \begin{cases} r + t + v = 0 \\ r - s - t = 0 \\ r + s = 0 \\ r = 0 \end{cases}$$

Diese Gleichungssystem ist unmittelbar auflösbar: Das zugehörige Schema ist bereits in Dreiecksform. Es folgt $r = s = t = v = 0$.

Die vier Matrizen sind linear unabhängig. Da sich auch jede Matrix eindeutig kombinieren läßt, bilden die Matrizen A, B, C und D eine Basis des Vektorraumes $M_2(\mathbb{R})$. Dieser hat die Dimension 4 und ist isomorph zu $\mathbb{R}^4$.

b) Zum Koordinatenvektor $(1|-2|2|3)$ (als Zeile geschrieben) gehört die Matrix $M = 1A - 2B + 2C + 3D$, also

$$M = \begin{pmatrix} 1 & 1 \\ 1 & 1 \end{pmatrix} - \begin{pmatrix} 0 & -2 \\ 2 & 0 \end{pmatrix} + \begin{pmatrix} 2 & -2 \\ 0 & 0 \end{pmatrix} + \begin{pmatrix} 3 & 0 \\ 0 & 0 \end{pmatrix} = \begin{pmatrix} 6 & 1 \\ -1 & 1 \end{pmatrix}$$

c) Zur Darstellung von $N = \begin{pmatrix} 6 & 2 \\ 1 & 2 \end{pmatrix}$ soll ein (4×4)-Schema benutzt werden: Die Matrizen werden als 4-Tupel aufgefaßt.

r	s	t	v	
1	0	1	1	6
1	−1	−1	0	2
1	1	0	0	1
1	0	0	0	2

Daraus folgt sofort (ohne weitere Umformungen):
$r = 2$; $s = 1-r = -1$; $-t = 2+s-r = 2-1-2 = -1 \Longleftrightarrow t = 1$ und $v = 6 - t - r = 6 - 1 - 2 = 3$.

Die Koordinaten von N bezüglich der Basis B werden durch $(2|-1|1|3)$ beschrieben.

d) Es gibt zwei Möglichkeiten zu zeigen, daß sich S mit Hilfe von A, B und C linear kombinieren läßt:

1) Man kombiniert S wie in c) durch die Basis und zeigt, daß $v = 0$ gilt.

2) Es läßt sich auch zeigen, daß $rA + sB + tC = S$ eindeutig lösbar ist durch ein Zahlentripel $(r|s|t)$. Dies liefert ein „überbestimmtes" Gleichungssystem aus vier Gleichungen mit drei Variablen.

Der Weg 2) soll benutzt werden:

$$r \begin{pmatrix} 1 & 1 \\ 1 & 1 \end{pmatrix} + s \begin{pmatrix} 0 & -1 \\ 1 & 0 \end{pmatrix} + t \begin{pmatrix} 1 & -1 \\ 0 & 0 \end{pmatrix} = \begin{pmatrix} 2 & 1 \\ 0 & 1 \end{pmatrix}$$

$$\Longleftrightarrow \begin{cases} r + t = 2 \\ r - s - t = 1 \\ r + s = 0 \\ r = 1 \end{cases}$$

Aus den drei letzten Gleichungen folgt unmittelbar: $r = 1$, $s = -1$ und $t = 1$.

Die erste Gleichung muß geprüft werden: $r+t = 1+1 = 2$ (w). Also ist $(1|-1|1)$ die eindeutige Lösung und diese liefert

$$A - B + C = S$$

e) Wird die Matrix D durch S ersetzt, so sind die Matrizen A, B, C und S nach d) linear abhängig und spannen einen dreidimensionalen Vektorraum auf. Es ist $\langle A, B, C, S \rangle = \langle A, B, C \rangle$.

Aufgabe II.8

a) Das Gleichungssystem kann auch unmittelbar mit Hilfe der Cramerschen Regel bearbeitet werden. Mit dem Lösungsschmea ergibt sich

x_1	x_2		
2	b	5	$\mid \cdot (-2)$
4	2	c	$+ \longleftarrow$
2	b	5	
0	$2-2b$	$c-10$	

Damit folgt

1) Für $b \ne 1$ ist das Gleichungssystem eindeutig lösbar.

2) Für $b = 1$ und $c = 10$ gibt es unendlich viele Lösungen, da dann eine vollständige Nullzeile entsteht.

3) Für $b = 1$ und $c \ne 10$ ist die Lösungsmenge leer: $L = \emptyset$.

b) Die eindeutige Lösung ist aus dem Schlußschema abzulesen: $x_2 = \dfrac{c-10}{2-2b}$ und $2x_1 = 5 - bx_2 = 5 - b\dfrac{c-10}{2-2b} = \dfrac{5(2-2b) - b(c-10)}{2-2b} = \dfrac{10-bc}{2-b}$, also $x_1 = \dfrac{10-bc}{2(2-2b)}$. Das führt auf die Lösungsmenge $L = \left\{ \left(\dfrac{10-bc}{2(2-2b)} \middle| \dfrac{c-10}{2-2b} \right) \right\}$.

c_1) $b = 0$ und $c = 0$ liefert $x_1 = \dfrac{5}{2}$ und $x_2 = -5$.

c_2) $b = 2$ und $c = 5$ führt auf $x_1 = 0$ und $x_2 = \dfrac{5}{2}$.

d) Für $b = 1$ und $c = 10$ (vgl. a)) ergibt sich das Schema

x_1	x_2	
2	1	5
0	0	0

Mit $x_2 = t \in \mathbb{R}$ als freier Parameter folgt $2x_1 = 5 - x_2 = 5 - t \Longleftrightarrow x_1 = \dfrac{5}{2} - \dfrac{1}{2}t$.

Die Lösungsmenge hat dann die Gestalt

$$L = \left\{ (x_1 | x_2) \in \mathbb{R}^2 \mid x_1 = \dfrac{5}{2} - \dfrac{1}{2}t \wedge x_2 = t \in \mathbb{R} \right\}.$$

Spezielle Lösungen: $t = 0$ liefert $x_1 = \dfrac{5}{2}$ und $x_2 = 0$, mit $t = 1$ ergibt sich $x_1 = 2$ und $x_2 = 1$. Die Paare $(\dfrac{5}{2} | 0)$ und $(2|1)$ sind konkrete Lösungen.

e) Geometrische Interpretation:

Fall 1): Für $b \ne 1$ sind die Spaltenvektoren $\begin{pmatrix} 2 \\ 4 \end{pmatrix}$ und $\begin{pmatrix} b \\ 2 \end{pmatrix}$ linear unabhängig. Die beiden Vektoren spannen einen zweidimensionalen Unterraum von $\mathbb{R}^2$ auf, also ganz $\mathbb{R}^2$. Jeder Vektor $\vec{v} \in \mathbb{R}^2$ läßt sich dann mit Hilfe dieser Basis eindeutig linear kombinieren.

Fall 2): Für $b = 1$ sind die Vektoren $\begin{pmatrix} 2 \\ 4 \end{pmatrix}$ und $\begin{pmatrix} b \\ 2 \end{pmatrix}$ parallel. Es lassen sich nur solche Vektoren darstellen, die ebenfalls dazu parallel sind. Der von den beiden Vektoren aufgespannte Unterraum ist nur eindimensional. Der Vektor $\begin{pmatrix} 5 \\ c \end{pmatrix}$ liegt genau für $c = 10$ in diesem Unterraum und läßt sich auf unendlich viele Weisen linear kombinieren.

Fall 3): Für $b = 1$ und $c \neq 10$ liegt der Vektor $\begin{pmatrix} 5 \\ c \end{pmatrix}$ nicht in diesem eindimensionalen Unterraum, man kann ihn nicht kombinieren.

Aufgabe II.9

a) Die Vektorgleichung $rA + sB + tC + vD = 0$ (Nullmatrix) führt auf das Schema $((4 \times 4)$-Gleichungssystem):

r	s	t	v	
1	1	0	2	0
0	1	a	1	0
1	0	1	1	0
0	1	-1	b	0
1	1	0	2	0
0	1	a	1	0
0	-1	1	-1	0
0	0	$-1-a$	$b-1$	0
1	1	0	2	0
0	1	a	1	0
0	0	$1+a$	0	0
0	0	$-1-a$	$b-1$	0
1	1	0	2	0
0	1	a	1	0
0	0	$1+a$	0	0
0	0	0	$b-1$	0

Daraus erkennt man die Bedeutung der Parameter a und b:

1) Falls $b \neq 1$ **und** $a \neq -1$, so sind die Matrizen linear unabhängig und der aufgespannte Vektorraum $\langle A, B, C, D \rangle$ ist vierdimensional, also $M_2(\mathbb{R})$.

2) Falls $b = 1$ **und** $a \neq 1$ oder $a = -1$ **und** $b \neq 1$, so erhält man genau eine vollständige Nullzeile. Das bedeutet, daß $\langle A, B, C, D \rangle$ dreidimensional ist.

3) Für $b = 1$ **und** $a = -1$ entstehen zwei vollständige Nullzeilen. Der aufgespannte Vektorraum ist dann nur zweidimensional.

b) $a = b = 0$ liefert als Sonderfall zu 1) lineare Unabhängigkeit. Jede Matrix M läßt sich eindeutig aus A, B, C und D linear kombinieren.

Für die Matrix $M = \begin{pmatrix} -1 & -1 \\ 1 & -1 \end{pmatrix}$ liefert das Schema für 4-Tupel:

r	s	t	v	
1	1	0	2	-1 $\mid \cdot (-1)$
0	1	0	1	-1 $\quad\quad\mid \cdot (-1)$
1	0	1	1	$1\ +$
0	1	-1	0	$-1\ +$
1	1	0	2	-1
0	1	0	1	-1
0	-1	1	-1	$2\ +$
0	0	-1	-1	0
1	1	0	2	-1
0	1	0	1	-1
0	0	1	0	1
0	0	-1	-1	$0\ +$
1	1	0	2	-1
0	1	0	1	-1
0	0	1	0	1
0	0	0	-1	1

Daraus folgt die eindeutige Lösung $v = -1$, $t = 1$ und damit $s = -1 - v = 0$ und $r = -1 - s - 2v = -1 + 2 = 1$. Die Koordinaten von M werden durch $(1|0|1|-1)$ beschrieben:
$M = 1A + 0B + 1C - 1D = A + C - D$.

c$_1$) Der Fall $a = 0$ und $b = 1$ liefert nach a) eine vollständige Nullzeile:

r	s	t	v	
1	1	0	2	0
0	1	0	1	0
0	0	1	0	0
0	0	0	0	0

$v \in \mathbb{R}$ ist freier Parameter, aus der dritten Zeile folgt $t = 0$, weiter $s = -v$ und $r = -2v - s = -v$. Also:
$L = \{(r|s|t|v) \in \mathbb{R}^4 \mid r = -v \wedge s = -v \wedge t = 0 \wedge v \in \mathbb{R}\}$

Mit $v = 1$ ist $r = s = -1$: $\quad -A - B + D = 0$ (Nullmatrix) $\iff A + B = D$.

c$_2$) Ebenso für $a = -1$ und $b = 0$:

r	s	t	v	
1	1	0	2	0
0	1	-1	1	0
0	0	0	0	0
0	0	0	-1	0

Es folgt $v = 0$ und $t \in \mathbb{R}$ ist freier Parameter. Weiter $s = t$ und $r = -s = -t$. Damit
$L = \{(r|s|t|v) \in \mathbb{R}^4 \mid r = -t \wedge s = t \wedge t \in \mathbb{R} \wedge v = 0\}$

Mit $t = 1$ ist $r = -1$ und $s = 1$: $-A + B + C = 0 \iff C = A - B$.

d) Der Fall a)3) bedeutet $a = -1$ und $b = 1$: Es entstehen zwei vollständige Nullzeilen:

r	s	t	v	
1	1	0	2	0
0	1	−1	1	0
0	0	0	0	0
0	0	0	0	0

$v, t \in \mathbb{R}$ sind zwei freie Parameter. Daraus folgt $s = -v + t$ und $r = -2v - s = -2v + v - t = -v - t$. Das bedeutet:

$L = \{(r|s|t|v) \in \mathbb{R}^4 \mid r = -v - t \wedge s = -v + t \wedge t, v \in \mathbb{R}\}$.

Zwei nicht-triviale Nullkombinationen:

1) Mit $t = v = 1$ ergibt sich $r = -2$ und $s = 0$:

$$-2A + C + D = 0 \Longleftrightarrow C + D = 2A$$

2) $t = 2$ und $v = 1$ liefert $r = -3$ und $s = 1$:

$$-3A + B + 2C + D = 0.$$

Aufgabe III.2

a) Zu lösen ist die Gleichung $\begin{pmatrix} 2 \\ 0 \\ 0 \end{pmatrix} + r \begin{pmatrix} 1 \\ 0 \\ -1 \end{pmatrix} + s \begin{pmatrix} 1 \\ -1 \\ 0 \end{pmatrix} = \begin{pmatrix} 1 \\ 0 \\ 1 \end{pmatrix} +$

$t \begin{pmatrix} 1 \\ -2 \\ 1 \end{pmatrix} \Longleftrightarrow r \begin{pmatrix} 1 \\ 0 \\ -1 \end{pmatrix} + s \begin{pmatrix} 1 \\ -1 \\ 0 \end{pmatrix} - t \begin{pmatrix} 1 \\ -2 \\ 1 \end{pmatrix} = \begin{pmatrix} 1 \\ 0 \\ 1 \end{pmatrix} - \begin{pmatrix} 2 \\ 0 \\ 0 \end{pmatrix} = \begin{pmatrix} -1 \\ 0 \\ 1 \end{pmatrix}$

Das führt auf das Gleichungssystem

r	s	t	
1	1	−1	−1
0	−1	2	0
−1	0	−1	1
1	1	−1	−1
0	−1	2	0
0	1	−2	0
1	1	−1	−1
0	−1	2	0
0	0	0	0

Die drei Richtungsvektoren sind linear abhängig. Da eine vollständige Nullzeile entsteht, ist das Gleichungssystem lösbar, aber nicht eindeutig. Geometrisch bedeutet das: Es gibt unendlich viele gemeinsame Punkte, d. h. $g \subseteq E$.

b) Aus (1) $x_1 = 2 + r + s$
       (2) $x_2 = - s$
       (3) $x_3 = - r$

folgt unmittelbar durch Addition der drei Gleichungen

$$\boxed{E: \quad x_1 + x_2 + x_3 = 2}$$

(In diesem Fall hängt x_2 nur von s und x_3 nur von r ab.)

c) Setzt man die Koordinaten der Geraden in die Koordinatengleichung der Ebene E ein, so ergibt sich wegen

$$g: \begin{pmatrix} x_1 \\ x_2 \\ x_3 \end{pmatrix} = \begin{pmatrix} 1+t \\ -2t \\ 1+t \end{pmatrix}; \quad t \in \mathbb{R} \quad \text{dann}$$

$$(1+t) + (-2t) + (1+t) = 2 \iff 2 = 2.$$

Dies bestätigt die obige Aussage. Für jedes $t \in \mathbb{R}$ ist die Koordinatengleichung erfüllt, jeder Punkt der Geraden g liegt in der Ebene E.

d) Eine Parametergleichung der Ebenen E_1 durch A, B und C wird zum Beispiel beschrieben durch

$$E_1: \vec{x} = \begin{pmatrix} 1 \\ 2 \\ -1 \end{pmatrix} + r \left(\begin{pmatrix} -1 \\ 0 \\ 3 \end{pmatrix} - \begin{pmatrix} 1 \\ 2 \\ -1 \end{pmatrix} \right) + s \left(\begin{pmatrix} 5 \\ -2 \\ -1 \end{pmatrix} - \begin{pmatrix} 1 \\ 2 \\ -1 \end{pmatrix} \right)$$

$$= \begin{pmatrix} 1 \\ 2 \\ -1 \end{pmatrix} + r \begin{pmatrix} -2 \\ -2 \\ 4 \end{pmatrix} + s \begin{pmatrix} 4 \\ -4 \\ 0 \end{pmatrix}.$$

zu 1): Die vier Richtungsvektoren der beiden Ebenen müssen zunächst komplanar sein.

i) Die Vektoren $\begin{pmatrix} 1 \\ 0 \\ -1 \end{pmatrix}$, $\begin{pmatrix} 1 \\ -1 \\ 0 \end{pmatrix}$ und $\begin{pmatrix} 4 \\ -4 \\ 0 \end{pmatrix}$ sind komplanar, weil $\begin{pmatrix} 4 \\ -4 \\ 0 \end{pmatrix} = 4 \begin{pmatrix} 1 \\ -1 \\ 0 \end{pmatrix}$ gilt.

ii) Prüfung der Komplanarität von $\begin{pmatrix} 1 \\ 0 \\ -1 \end{pmatrix}$, $\begin{pmatrix} 1 \\ -1 \\ 0 \end{pmatrix}$ und $\begin{pmatrix} -2 \\ -2 \\ 4 \end{pmatrix}$:

r	s	t	
1	1	−2	0
0	−1	−2	0
−1	0	4	0 + ←┐
1	1	−2	0
0	−1	−2	0
0	1	2	0 + ←┘
1	1	−2	0
0	−1	−2	0
0	0	0	0

Dies beweist ebenfalls die lineare Abhängigkeit der drei Vektoren. Damit ist bereits bewiesen, daß die Ebenen E und E_1 parallel sind.

iii) Schließlich muß der Differenzvektor der Stützvektoren $\begin{pmatrix} 1 \\ 2 \\ -1 \end{pmatrix} - \begin{pmatrix} 2 \\ 0 \\ 0 \end{pmatrix} =$ $\begin{pmatrix} -1 \\ 2 \\ -1 \end{pmatrix}$ ebenfalls zu den Richtungsvektoren von komplanar sein.

r	s	t	
1	1	−1	0
0	−1	2	0
−1	0	−1	0 + ←┐
1	1	−1	0
0	−1	2	0
0	1	−2	0 + ←┘
1	1	−1	0
0	−1	2	0
0	0	0	0

Also sind auch $\begin{pmatrix} 1 \\ 0 \\ -1 \end{pmatrix}, \begin{pmatrix} 1 \\ -1 \\ 0 \end{pmatrix}$ und $\begin{pmatrix} -1 \\ 2 \\ -1 \end{pmatrix}$ komplanar, weil sie linear abhängig sind. Insgesamt ist damit bewiesen: Die beiden Ebenen E und E_1 sind identisch.

zu 2): Die Koordinatengleichungen zu E_1 ergibt sich aus

(1) $x_1 = 1 - 2r + 4s$
(2) $x_2 = 2 - 2r - 4s$ und
(3) $x_3 = -1 + 4r$

(1) $x_1 = 1 - 2r + 4s$
(2) $ x_2 = 2 - 2r - 4s$ +
(4) $x_1 + x_2 = 3 - 4r$

(3) $x_3 = -1 + 4r$
(4) $x_1 + x_2 = 3 - 4r$ +

$\boxed{E_1: \ x_1 + x_2 + x_3 = 2}$

Die beiden Ebenen E und E_1 werden von derselben Koordinatengleichung beschrieben, sie sind also identisch.

Aufgabe III.3

a) Eine Parametergleichung zu E ist gegeben durch

$$\vec{x} = \vec{a} + r(\vec{b} - \vec{a}) + s(\vec{c} - \vec{a}) \iff \vec{x} = \begin{pmatrix} 4 \\ -2 \\ -2 \end{pmatrix} + r \begin{pmatrix} 5 \\ 1 \\ 0 \end{pmatrix} + s \begin{pmatrix} 3 \\ 2 \\ 1 \end{pmatrix}$$

b) Mit

$$\begin{array}{rl}
(1) & x_1 = 4 + 5r + 3s \\
(2) & x_2 = -2 + r + 2s \quad \cdot(-5) \text{ ergibt sich}\\
(3) & x_3 = -2 + s \quad \cdot 7
\end{array}$$

$$\begin{array}{rl}
(1) & x_1 = 4 + 5r + 3s \\
(2') & -5x_2 = 10 - 5r - 10s \\ \hline
(4) & x_1 - 5x_2 = 14 - 7s
\end{array} +
\begin{array}{rl}
(3') & 7x_3 = -14 + 7s \\
(4) & x_1 - 5x_2 = 14 - 7s \\ \hline
& \boxed{E: \; x_1 - 5x_2 + 7x_3 = 0}
\end{array} +$$

Die Koordinatengleichung zu E ist gegeben durch $x_1 - 5x_2 + 7x_3 = 0$. Die Null auf der rechten Seite bedeutet, daß diese Ebene durch den Ursprung verläuft: $O(0|0|0)$ erfüllt die Ebenengleichung.

c) Zur Lösung dieses Teiles soll die Koordinatengleichung von E benutzt werden. Für die Koordinaten der Geraden gilt

$$g: \begin{pmatrix} x_1 \\ x_2 \\ x_3 \end{pmatrix} = \begin{pmatrix} b + 3t \\ 2t \\ -1 + at \end{pmatrix}; \quad t \in \mathbb{R}$$

Einsetzen in die Ebenengleichung liefert

$$\begin{aligned}
& (b + 3t) - 5(2t) + 7(-1 + at) = 0 \\
\iff \quad & b + 3t - 10t - 7 + 7at = 0 \\
\iff \quad & -7t + 7at = 7 - b \\
\iff \quad & (7a - 7)t = 7 - b
\end{aligned}$$

i) Diese Gleichung hat genau eine Lösung für t, wenn $a \neq 1$. In diesem Fall gibt es einen Schnittpunkt von g und E, der eindeutige Parameterwert ist $t = \dfrac{7-b}{7a-7}$.

ii) Falls $a = 1$, fällt der Parameter t aus der Gleichung heraus. Damit die Gleichung lösbar ist (unendlich viele Lösungen), muß auf der rechten Seite auch 0 stehen, das bedeutet: $b = 7$. Für $a = 1$ und $b = 7$ ist die Gleichung für jedes $r \in \mathbb{R}$ erfüllt, es gilt $g \subseteq E$.

iii) Für $a = 1$ und $b \neq 7$ gibt es keine Lösung. Die Gerade g verläuft zur Ebene E echt parallel.

d) Die Aufgabe c) läßt sich auch mit der Parametergleichung von E lösen. Es entsteht die Gleichung

$$\begin{pmatrix} 4 \\ -2 \\ -2 \end{pmatrix} + r \begin{pmatrix} 5 \\ 1 \\ 0 \end{pmatrix} + s \begin{pmatrix} 3 \\ 2 \\ 1 \end{pmatrix} = \begin{pmatrix} b \\ 0 \\ -1 \end{pmatrix} + t \begin{pmatrix} 3 \\ 2 \\ a \end{pmatrix} \iff r \begin{pmatrix} 5 \\ 1 \\ 0 \end{pmatrix} + s \begin{pmatrix} 3 \\ 2 \\ 1 \end{pmatrix} + t \begin{pmatrix} -3 \\ -2 \\ -a \end{pmatrix} = \begin{pmatrix} b-4 \\ 2 \\ 1 \end{pmatrix}$$

Das führt auf das Gleichungssystem (nach Vertauschen der beiden ersten Zeilen):

r	s	t		
1	2	-2	2	$\mid \cdot (-5)$
5	3	-3	$b-4$	
0	1	$-a$	1	
1	2	-2	2	
0	-7	7	$b-14$	vertauschen
0	1	$-a$	1	
1	2	-2	2	
0	1	$-a$	1	$\mid \cdot 7$
0	-7	7	$b-14$	
1	2	-2	2	
0	1	$-a$	1	
0	0	$7-7a$	$b-7$	

Daraus ist zu erkennen:

1) Für $a \neq 1$ ist das Gleichungssystem eindeutig lösbar, denn die drei Richtungsvektoren sind dann linear unabhängig. Es gibt genau einen Schnittpunkt.

2) Für $a = 1$ und $b = 7$ gibt es unendlich viele Lösungen ($g \subseteq E$).

3) Für $a = 1$ und $b \neq 7$ gibt es keine Lösung: g ist dann (echt) parallel zur Ebene E.

e) Für $a = b = 0$ gibt es nach d) genau einen Schnittpunkt von g und E. Das Schlußschema hat dann die Gestalt

r	s	t	
1	2	-2	2
0	1	0	1
0	0	7	-7

Daraus folgt: $t = -1$. Der Schnittpunkt wird berechnet durch

$$\vec{x}_S = \begin{pmatrix} 0 \\ 0 \\ -1 \end{pmatrix} - \begin{pmatrix} 3 \\ 2 \\ 0 \end{pmatrix} = \begin{pmatrix} -3 \\ -2 \\ -1 \end{pmatrix}.$$

Der Schnittpunkt ist $S(-3 \mid -2 \mid -1)$.

Es ist zweckmäßig, zur Kontrolle auch r und s zu berechnen und in die Ebenendarstellung einzusetzen: Es ergibt sich $s = 1$ und $r = 2 + 2t - 2s = 2 - 2 - 2 = -2$ und derselbe Schnittpunkt.

Aufgabe III.5

a) Die Gleichung der Schnittgeraden g kann durch Einsetzen gefunden werden. Die Koordinaten der Punkte von E_1 erfüllen die Gleichungen

$$\begin{array}{rl} (1) & x_1 = 1 + r - 4s \\ (2) & x_2 = -r + s \\ (3) & x_3 = -1 + 3r - 6s \end{array}$$

Einsetzen in die Koordinatengleichung von E_2 liefert

$(1 + r - 4s) - 2(-r + s) - 2(-1 + 3r - 6s) = 1$

$\iff 1 + r - 4s + 2r - 2s + 2 - 6r + 12s = 1$

$\iff -3r + 6s = -2 \iff 3r = 6s + 2 \iff r = 2s + \dfrac{2}{3}.$

Das bedeutet für die Ortsvektoren der gemeinsamen Punkte von E_1 und E_2:

$$\vec{x} = \begin{pmatrix} 1 \\ 0 \\ -1 \end{pmatrix} + (2s + \tfrac{2}{3}) \begin{pmatrix} 1 \\ -1 \\ 3 \end{pmatrix} + s \begin{pmatrix} -4 \\ 1 \\ -6 \end{pmatrix} \iff \vec{x} = \begin{pmatrix} 1 \\ 0 \\ -1 \end{pmatrix} + s \begin{pmatrix} 2 \\ -2 \\ 6 \end{pmatrix} +$$

$$s \begin{pmatrix} -4 \\ 1 \\ -6 \end{pmatrix} + \tfrac{2}{3} \begin{pmatrix} 1 \\ -1 \\ 3 \end{pmatrix} \iff \vec{x} = \begin{pmatrix} 1 \\ 0 \\ -1 \end{pmatrix} + \tfrac{2}{3} \begin{pmatrix} 1 \\ -1 \\ 3 \end{pmatrix} + s \left(\begin{pmatrix} 2 \\ -2 \\ 6 \end{pmatrix} + \begin{pmatrix} -4 \\ 1 \\ -6 \end{pmatrix} \right) =$$

$$\tfrac{1}{3} \begin{pmatrix} 5 \\ -2 \\ 3 \end{pmatrix} + s \begin{pmatrix} 2 \\ 1 \\ 0 \end{pmatrix}.$$

Dies ist die Parametergleichung der Schnittgeraden g.

b) Durch geeignete Additionen gelangt man wegen

$$\begin{array}{rl|l} (1) & x_1 = 1 + r - 4s & \cdot(-3) \\ (2) & x_2 = -r + s & \\ (3) & x_3 = -1 + 3r - 6s & \text{zu} \end{array}$$

$$\begin{array}{rl|rl} (1) & x_1 = 1 + r - 4s & (1') & -3x_1 = -3 - 3r + 12s \\ (2) & x_2 = -r + s & + \quad (3) & x_3 = -1 + 3r - 6s \quad + \\ \hline (4) & x_1 + x_2 = 1 - 3s & \cdot 2 \quad (5) & -3x_1 + x_3 = -4 + 6s \end{array}$$

Die weitere Rechnung liefert schließlich

$$\begin{array}{rl} (4') & 2x_1 + 2x_2 = 2 - 6s \\ (5) & -3x_1 + x_3 = -4 + 6s \quad + \\ \hline & -x_1 + 2x_2 + x_3 = -2 \quad \text{oder} \end{array}$$

$\boxed{E_1: \quad x_1 - 2x_2 - x_3 = 2}$ als Koordinatengleichung von E_1.

c) Das zugehörige Gleichungssystem lautet dann (nach Ergänzung einer Nullzeile):

x_1	x_2	x_3		
1	−2	−1	2	$\mid \cdot (-1)$
1	−2	−2	1	+
0	0	0	0	
1	−2	−1	2	
0	0	−1	−1	
0	0	0	0	

Zunächst gilt stets $x_3 = 1$! Deshalb kann in der dritten Zeile $x_2 = t \in \mathbb{R}$ als freier Parameter gewählt werden. Das führt auf $x_1 = 2 + x_3 + 2x_2 = 2 + 1 + 2t = 3 + 2t$.

Somit $L = \left\{(x_1|x_2|x_3) \in \mathbb{R}^3 \mid x_1 = 3 + 2t \wedge x_2 = t \in \mathbb{R} \wedge x_3 = 1\right\}$ oder vektoriell

$$\vec{x} = \begin{pmatrix} 3+2t \\ t \\ 1 \end{pmatrix} = \begin{pmatrix} 3 \\ 0 \\ 1 \end{pmatrix} + t \begin{pmatrix} 2 \\ 1 \\ 0 \end{pmatrix}.$$ Dies ist die Gleichung der Schnittgeraden g von E_1 und E_2 in Parameterform.

d) Daß durch $\vec{x} = \dfrac{1}{3}\begin{pmatrix} 5 \\ -2 \\ 3 \end{pmatrix} + s\begin{pmatrix} 2 \\ 1 \\ 0 \end{pmatrix}$ und $\vec{x} = \begin{pmatrix} 3 \\ 0 \\ 1 \end{pmatrix} + t\begin{pmatrix} 2 \\ 1 \\ 0 \end{pmatrix}$ dieselbe Gerade dargestellt wird, ist leicht zu zeigen: Da die beiden Richtungsvektoren gleich sind, hier $\begin{pmatrix} 2 \\ 1 \\ 0 \end{pmatrix}$, sind die beiden Geraden parallel. Da ebenfall für die Differenz der Stützvektoren $\dfrac{1}{3}\begin{pmatrix} 5 \\ -2 \\ 3 \end{pmatrix} - \begin{pmatrix} 3 \\ 0 \\ 1 \end{pmatrix} = \begin{pmatrix} -4/3 \\ -2/3 \\ 0 \end{pmatrix} = -\dfrac{2}{3}\begin{pmatrix} 2 \\ 1 \\ 0 \end{pmatrix} \mid\mid \begin{pmatrix} 2 \\ 1 \\ 0 \end{pmatrix}$ gilt, sind beide Geraden sogar identisch.

e) Für den Nachweis gibt es zwei Möglichkeiten:

1) Da die Ebene $E_3: \quad x_1 - 2x_2 + 5x_3 = 8$ offenbar weder zu E_1 noch zu E_2 parallel ist, gibt es wieder eine Schnittgerade. Wenn sich zeigen läßt, daß $g \subseteq E_3$, so ist damit bewiesen, daß auch E_1 und E_3 sowie E_2 und E_3 die Gerade g als Schnittgerade besitzen.

In der Form aus c) erfüllen alle Punkte von g die Gleichung

$$\begin{pmatrix} x_1 \\ x_2 \\ x_3 \end{pmatrix} = \begin{pmatrix} 3+2t \\ t \\ 1 \end{pmatrix}; \quad t \in \mathbb{R}.$$

In die Koordinatengleichung von E_3 eingesetzt führt dies auf

$$(3 + 2t) - 2t + 5 \cdot 1 = 8 \iff 8 = 8.$$

Diese Gleichung ist allgemeingültig, sie gilt für alle $t \in \mathbb{R}$ und somit für alle Punkte der Geraden g : $g \subseteq E_3$.

2) Man kann auch direkt die Menge aller gemeinsamen Punkte der drei Ebenen bestimmen. Das führt auf ein (3×3)-Gleichungssystem, welches dieselbe Lösungsmenge haben muß wie das Gleichungssystem aus c):

x_1	x_2	x_3	
1	-2	-1	2 $\;\mid\cdot(-1)\;\mid\cdot(-1)$
1	-2	-2	1 $+$
1	-2	5	8 $+$
1	-2	-1	2
0	0	-1	-1 $\;\mid\cdot 6$
0	0	6	6 $+$
1	-2	-1	2
0	0	-1	-1
0	0	0	0

Wir haben hiermit dasselbe Schlußschema und damit auch dieselbe Lösungsmenge wie in c) bei der Bestimmung der Schnittgeraden von E_1 und E_2. Die Ebenen E_1, E_2 und E_3 haben eine gemeinsame Schnittgerade g. (s. Fig. III.5)

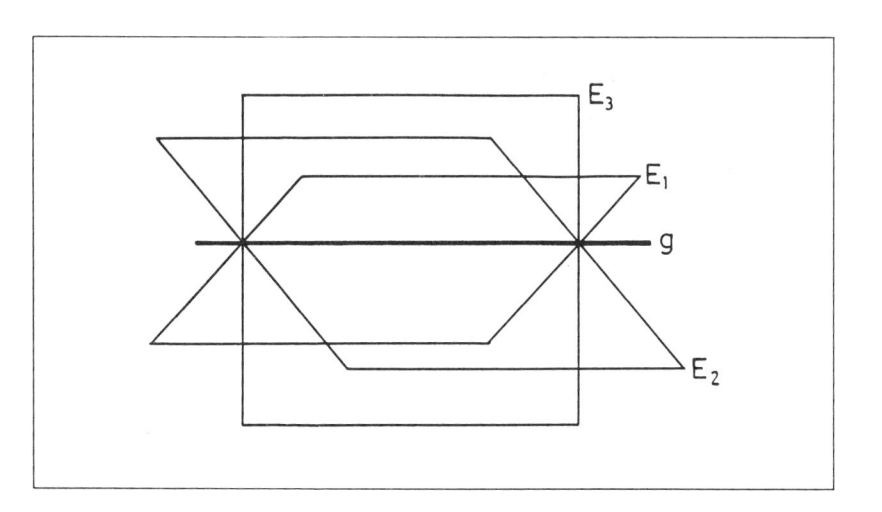

Aufgabe III.6

a) Die Parametergleichung der Geraden h kann benutzt werden. Als zweiten Richtungsvektor der Ebene E_2 erhält man zum Beispiel den Differenzvektor

$$\vec{p} - \vec{q} = \begin{pmatrix} 1 \\ 1 \\ 2 \end{pmatrix} - \begin{pmatrix} 1 \\ 1 \\ 1 \end{pmatrix} = \begin{pmatrix} 0 \\ 0 \\ 1 \end{pmatrix}. \text{ (s. Fig. III.6)}$$

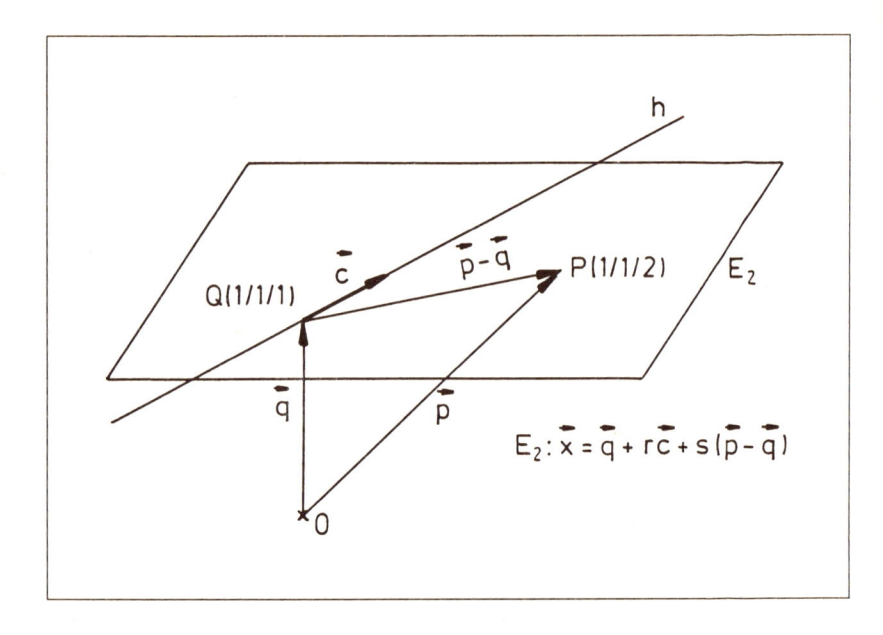

Somit ergibt die Parametergleichung von E_2 durch

$$E_2: \quad \vec{x} = \begin{pmatrix} 1 \\ 1 \\ 1 \end{pmatrix} + r \begin{pmatrix} 1 \\ -1 \\ 0 \end{pmatrix} + s \begin{pmatrix} 0 \\ 0 \\ 1 \end{pmatrix}.$$

b) Die Koordinaten der Punkte von E_2 erfüllen die Gleichungen

(1) $x_1 = 1 + r$
(2) $x_2 = 1 - r$
(3) $x_3 = 1 - s$

Dabei fällt auf, daß x_3 nur vom Parameter s abhängt. Addition von (1) und (2) liefert $x_1 + x_2 = 2$. Die Koordinate x_3 kann beliebig sein (da $s \in \mathbb{R}$ beliebig gewählt werden kann), die Punkte von E_2 werden allein durch x_1 und x_2 bestimmt.

Die Koordinatengleichung von E_2 ist somit

$$E_2: \quad x_1 + x_2 = 2$$

Da x_3 gar nicht mehr vorkommt, bedeutet das: Die Ebene verläuft parallel zur x_3-Achse. An der Parametergleichung erkennt man dies, weil der Vektor $\begin{pmatrix} 0 \\ 0 \\ 1 \end{pmatrix}$ ein Richtungsvektor der Ebene E_2 ist.

c) Berechnung der Schnittgeraden $g(E_1, E_2)$ durch ein lineares Gleichungssystem, bestehend aus den beiden Koordinatengleichungen und einer vollständigen Nullzeile:

x_1	x_2	x_3		
1	1	0	2	$\mid \cdot (-2)$
2	−4	−3	1	$+$
0	0	0	0	
1	1	0	2	
0	−6	−3	−3	$\mid : (-3)$
0	0	0	0	
1	1	0	2	
0	2	1	1	
0	0	0	0	

Mit $x_3 = t \in \mathbb{R}$ als Parameter folgt
$2x_2 = 1 - x_3 = 1 - t \Longleftrightarrow x_2 = \frac{1}{2} - \frac{1}{2}t$
und $x_1 = 2 - x_2 = 2 - (\frac{1}{2} - \frac{1}{2}t) = \frac{3}{2} + \frac{1}{2}t$.
Insgesamt:

$$L = \left\{ (x_1/x_2/x_3) \in \mathbb{R}^3 \mid x_1 = \frac{3}{2} + \frac{1}{2}t \wedge x_2 = \frac{1}{2} - \frac{1}{2}t \wedge x_3 = t \in \mathbb{R} \right\}.$$

Die vektorielle Darstellung von L ist dann

$$\vec{x} = \begin{pmatrix} 1,5 + 0,5t \\ 0,5 - 0,5t \\ t \end{pmatrix} = \begin{pmatrix} 1,5 \\ 0,5 \\ 0 \end{pmatrix} + t \begin{pmatrix} 0,5 \\ -0,5 \\ 1 \end{pmatrix} \text{ oder } \vec{x} = \frac{1}{2} \begin{pmatrix} 3 \\ 1 \\ 0 \end{pmatrix} + t \begin{pmatrix} 1 \\ -1 \\ 2 \end{pmatrix}.$$

Um die Rechnung etwas zu vereinfachen, kann mit $t = -\frac{1}{2}$ ein anderer Punkt der Geraden g mit **ganzzahligen** Koordinaten bestimmt und für die weitere Rechnung benutzt werden:

$$\vec{x}_A = \frac{1}{2} \begin{pmatrix} 3 \\ 1 \\ 0 \end{pmatrix} - \frac{1}{2} \begin{pmatrix} 1 \\ -1 \\ 2 \end{pmatrix} = \begin{pmatrix} 1 \\ 1 \\ -1 \end{pmatrix}, \quad \text{also} \quad A(1|1|-1).$$

Eine Parametergleichung der Schnittgeraden von E_1 und E_2 lautet

$$\boxed{g: \quad \vec{x} = \begin{pmatrix} 1 \\ 1 \\ -1 \end{pmatrix} + t \begin{pmatrix} 1 \\ -1 \\ 2 \end{pmatrix}}.$$

d$_1$) Setzt man die Koordinaten von g: $\begin{pmatrix} x_1 \\ x_2 \\ x_3 \end{pmatrix} = \begin{pmatrix} 1+t \\ 1-t \\ -1+2t \end{pmatrix}$

in die Koordinatengleichung von E_a ein, so ergibt sich

$$(4 + 2a)(1 + t) + 8(1 - t) + (2 - a)(-1 + 2t) = 3a + 10$$
$$\Longleftrightarrow 4 + 2a + 4t + 2at + 8 - 8t - 2 + a + 4t - 2at = 3a + 10$$
$$\Longleftrightarrow 3a + 10 = 3a + 10$$

Diese Gleichung ist für alle $a \in \mathbb{R}$ allgemeingültig. Das bedeutet: g liegt in jeder Ebene E_a der Ebenenschar.

d$_2$) Die Ebenen E_1 und E_2 sind in der Ebenenschar enthalten. Da der Koeffizient bei x_2 stets 8 sein muß, erhält man durch geeignete Multiplikation E_1 : $-4x_1 + 8x_2 + 6x_3 = -2$ und E_2 : $8x_1 + 8x_2 = 16$. Der Vergleich der entsprechenden Koeffizienten liefert für E_1 den Wert $a = -4$ und für E_2 entsprechend $a = 2$.

e) Der Schnittpunkt S von g und h wir bestimmt durch die Gleichung

$$\vec{x} = \begin{pmatrix} 1 \\ 1 \\ 1 \end{pmatrix} + r \begin{pmatrix} 1 \\ -1 \\ 0 \end{pmatrix} = \begin{pmatrix} 1 \\ 1 \\ -1 \end{pmatrix} + t \begin{pmatrix} 1 \\ -1 \\ 2 \end{pmatrix}$$

Das führt auf $\begin{cases} 1 + r = 1 + t & (1) \\ 1 - r = 1 - t & (2) \\ 1 = -1 + 2t & (3) \end{cases}$,

also $r = t$ (aus (1) und (2)), die Gleichung (3) zeigt $t = 1$.

Der Schnittpunkt kann berechnet werden mit $r = t = 1$ (auf zwei Weisen):

$$\vec{x}_s = \begin{pmatrix} 1 \\ 1 \\ 1 \end{pmatrix} + \begin{pmatrix} 1 \\ -1 \\ 0 \end{pmatrix} = \begin{pmatrix} 2 \\ 0 \\ 1 \end{pmatrix} = \begin{pmatrix} 1 \\ 1 \\ -1 \end{pmatrix} + \begin{pmatrix} 1 \\ -1 \\ 2 \end{pmatrix} \; ; \quad S(2|0|1).$$

Aufgabe III.8

a) Die Berechnung der Schnittgeraden $g(E_1, E_2)$ führt auf das Gleichungssystem (nach Ergänzung einer vollständigen Nullzeile):

x_1	x_2	x_3	
1	1	1	2
2	−2	1	4
0	0	0	0
1	1	1	2
0	−4	−1	0
0	0	0	0

Mit $x_3 = t \in \mathbb{R}$ als Parameter folgt $-4x_2 = x_3 \iff x_2 = -\frac{1}{4}t$ und $x_1 = 2 - 2x_2 - x_3 = 2 + \frac{1}{4}t - t = 2 - \frac{3}{4}t$.
Für die zugehörige Parametergleichung bedeutet das:

$$g(E_1, E_2): \quad \vec{x} = \begin{pmatrix} 2 - 0{,}75t \\ -0{,}25t \\ t \end{pmatrix} = \begin{pmatrix} 2 \\ 0 \\ 0 \end{pmatrix} + t \begin{pmatrix} -0{,}75 \\ -0{,}25 \\ 1 \end{pmatrix} \quad \text{oder äquivalent dazu}$$

$$\boxed{g(E_1, E_2): \quad \vec{x} = \begin{pmatrix} 2 \\ 0 \\ 0 \end{pmatrix} + t \begin{pmatrix} -3 \\ -1 \\ 4 \end{pmatrix}}$$

b) Gleichsetzen der Parametergleichungen von $g(E_1, E_2)$ und E_3 führt auf

$$\vec{x} = \begin{pmatrix} 2 \\ 0 \\ 0 \end{pmatrix} + t \begin{pmatrix} -3 \\ -1 \\ 4 \end{pmatrix} = \begin{pmatrix} 1 \\ 1 \\ 0 \end{pmatrix} + r \begin{pmatrix} 1 \\ -2 \\ 1 \end{pmatrix} + s \begin{pmatrix} 3 \\ -1 \\ -2 \end{pmatrix}$$

$$\iff r \begin{pmatrix} 1 \\ -2 \\ 1 \end{pmatrix} + s \begin{pmatrix} 3 \\ -1 \\ -2 \end{pmatrix} + t \begin{pmatrix} 3 \\ 1 \\ -4 \end{pmatrix} = \begin{pmatrix} 2 \\ 0 \\ 0 \end{pmatrix} - \begin{pmatrix} 1 \\ 1 \\ 2 \end{pmatrix} = \begin{pmatrix} 1 \\ -1 \\ 0 \end{pmatrix}$$

und das Gleichungssystem:

r	s	t	
1	3	3	1
-2	-1	1	-1
1	-2	-4	0
1	3	3	1
0	5	7	1
0	-5	-7	-1
1	3	3	1
0	5	7	1
0	0	0	0

Das Gleichungssystem ist zwar lösbar, aber nicht eindeutig. Da es unendlich viele gemeinsame Punkte von $g(E_1, E_2)$ und E_3 gibt, bedeutet dies: Die Ebene E_3 enthält die Schnittgerade von E_1 und E_2 ebenfalls.

c_1) Die Koordinaten von E_3 erfüllen die Gleichungen

(1) $x_1 = 1 + r + 3s$ $\quad \cdot 2 \quad | \cdot (-1)$
(2) $x_2 = 1 - 2r - s$
(3) $x_3 = r - 2s$

Durch Addition ergibt sich

(1') $2x_1 = 2 + 2r + 6s$ (1'') $-x_1 = -1 - r - 3s$
(2) $\quad x_2 = 1 - 2r - s$ + (3) $\quad x_3 = r - 2s$ +
(4) $2x_1 + x_2 = 3 + 5s$ (5) $-x_1 + x_3 = -1 - 5s$

und schließlich

(4) $2x_1 + x_2 = 3 + 5s$
(5) $-x_1 + x_3 = -1 - 5s$ +

$$\boxed{E_3: \quad x_1 + x_2 + x_3 = 2}$$

c_2) Damit ist sofort zu erkennen: E_1 und E_3 sind identisch. Das erklärt auch das Ergebnis aus b).

Setzt man die Koordinaten $x_1 = 2 - 3t$, $x_2 = -t$, $x_3 = 4t$ von $g(E_1, E_2)$ in die Koordinatengleichung von $E_3 (= E_1)$ ein, so ergibt sich

$(2 - 3t) - t + 4t = 2 \iff 2 = 2$.

Diese Gleichung ist allgemeingültig, sie ist für jeden Wert $t \in \mathbb{R}$ erfüllt. Dies ist nach dem bereits Gezeigten klar: Es liegen in der Tat nur **zwei** verschiedene Ebenen E_1 und E_2 vor.

d) Dieser Tatbestand wirkt sich entsprechend auch unmittelbar bei der Berechnung der gemeinsamen Punke durch ein Gleichungssystem aus.

x_1	x_2	x_3	
1	1	1	2
2	−2	1	4
1	1	1	2
1	1	1	2
2	−2	1	4
0	0	0	0

$| \cdot (-1)$
$+$

Die im Teil a) hinzugefügte vollständige Nullzeile ergibt sich jetzt hier nach einer elementaren Zeilenumformungen. Das Gleichungssystem ist jetzt mit dem in a) identisch und liefert dieselbe Schnittgerade g als Menge der gemeinsamen Punkte <u>aller drei</u> Ebenen (s. Fig. III.8).

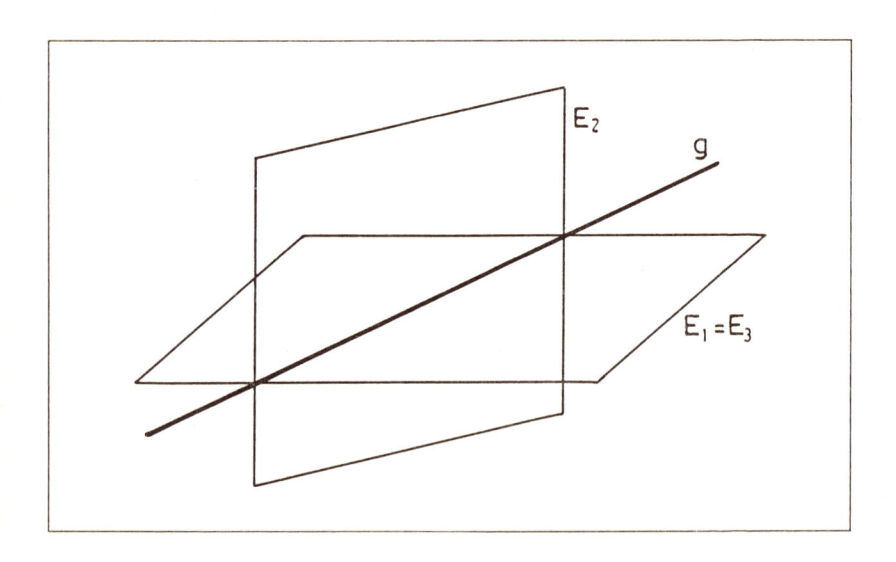

Aufgabe III.9

a) Die Menge der gemeinsamen Punkte wird durch die Lösungsmenge des zugehörigen Gleichungssystems bestimmt. Eine Entscheidung über die drei Fälle kann getroffen werden, wenn die Dreiecksform vorliegt:

x_1	x_2	x_3	
1	0	2	1
1	2	1	b
2	−2	a	4
1	0	2	1
0	2	−1	$b-1$
0	−2	$a-4$	2
1	0	2	1
0	2	−1	$b-1$
0	0	$a-5$	$b+1$

An diesem Schema läßt sich jetzt ablesen:

1) Für $a \neq 5$ ist das Gleichungssystem eindeutig lösbar, die drei Ebenen haben dann genau einen Punkt gemeinsam.

2) Falls $a = 5$, entsteht eine Nullzeile. Nur wenn rechts eine von Null verschiedene Zahl steht, ist das Gleichungssystem unlösbar. Dies ist genau der Fall für $b \neq -1$. Für $a = 5$ und $b \neq -1$ gibt es keine gemeinsamen Punkte.

3) Falls $a = 5$ und $b = -1$, entsteht eine vollständige Nullzeile. Das Gleichungssystem ist dann (nicht eindeutig) lösbar und es gibt unendlich viele gemeinsame Punkte: die drei Ebenen besitzen dann eine gemeinsame Schnittgerade, $g(E_1, E_2) \subseteq E_3$.

b) Daß die Ebenen E_1 und E_2 nicht parallel sind, läßt sich unmittelbar sehen. In diesem Fall würden sich die beiden linken Seiten höchstens durch einen gemeinsamen Faktor unterscheiden. Also gibt es stets eine Schnittgerade $g(E_1, E_2)$.

Berechnung der Schnittgeraden nach dem bekannten Verfahren (vgl. a)):

x_1	x_2	x_3	
1	0	2	1
1	2	1	b
0	0	0	0
1	0	2	1
0	2	−1	$b-1$
0	0	0	0

Mit $x_3 = t \in \mathbb{R}$ als Parameter folgt $2x_2 = b - 1 + x_3 = b - 1 + t \Leftrightarrow x_2 = \frac{b}{2} - \frac{1}{2} + \frac{1}{2}t$ und $x_1 = 1 - 2x_3 = 1 - 2t$.

Für die Parametergleichung der Schnittgeraden bedeutet das:

$$\vec{x} = \begin{pmatrix} 1 - 2t \\ 0,5(b-1) + 0,5t \\ t \end{pmatrix} = \begin{pmatrix} 1 \\ 0,5(b-1) \\ 0 \end{pmatrix} + t \begin{pmatrix} -2 \\ 0,5 \\ 1 \end{pmatrix}$$

oder bei Wahl eines anderen Richtungsvektors (Multiplikation mit 2)

$$\boxed{g(E_1, E_2): \vec{x} = \begin{pmatrix} 1 \\ 0,5(b-1) \\ 0 \end{pmatrix} + t \begin{pmatrix} -4 \\ 1 \\ 2 \end{pmatrix}}$$

Der Richtungsvektor ist also unabhängig von b!

c) Einsetzen der Koordinatenvektoren der Punkte von

$$g(E_1, E_2): \begin{pmatrix} x_1 \\ x_2 \\ x_3 \end{pmatrix} = \begin{pmatrix} 1 - 4t \\ 0{,}5(b-1) + t \\ 2t \end{pmatrix}$$

in die Koordinatengleichung von E_3 liefert:

$$2(1 - 4t) - 2(0{,}5(b-1) + t) + 2at = 4$$
$$\Leftrightarrow 2 - 8t - b + 1 - 2t + 2at = 4$$
$$\Leftrightarrow (2a - 10)t - b + 3 = 4 \Leftrightarrow (2a - 10)t = b + 1$$

Genau für $a \neq 5$ gibt es eine eindeutige Lösung für t; falls $a = 5$ und $b \neq -1$, so gibt es keine Lösung. Schließlich ist die Gleichung für $a = 5$ und $b = -1$ für jedes $t \in \mathbb{R}$ erfüllt: $g(E_1, E_2)$ verläuft dann ganz in E_3.

d) Faßt man die Koordinatengleichung von E_1 als erste Zeile eines mit zwei Nullzeilen ergänzten Gleichungssystems auf, so erhält man mit den Parametern $x_3 = s \in \mathbb{R}$ und $x_2 = r \in \mathbb{R}$ die Gleichung

$$x_1 + 2s = 1 \Leftrightarrow x_1 = 1 - 2s.$$

Das bedeutet für die Parametergleichung der Ebene:

$$\boxed{E_1: \quad \vec{x} = \begin{pmatrix} 1 - 2s \\ r \\ s \end{pmatrix} = \begin{pmatrix} 1 \\ 0 \\ 0 \end{pmatrix} + r \begin{pmatrix} 0 \\ 1 \\ 0 \end{pmatrix} + s \begin{pmatrix} -2 \\ 0 \\ 1 \end{pmatrix}}$$

e) Die Ebene E_1 verläuft parallel zur y-Achse. Dies ist an der Parametergleichung zu erkennen durch den Richtungsvektor $\begin{pmatrix} 0 \\ 1 \\ 0 \end{pmatrix}$, denn dieser zeigt in Richtung der y-Achse. In der Koordinatengleichung ist dies am Fehlen der Variable x_2 zu sehen: Die Punkte sind von der zweiten Koordinate völlig unabhängig.

Allgemein läßt sich formulieren: Kommt eine Variable (x_1, x_2 oder x_3) in der Koordinatengleichung einer Ebene gar nicht vor, so verläuft die Ebene parallel zur entsprechenden Achse.

Aufgabe IV.2

a) Das homogene Gleichungssystem $A\vec{x} = \vec{0}$ führt auf das Schema:

x_1	x_2	x_3	x_4	
−1	2	2	−1	0
2	−1	−1	−1	0
5	−1	−1	−4	0
−4	5	5	−1	0
−1	2	2	−1	0
0	3	3	−3	0
0	9	9	−9	0
0	−3	−3	3	0
−1	2	2	−1	0
0	3	3	−3	0
0	0	0	0	0
0	0	0	0	0

Es entstehen zwei Nullzeilen, das bedeutet zwei freie Parameter. Mit $x_4 = t$ und $x_3 = s$ (aus $\mathbb{R}$) folgt aus der zweiten Zeile $3x_2 = 3x_4 - 3x_3 \Leftrightarrow x_2 = t - s$. Die erste Gleichung schließlich liefert $-x_1 = x_4 - 2x_3 - 2x_2 = t - 2s - 2(t - s) = t - 2s - 2t + 2s = -t \Leftrightarrow x_1 = t$, somit

$$L_0 = \{(x_1|x_2|x_3|x_3) \in \mathbb{R}^4 \mid x_1 = t \wedge x_2 = t - s \wedge x_3 = s \in \mathbb{R} \wedge x_4 = t \in \mathbb{R}\}$$
$$= \{(t|t - s|s|t) \in \mathbb{R}^4 \mid s, t \in \mathbb{R}\}.$$

Wegen $\{(t|t - s|s|t) \in \mathbb{R}^4 | s, t \in \mathbb{R}\} = s(0|-1|1|0) + t(1|1|0|1)$ wird klar: L_0 ist ein zweidimensionaler Unterraum von $\mathbb{R}^4$, eine Basis ist gegeben durch $\{(0|-1|1|0),(1|1|0|1)\}$. Jede Lösung aus L_0 ist eine Linearkombination dieser beiden Vektoren. Offensichtlich ergibt sich die Dimension von L_0 aus der Anzahl der entstehenden Nullzeilen im Schlußschema.

b) Das inhomogene Gleichungssystem $A\vec{x} = \vec{b}$ wird analog behandelt. ersetzt man die rechte Seite durch den angegebenen Vektor $\vec{b}$, so führen dieselben Zeilenumformungen wie bei a) auf das Schlußschema

x_1	x_2	x_3	x_4	
−1	2	2	−1	2
0	3	3	−3	6
0	0	0	0	0
0	0	0	0	0

Da zwei **vollständige** Nullzeilen entstehen, ist das Gleichungssystem lösbar. Mit $x_4 = t$ und $x_3 = s$ (aus $\mathbb{R}$) folgt weiter

$$\begin{aligned} 3x_2 &= 6 + 3x_4 - 3x_3 = 6 + 3t - 3s \Leftrightarrow x_2 = 2 + t - s \text{ und} \\ -x_1 &= 2 + x_4 - 2x_3 - 2x_2 = 2 + t - 2s - 2(2 + t - s) \\ &= 2 + t - 2s - 4 - 2t + 2s = -2 - t \Leftrightarrow x_1 = 2 + t. \end{aligned}$$

Somit:

$$\begin{aligned}
L &= \{(x_1|x_2|x_3|x_4) \in \mathbb{R}^4 | x_1 = 2+t \wedge x_2 = 2+t-s \wedge x_3 = s \wedge x_4 = t \in \mathbb{R}\} \\
&= \{(2+t|2+t-s|s|t) \in \mathbb{R}^4 | s,t \in \mathbb{R}\} \\
&= \{(2|2|0|0) + s(0|-1|1|0) + t(1|1|0|1) | s,t \in \mathbb{R}\}
\end{aligned}$$

Der Zusammenhang zwischen L und L_0 ist offensichtlich: Mit der speziellen Lösung $\vec{u} = (2|2|0|0)$ (für $s = t = 0$) läßt sich die Lösungsmenge des inhomogenen Gleichungssystems darstellen als $L = \vec{u} + L_0 = \{\vec{u} + \vec{x}_0 \mid \vec{x}_0 \in L_0\}$.

Damit läßt sich an diesem Beispiel formulieren: Man erhält L, indem man eine spezielle Lösung $\vec{u}$ des inhomogenen Gleichungssystems mit allen Lösungsvektoren von L_0 addiert.

c) Die spezielle Aussage von b) läßt sich verallgemeinern. Ist $\vec{u} \in \mathbb{R}^n$ eine Lösungsmenge des inhomogenen Gleichungssystem $A\vec{x} = \vec{b}$ und L_0 die Lösungsmenge des zugehörigen homogenen Gleichungssystems, so gilt $L = \vec{u} + L_0$: <u>Jede</u> Lösung $\vec{x}$ aus L läßt sich (bei festem $\vec{u} \in L$) eindeutig darstellen in der Form $\vec{x} = \vec{u} + \vec{x}_0$ mit $\vec{x}_0 \in L_0$. Mit Hilfe der Matrizenschreibweise ist dies leicht nachzuweisen.

Wegen $A(\vec{u} + \vec{x}_0) = A\vec{u} + A\vec{x}_0 = \vec{b} + \vec{0} = \vec{b}$ ist der Vektor $\vec{x} = \vec{u} + \vec{x}_0 \in L$. Umgekehrt gilt: Ist $\vec{x} \in L$, also $A\vec{x} = \vec{b}$, so folgt wegen $A\vec{u} = \vec{b}$ dann $A\vec{x} - A\vec{u} = A(\vec{x} - \vec{u}) = \vec{b} - \vec{b} = \vec{0}$, also $\vec{x} - \vec{u} \in L_0$. $\vec{x}$ läßt sich somit in der Form $\vec{u} + \vec{x}_0$ mit $\vec{x}_0 \in L_0$ darstellen (hier ist $\vec{x}_0 = \vec{x} - \vec{u}$). Damit ist noch nichts über die Lösbarkeit ausgesagt: L kann auch die leere Menge sein.

d) Die Berechnung von k kann auf zwei Weisen geschehen:

1) Soll $(4|5|-1|k) \in L$ sein, so existieren $s,t \in \mathbb{R}$ mit

$$(4|5|-1|k) = (2+t|2-s+t|s|t).$$

Die dritte Koordinate zeigt sofort $s = -1$. Damit folgt $t = 2$ aus der ersten <u>und</u> zweiten Koordinate und schließlich $k = t = 2$.

Die gesuchte Lösung heißt $(4|5|-1|2) \in L$.

2) Soll $(4|5|-1|k)$ eine Lösung sein, so muß gelten

$$A\begin{pmatrix} 4 \\ 5 \\ -1 \\ k \end{pmatrix} = \begin{pmatrix} 2 \\ 2 \\ 8 \\ 2 \end{pmatrix} \Leftrightarrow \begin{pmatrix} 4-k \\ 4-k \\ 16-4k \\ 4-k \end{pmatrix} = \begin{pmatrix} 2 \\ 2 \\ 8 \\ 2 \end{pmatrix} \quad \text{(Matrizenprodukt)}$$

Daraus folgt sofort: $k = 2$.

e) Der Zusammenhang aus c) liefert eine wichtige Aussage. Wegen $L = \vec{u} + L_0$ ($\vec{u} \in L \neq \emptyset$) enthält L nur <u>ein</u> Element, wenn $L_0 = \{\vec{0}\}$. Das Gleichungssystem ist eindeutig lösbar genau dann wenn $L_0 = \{\vec{0}\}$. Da dies gerade die lineare Unabhängigkeit der n Spaltenvektoren bedeutet, zeigt das: Ist ein lineares Gleichungssystem lösbar, so ist die eindeutige Lösbarkeit äquivalent zur linearen Unabhängigkeit der Spaltenvektoren der Koeffizientenmatrix A.

Aufgabe IV.3

a) Die elementaren Zeilenumformungen mit dem Gaußschen Eliminationsverfahren liefern:

x_1	x_2	x_3	
2	4	2	1
1	−3	−1	1
3	1	−1	0
−1	−1	−1	−1

vertauschen

1	−3	−1	1	$\cdot(-2)$ $\cdot(-3)$
2	4	2	1 +
3	1	−1	0 +
−1	−1	−1	−1 +

1	−3	−1	1
0	10	4	−1	$\cdot(-1)$
0	10	2	−3 +
0	−4	−2	0	$\cdot 5$

1	−3	−1	1
0	10	4	−1	$\cdot 2$
0	0	−2	−2
0	−20	−10	0 +

1	−3	−1	1
0	10	4	−1
0	0	−2	−2	$\cdot(-1)$
0	0	−2	−2 +

1	−3	−1	1
0	10	4	−1
0	0	−2	−2
0	0	0	0

Das Schlußschema zeigt, daß die drei Spaltenvektoren der Koeffizientenmatrix linear unabhängig sind. Die dabei auftretende Nullzeile bedeutet nicht etwa lineare Abhängigkeit, da es sich um drei Vektoren aus $\mathbb{R}^4$ handelt. Weglassen der letzten Zeile macht das deutlich.

b) Ein (4×3)-Gleichungssystem muß nicht eindeutig lösbar sein, da es „überbestimmt" ist, also mehr Gleichungen als Variablen vorliegen. Daß das vorliegende Gleichungssystem lösbar ist, zeigt die **vollständige** Nullzeile.

c) Die Tatsache, daß eine vollständige Nullzeile entsteht, bedeutet nichts anderes als daß die vier Vektoren $\vec{a}_1$, $\vec{a}_2$, $\vec{a}_3$ und $\vec{b} \in \mathbb{R}^4$ linear abhängig sind. Mit anderen Worten: $\vec{b}$ liegt in dem von den drei Spaltenvektoren aufgespannten dreidimensionalen Unterraum $< \vec{a}_1, \vec{a}_2, \vec{a}_3 > \subseteq \mathbb{R}^4$. Da die Spaltenvektoren linear unabhängig sind, ist die Darstellung von $\vec{b}$ sogar eindeutig: Das Gleichungssystem ist **eindeutig** lösbar. Entsprechend würde die lineare Unabhängigkeit von $\vec{a}_1$, $\vec{a}_2$, $\vec{a}_3$ und $\vec{b}$ die Unlösbarkeit des Gleichungssystems bedeuten.

d) Die eindeutige Lösung folgt unmittelbar aus dem Schlußschema: $-2x_3 = -2 \Leftrightarrow x_3 = 1$; $10x_2 = -1 - 4x_3 = -1 - 4 = -5 \Leftrightarrow x_2 = -\frac{1}{2}$; $x_1 = 1 + x_3 + 3x_2 = 1 + 1 - \frac{3}{2} = \frac{1}{2}$. Somit also: $L = \{(\frac{1}{2} | -\frac{1}{2} | 1)\}$.

e) Wählt man als rechte Seite den Vektore $\vec{b}_1$ aus der Aufgabenstellung, so führen dieselben Umformungen wie oben auf das Schlußschema

x_1	x_2	x_3	
1	−3	−1	2
0	10	4	−1
0	0	−2	−2
0	0	0	10

Das Gleichungssystem ist unlösbar, da die letzte Gleichung unerfüllbar ist. Nach c) bedeutet das: $\vec{a}_1, \vec{a}_2, \vec{a}_3$ und $\vec{b}_1$ sind linear unabhängig. Man kann $\vec{b}_1$ <u>nicht</u> mit Hilfe der drei Spaltenvektoren linear kombinieren.

Aufgabe IV.5

a) Durch Umformung ergibt sich das folgende homogene Gleichungssystem:

$$\begin{cases} x_1 + x_2 - x_3 - x_4 &= 0 \\ x_2 + x_3 - x_4 - x_5 &= 0 \\ -x_1 + x_3 + x_4 - x_5 &= 0 \\ x_1 + x_2 + x_3 + x_4 + x_5 &= 0 \end{cases}$$

Dies läßt sich in der Form $A\vec{x} = \vec{0}$ schreiben mit Hilfe der Matrix

$$A = \begin{pmatrix} 1 & 1 & -1 & -1 & 0 \\ 0 & 1 & 1 & -1 & -1 \\ -1 & 0 & 1 & 1 & -1 \\ 1 & 1 & 1 & 1 & 1 \end{pmatrix}$$

Durch A wir eine lineare Abbildung $A: \mathbb{R}^5 \longrightarrow \mathbb{R}^4$ definiert.

b) Kern A ist die Lösungsmenge des gegebenen homogenen Gleichungssystems, welche auf die übliche Weise bestimmt werden kann, rg A ist die Dimension des von den Spaltenvektoren aufgespannten Unterraumes von $\mathbb{R}^4$.

x_1	x_2	x_3	x_4	x_5	
1	1	−1	−1	0	0
0	1	1	−1	−1	0
−1	0	1	1	−1	0
1	1	1	1	1	0
1	1	−1	−1	0	0
0	1	1	−1	−1	0
0	1	0	0	−1	0
0	0	2	2	1	0
1	1	−1	−1	0	0
0	1	1	−1	−1	0
0	0	−1	1	0	0
0	0	2	2	1	0
1	1	−1	−1	0	0
0	1	1	−1	−1	0
0	0	−1	1	0	0
0	0	0	4	1	0

Das Schlußschema zeigt: dim Kern $A = 1$ (Ergänzung einer vollständigen Nullzeile) und rg $A = 4$ (die fünf Spaltenvektoren erzeugen einen vierdimensionalen Unterraum von $\mathbb{R}^4$), also Bild $A = \mathbb{R}^4$. Insbesondere ist A surjektiv, aber nicht injektiv, was nach unseren Kenntnissen nur für $m < n$ möglich ist.

c) Zur Bestimmung von Kern A: Mit $x_5 = t \in \mathbb{R}$ als Parameter folgt $4x_4 = -x_5 = -t \Leftrightarrow x_4 = -\frac{1}{4}t$; $x_3 = x_4 = -\frac{1}{4}t$; $x_2 = x_5 + x_4 - x_3 = t - \frac{1}{4}t + \frac{1}{4}t = t$ und schließlich $x_1 = x_4 + x_3 - x_2 = -\frac{1}{4}t - \frac{1}{4}t - t = -\frac{3}{2}t$. Somit ergibt sich

$$\text{Kern } A = \{(-\frac{3}{2}t|t|-\frac{1}{4}t|-\frac{1}{4}t|t) \in \mathbb{R}^5)|t \in \mathbb{R}\}.$$

Mit $t = 4$ erhält man den Vektor $(-6|4|-1|-1|4)$, der Kern A aufspannt (als Basis) und von der verlangten Gestalt ist.

d) Um das Bild $\vec{v}$ des Vektors $\vec{u} = (1|1|1|1|1)$ zu bestimmen, ist das Matrizenprodukt $A\vec{u}$ zu berechnen. Die Rechnung ergibt leicht $\vec{v} = (0|0|0|5)$. Da A nicht injektiv ist, gibt es unendlich viele Urbilder zu $\vec{v}$: Diese werden durch die Menge $(1|1|1|1|1) + \text{Kern } A$ beschrieben. Wählt man als zweiten Summanden etwa den Basisvektor aus c), so ergibt sich als weiterer Vektor $\vec{u}_1 = (1|1|1|1|1) + (-6|4|-1|-1|4) = (-5|5|0|0|5)$. Für diesen gilt ebenfalls $A\vec{u}_1 = \vec{v}$.

e) Da A surjektiv ist, gibt es zu jedem Vektor $\vec{b} \in \mathbb{R}^4$ Urbildvektoren $\vec{x}$ mit $A\vec{x} = \vec{b}$. Für das zugehörige inhomogene Gleichungssystem sind dieselben elementaren Zeilenumformungen wie bei b) durchzuführen einschließlich der rechten Seite $\vec{b} = (-4|-4|1|15)$.

Um nicht das ganze Schema noch einmal hinschreiben zu müssen, sollen nur die entsprechenden Umformungen von $\vec{b}$ notiert werden, die sich bei den angegebenen

Umformungen in b) ergeben:

$$\begin{pmatrix} -4 \\ -4 \\ 1 \\ 15 \end{pmatrix} \longrightarrow \begin{pmatrix} -4 \\ -4 \\ -3 \\ 19 \end{pmatrix} \longrightarrow \begin{pmatrix} -4 \\ -4 \\ 1 \\ 19 \end{pmatrix} \longrightarrow \begin{pmatrix} -4 \\ -4 \\ 1 \\ 21 \end{pmatrix}$$

Das Schlußschema lautet also

x_1	x_2	x_3	x_4	x_5	
1	1	−1	−1	0	−4
0	1	1	−1	−1	−4
0	0	−1	1	0	1
0	0	0	4	1	21

Die entsprechenden Rechnungen zur Bestimmung der Lösungsmenge wie bei c) liefern dann mit $x_5 = t \in \mathbb{R}$: $x_4 = \frac{21}{4} - \frac{1}{4}t$; $x_3 = \frac{17}{4} - \frac{1}{4}t$; $x_2 = -3 + t$; $x_1 = \frac{17}{2} - \frac{3}{2}t$ oder

$$L = \left\{ \left(\frac{17}{2} - \frac{3}{2}t \middle| -3 + t \middle| \frac{17}{4} - \frac{1}{4}t \middle| \frac{21}{4} - \frac{1}{4}t \middle| t \right) \in \mathbb{R}^5 \middle| t \in \mathbb{R} \right\}.$$

Die Bedingung $x_1 = 1$ bedeutet $t = 5$. Man berechnet dann leicht $x_2 = 2$, $x_3 = 3$, $x_4 = 4$ und $x_5 = 5$. Der Vektor lautet $(1|2|3|4|5)$. Die Menge L läßt sich damit auch einfacher darstellen (vgl. c)):

$$L = (1|2|3|4|5) + \; <(-6|4|-1|-1|4)>.$$

Aufgabe IV.6

a) Die beiden Gleichungssysteme lassen sich simultan lösen:

x_1	x_2	x_3	$\vec{b}_1$	$\vec{b}_2$	
1	1	1	1	1	$\vert \cdot (-1)$ $\vert \cdot (-2)$ $\vert \cdot (-3)$
1	2	2	3	0	+
2	1	2	1	2	+
3	1	2	3	4	+
1	1	1	1	1	
0	1	1	2	−1	$\vert \cdot 2$
0	−1	0	−1	0	+
0	−2	−1	0	1	+
1	1	1	1	1	
0	1	1	2	−1	
0	0	1	1	−1	$\vert \cdot (-1)$
0	0	1	4	−1	+
1	1	1	1	1	
0	1	1	2	−1	
0	0	1	1	−1	
0	0	0	3	0	

b) Die Koeffizientenseite zeigt: $\operatorname{rg} A = 3$ und $\dim \operatorname{Kern} A = 0$. Die drei Spaltenvektoren sind linear unabhängig, die lineare Abbildung $A\colon \mathbb{R}^3 \longrightarrow \mathbb{R}^4$ ist somit injektiv, aber nicht surjektiv. (Dies ist nur möglich, wenn $m > n$)

c_1) Die rechten Seiten zeigen: $\operatorname{rg}(A, \vec{b}_1) = 4$ und $\operatorname{rg}(A, \vec{b}_2) = 3$. Deshalb ist das Gleichungssystem $A\vec{x} = \vec{b}_1$ unlösbar: $\vec{b}_1 \notin \operatorname{Bild} A$.

c_2) Wegen $\operatorname{rg} A = \operatorname{rg}(A, \vec{b}_2) = 3$ ist das Gleichungssystem $A\vec{x} = \vec{b}_2$ dagegen lösbar, wegen $\operatorname{Kern} A = \{\vec{0}\}$ sogar eindeutig: $\vec{b}_2 \in \operatorname{Bild} A$. Die weitere Rechnung zeigt: $x_3 = -1$; $x_2 = -1 - x_3 = -1 + 1 = 0$; $x_1 = 1 - x_2 - x_3 = 1 - 0 + 1 = 2$, also

$L = \{(2|0|-1)\}$. Für die lineare Abbildung A bedeutet das $A \begin{pmatrix} 2 \\ 0 \\ -1 \end{pmatrix} = \vec{b}_2$.

d) Streicht man jeweils die vierte Zeile bzw. Koordinate, so liefert

$A_1 = \begin{pmatrix} 1 & 1 & 1 \\ 1 & 2 & 2 \\ 2 & 1 & 2 \end{pmatrix}$ eine lineare Abbildung $\mathbb{R}^3 \longrightarrow \mathbb{R}^3$. Das Schlußschema zeigt:

A_1 ist ein Isomorphismus (bijektiver Vektorraumhomomorphismus). Jedes Gleichungssystem $A_1 \vec{x} = \vec{b}$ ist somit eindeutig lösbar.

e) Für $\vec{b}_1 = \begin{pmatrix} 1 \\ 3 \\ 1 \end{pmatrix}$ ergibt sich $x_3 = 1$, $x_2 = 1$, $x_1 = -1$: $L_1 = \{(-1|1|1)\}$. Für

$\vec{b}_2 = \begin{pmatrix} 1 \\ 0 \\ 2 \end{pmatrix}$ führen die Rechnungen wie oben auf $L_2 = \{(2|0|-1)\}$.

Aufgabe IV.8

a) Einsetzen liefert folgende Gleichungen:

$$\begin{aligned} n=1: \quad & a + b + c = 1 \\ n=2: \quad & 4a + 2b + c = 3 \\ n=3: \quad & 9a + 3b + c = 6 \end{aligned}$$

Das Gleichungssystem führt auf das Rechenschema:

a	b	c		
1	1	1	1	$\|\cdot(-4)\| \cdot (-9)$
4	2	1	3	$+ \twoheadleftarrow\quad\rfloor$
9	3	1	6	$+ \twoheadleftarrow\quad\quad\rfloor$
1	1	1	1	
0	−2	−3	−1	$\|\cdot(-3)\|$
0	−6	−8	−3	$+ \twoheadleftarrow\rfloor$
1	1	1	1	
0	−2	−3	−1	
0	0	0	0	

Es existiert eine eindeutige Lösung: Aus der dritten Gleichung folgt $c = 0$, damit ergibt sich $-2b = -1 \Leftrightarrow b = \frac{1}{2}$ und $a = 1 - b = 1 - \frac{1}{2} = \frac{1}{2}$. Somit lautet die Lösungsmenge $L = \{(\frac{1}{2}|\frac{1}{2}|0)\}$.

Die Summenformel lautet: $D(n) = \frac{1}{2}n^2 + \frac{1}{2}n = \frac{n(n+1)}{2}$. Die Zahlen dieser Folge nennt man auch „Dreieckszahlen".

b) Obere Dreiecksmatrizen haben unterhalb der Hauptdiagonalen lauter Nullen. Daß die Menge D_n aller n-reihigen Dreiecksmatrizen einen Vektorraum bildet, ist aus Aufg. I.7e) bekannt (dort ist $n = 3$). Die Dimension ergibt sich aus der Anzahl der von 0 verschiedenen Matrixelemente, die als Parameter unabhängig auftreten. Diese ist gerade $1 + 2 + \ldots + n = D(n)$, wenn man die Anzahl der Elemente spaltenweise addiert.

$$\begin{pmatrix} a_{11} & \ldots & a_{1n} \\ 0 & & a_{2n} \\ \vdots & & \vdots \\ 0 & \ldots & a_{nn} \end{pmatrix}$$

Der Vektorraum D_n der n-reihigen oberen (unteren) Dreiecksmatrizen hat demnach die Dimension $D(n) = \frac{n(n+1)}{2}$, also $D_n \cong \mathbb{R}^{n(n+1)/2}$. Für $n = 2$ bedeutet das $D(2) = 3$, für $n = 10$ entsprechend $D(10) = 55$. Der Name „Dreieckszahlen" ist jetzt erklärbar.

c) Für die Summe der ersten n Kubikzahlen läßt sich analog ein Gleichungssystem und eine Summenformel aufstellen.

$$\begin{array}{lrrrrrr} n = 1: & a & + & b & + & c & + & d & = & 1 \\ n = 2: & 16a & + & 8b & + & 4c & + & 2d & = & 9 \\ n = 3: & 81a & + & 27b & + & 9c & + & 3d & = & 36 \\ n = 4: & 256a & + & 64b & + & 16c & + & 4d & = & 100 \end{array}$$

Das führt auf das Lösungsschema:

a	b	c	d		
1	1	1	1	1	$\mid\cdot(-16)$ $\mid\cdot(-81)$ $\mid\cdot(-256)$
16	8	4	2	9	+
81	27	9	3	36	+
256	64	16	4	100	+
1	1	1	1	1	
0	-8	-12	-14	-7	$\mid:2$
0	-54	-72	-78	-45	$\mid:6$
0	-192	-240	-252	-156	$\mid:12$
1	1	1	1	1	
0	-4	-6	-7	$-3{,}5$	$\mid\cdot(-4)$
0	-9	-12	-13	$-7{,}5$	
0	-16	-20	-21	-13	+
1	1	1	1	1	
0	-4	-6	-7	$-3{,}5$	$\mid\cdot(-9)$
0	-9	-12	-13	$-7{,}5$	$\mid\cdot 4$
0	0	4	7	1	
1	1	1	1	1	
0	36	54	63	31.5	
0	-36	-48	-52	-30	
0	0	4	7	1	+
1	1	1	1	1	
0	36	54	63	31.5	
0	0	6	11	$1{,}5$	$\mid\cdot(-2)$
0	0	4	7	1	$\mid\cdot 3$
1	1	1	1	1	
0	36	54	63	$31{,}5$	
0	0	-12	-22	-3	
0	0	12	21	3	+
1	1	1	1	1	
0	36	54	63	31.5	
0	0	-12	-22	-3	
0	0	0	-1	0	

Das Gleichungssystem ist eindeutig lösbar. Zunächst ist $d = 0$, weiter $-12c = -3 \Leftrightarrow c = \frac{1}{4}$, dann $36b = 31{,}5 - 54c = 31{,}5 - 13{,}5 = 18 \Leftrightarrow b = \frac{1}{2}$ und schließlich $a = 1 - d - c - b = 1 - \frac{1}{4} - \frac{1}{2} = \frac{1}{4}$, also $L = \{(\frac{1}{4}|\frac{1}{2}|\frac{1}{4}|0)\}$.

Die gesuchte Summenformel lautet

$$K(n) = \frac{1}{4}n^4 + \frac{1}{2}n^3 + \frac{1}{4}n^2$$
$$= \frac{n^4 + 2n^3 + n^2}{4}$$
$$= \left(\frac{n(n+1)}{2}\right)^2$$

d) Die Formeln für $D(n)$ und $K(n)$ liefert unmittelbar den Zusammenhang:

$$(D(n))^2 = K(n).$$

Speziell ist die Summe der ersten n Kubikzahlen ein Quadrat, nämlich das Quadrat der n-ten Dreieckszahl. Z.B. ist $1^3 + \ldots + 6^3 = 441 = 21^2$.

Aufgabe IV.9*

Die Zahl der Tauben sei p, der Kraniche q, der Gänse r und der Pfaue s. Dann gilt zunächst

$$\text{①} \quad p + q + r + s = 100$$

Weiter ergeben die Angaben über die Kosten: Eine Taube kostet $\frac{3}{5}$, ein Kranich $\frac{5}{7}$, eine Gans $\frac{7}{9}$ und ein Pfau 3 Drammas. Demnach gilt

$$\text{②} \quad \frac{3}{5}p + \frac{5}{7}q + \frac{7}{9}r + 3s = 100.$$

Multipliziert man diese Gleichung mit dem Hauptnenner $5 \cdot 7 \cdot 9 = 315$, so ergibt sich

$$\text{②'} \quad 189p + 225q + 245r + 945s = 31500$$

Das führt auf das folgende (2 × 4)-Gleichungssystem:

p	q	r	s		
1	1	1	1	100	$\mid \cdot (-189)$
189	225	245	945	31500	+
1	1	1	1	100	
0	36	56	756	12600	$\mid : 36$
1	1	1	1	100	
0	1	$\frac{14}{9}$	21	350	

Da alle auftretenden Variablen nur Werte aus $\mathbb{N}$ annehmen können, muß r ein Vielfaches von 9 sein. Setzt man $r = 9r^*$ ($r^* \in \mathbb{N}$), so ergibt sich folgendes äquivalente Gleichungssystem:

p	q	r^*	s	
1	1	9	1	100
0	1	14	21	350

Mit $s, r^* \in \mathbb{N}$ folgt $q = 350 - 21s - 14r^*$ und $p = 100 - s - 9r^* - q = 100 - s - 9r^* - (350 - 21s - 14r^*) = -250 + 20s + 5r^*$. Also:

$$L = \{(-250 + 20s + 5r^* \mid 350 - 21s - 14r^* \mid r^* \mid s) \mid r^*, s \in \overline{\mathbb{N}}\}.$$

Dabei bedeutet $\overline{\mathbb{N}}$, daß nicht alle natürlichen Zahlen r^* und s zugelassen sind, denn auch p und q müssen natürliche Zahlen ergeben. Ähnliche Einschränkungen spielen bei Anwendungsaufgaben häufig eine Rolle. Die Terme für p und q zeigen, daß gelten muß:

$$(*) \begin{cases} -250 + 20s + 5r^* > 0 \Leftrightarrow 20s + 5r^* > 250 \\ 350 - 21s - 14r^* > 0 \Leftrightarrow 21s + 14r^* < 350 \end{cases} \text{und}$$

Die Lösungsmenge L besteht demnach aus allen 4-Tupeln der oben berechneten Form, wobei r^* und s die beiden Gleichungen $(*)$ erfüllen.

Es sei $r^* = 1$ (also $r = 9$): Wegen $(*)$ heißt das

$$\left.\begin{array}{r} 20s > 245 \\ \wedge \quad 21s < 336 \end{array}\right\} \Leftrightarrow \begin{cases} s > 12,25 \\ \wedge \quad s < 16 \end{cases}$$

Damit kommen nur die Werte $s = 13, 14$ und 15 in Frage. Für die Variable q ergeben sich dann der Reihe nach $q = 63, 42$ und 21, für p entsprechend $p = 15, 35$ und 55.

Durch die Zusatzbedingung $r \leq 10$ (Aufgabenstellung!) ist $r = 9$ die einzige Möglichkeit. Somit ergeben sich (mit der Einschränkung) die folgenden drei Lösungen:

r	s	q	p
9	13	63	15
9	14	42	35
9	15	21	55

Ohne die Einschränkung $r \leq 10$ gibt es **dreizehn** weitere Lösungen:

$r = 18, 27$ je drei Lösungen

$r = 36, 45$ je zwei Lösungen und

$r = 54, 63, 72$ je eine Lösung.

Diese sind entsprechend zu bestimmen oder der Quellenangabe zu entnehmen.

Aufgabe V.2

a) Mit $A = \begin{pmatrix} 1 & 2 \\ -1 & 4 \end{pmatrix}$ erhält man spur $A = 5$ und det $A = 6$. Damit ergibt sich char $A = r^2 - 5r + 6$ mit den beiden Lösungen $r_1 = 3$ und $r_2 = 2$. Die Matrix besitzt also zwei verschiedene Eigenwerte.

b) $r_1 = 3$ führt auf $A_3 = \begin{pmatrix} 1-3 & 2 \\ -1 & 4-3 \end{pmatrix} = \begin{pmatrix} -2 & 2 \\ -1 & 1 \end{pmatrix}$ und die Gleichung

$-2x_1 + 2x_2 = 0 \Leftrightarrow x_1 = x_2$. Der erste Eigenraum ist $E_3 = \left\langle \begin{pmatrix} 1 \\ 1 \end{pmatrix} \right\rangle$. Zu $r_2 = 2$

ist $A_2 = \begin{pmatrix} 1-2 & 2 \\ -1 & 4-2 \end{pmatrix} = \begin{pmatrix} -1 & 2 \\ -1 & 2 \end{pmatrix}$. Mit $-x_1 + 2x_2 = 0 \Leftrightarrow x_1 = 2x_2$ ergibt

sich der Eigenraum $E_2 = \left\langle \begin{pmatrix} 2 \\ 1 \end{pmatrix} \right\rangle$.

Die beiden linear unabhängigen Eigenvektoren $\begin{pmatrix} 1 \\ 1 \end{pmatrix}$ und $\begin{pmatrix} 2 \\ 1 \end{pmatrix}$ bilden eine Basis von $\mathbb{R}^2$ aus Eigenvektoren.

c) Wegen $\det A = 6 \neq 0$ existiert die Umkehrmatrix A^{-1}. Es ist

$$A^{-1} = \frac{1}{6} \begin{pmatrix} 4 & -2 \\ 1 & 1 \end{pmatrix} = \begin{pmatrix} 2/3 & -1/3 \\ 1/6 & 1/6 \end{pmatrix}.$$

Für A^{-1} gilt spur $A^{-1} = \frac{2}{3} + \frac{1}{6} = \frac{5}{6}$ und $\det A^{-1} = \frac{1}{\det A} = \frac{1}{6}$. Somit erhält man char $A^{-1} = r^2 - \frac{5}{6}r + \frac{1}{6}$.

d) Als Lösungen der charakteristischen Gleichung char $A^{-1} = 0$ ergeben sich

$$r_{1/2} = \frac{5}{12} \pm \sqrt{\frac{25}{144} - \frac{24}{144}} = \frac{5}{12} \pm \frac{1}{12}.$$

Dies führt auf die beiden Eigenwerte $r_1 = \frac{1}{2}$ und $r_2 = \frac{1}{3}$.

Der Vergleich der Eigenwerte von A und A^{-1} zeigt unmittelbar, daß die Eigenwerte von A^{-1} gerade die Reziproken (Kehrwerte) der Eigenwerte von A sind.

e) Der Zusammenhang aus d) läßt sich allgemein zeigen: Wenn $r \neq 0$ Eigenwert von A ist, so gilt $A\vec{u} = r\vec{u}$ mit $\vec{u} \neq \vec{0}$. Dann folgt $A^{-1}(r\vec{u}) = \vec{u}$ oder

$$A^{-1}\vec{u} = A^{-1}(\frac{1}{r}(r\vec{u})) = \frac{1}{r}A^{-1}(r\vec{u}) = \frac{1}{r}\vec{u}.$$

Somit ergibt sich $1/r$ unmittelbar als Eigenwert von A^{-1} (mit demselben Eigenvektor $\vec{u}$). Dabei muß r von Null verschieden sein, denn sonst ist $\det A = 0$ und A^{-1} existiert nicht.

Aufgabe V.3

a) Mit dem allgemeinen Ansatz $A = \begin{pmatrix} a & c \\ b & d \end{pmatrix}$ folgt

$$\begin{pmatrix} a & c \\ b & d \end{pmatrix} \begin{pmatrix} 2 \\ -1 \end{pmatrix} = \begin{pmatrix} 2a - c \\ 2b - d \end{pmatrix} = \begin{pmatrix} -2 \\ -3 \end{pmatrix} \text{ und}$$

$$\begin{pmatrix} a & c \\ b & d \end{pmatrix} \begin{pmatrix} 4 \\ 1 \end{pmatrix} = \begin{pmatrix} 4a + c \\ 4b + d \end{pmatrix} = \begin{pmatrix} 2 \\ 0 \end{pmatrix}.$$

Das führt auf das Gleichungssystem

$$(1) \begin{cases} 2a - c = -2 \\ 4a + c = 2 \end{cases} \text{ und } (2) \begin{cases} 2b - d = -3 \\ 4b + d = 0 \end{cases}$$

Addition von (1) liefert $6a = 0 \Leftrightarrow a = 0$ und weiter $c = 2$. Analog zeigt (2) $6b = -3 \Leftrightarrow b = -1/2$ und $d = 2$. Die Abbildung wird also durch die Matrix $A = \begin{pmatrix} 0 & 2 \\ -1/2 & 2 \end{pmatrix}$ beschrieben.

b) Mit spur $A = 2$ und det $A = 1$ ergibt sich char $A = r^2 - 2r + 1$. Das charakteristische Polynom hat die doppelte Nullstelle 1, somit folgt $r_1 = r_2 = 1$. Es gibt nur einen Eigenwert von A.

c) Wegen b) gibt es auch nur einen Eigenraum E_1. Mit $r = 1$ folgt

$$A_1 = \begin{pmatrix} 0-1 & 2 \\ -1/2 & 2-1 \end{pmatrix} = \begin{pmatrix} -1 & 2 \\ -1/2 & 1 \end{pmatrix},$$

somit liefert $-x_1 + 2x_2 = 0 \Leftrightarrow x_1 = 2x_2$ den Eigenraum $E_1 = \left\langle \begin{pmatrix} 2 \\ 1 \end{pmatrix} \right\rangle$.

d) Da es nur einen Eigenraum E_1 gibt und dieser eindimensional ist, kann man keine Basis von $\mathbb{R}^2$ aus Eigenvektoren von A angeben, denn alle Eigenvektoren aus E_1 sind linear abhängig.

e) Zu $A = \begin{pmatrix} 0 & 2 \\ -1/2 & 2 \end{pmatrix}$ ist wegen det $A = 1$ die Umkehrmatrix gegeben durch $A^{-1} = \begin{pmatrix} 2 & -2 \\ 1/20 & 0 \end{pmatrix}$. Mit spur $A^{-1} = 2$ und det $A^{-1} = 1$ folgt char $A =$ char A^{-1}. Damit besitzen A und A^{-1} auch dieselben Eigenwerte (hier $r_1 = r_2 = 1$). Der Grund für die Gleichheit der charakteristischen Polynome liegt in diesem Falle am Wert det $A = 1$. Denn damit ist auch det $A^{-1} = 1/\det A = 1 = \det A$ und spur A^{-1} = spur $A/\det A$ = spur A. (Wie man sich leicht klar macht, würde auch $\det A = -1$ auf $\det A^{-1} = \det A$ führen, dann müßte aber spur $A = 0$ sein, wenn die beiden charakteristischen Polynome gleich sein sollen.)

Aufgabe V.5

a) Mit spur $A = \dfrac{2}{3}$ und $\det A = (-\dfrac{1}{3}) \cdot 1 - \dfrac{2}{3} \cdot 2 = -\dfrac{5}{3}$ ergibt sich die charakteristische Gleichung zu

$$r^2 - \frac{2}{3}r - \frac{5}{3} = 0.$$

Die Lösungen sind $r_{1/2} = \dfrac{1}{3} \pm \sqrt{\dfrac{1}{9} + \dfrac{15}{9}} = \dfrac{1}{3} \pm \dfrac{4}{3}$, das bedeutet: A besitzen die beiden Eigenwerte $r_1 = \dfrac{5}{3}$ und $r_2 = -1$.

Daraus folgt unmittelbar: A läßt sich diagonalisieren, da eine Basis B_* aus Eigenvektoren existiert. Die zugehörige Matrix A^* hat Diagonalgestalt.

b) Bestimmung der Eigenräume:

Zu $r_1 = \dfrac{5}{3}$ ist $A_{r_1} = \begin{pmatrix} -\dfrac{1}{3} - \dfrac{5}{3} & -\dfrac{2}{3} \\ -2 & 1 - \dfrac{5}{3} \end{pmatrix} = \begin{pmatrix} -2 & -\dfrac{2}{3} \\ -2 & -\dfrac{2}{3} \end{pmatrix}$. Dies führt auf

$-2x_1 - \dfrac{2}{3}x_2 = 0 \Leftrightarrow x_2 = -3x_1$ und damit auf den Eigenraum $E_{r_1} = \left\langle \begin{pmatrix} 1 \\ -3 \end{pmatrix} \right\rangle$.

$r_2 = -1$ liefert $A_{-1} = \begin{pmatrix} -1/3 + 1 & -2/3 \\ -2 & 1+1 \end{pmatrix} = \begin{pmatrix} 2/3 & -2/3 \\ -2 & 2 \end{pmatrix}$ und $-2x_1 + 2x_2 =$

$0 \Leftrightarrow x_1 = x_2$. Der zweite Eigenraum hat die Form $E_{-1} = \left\langle \begin{pmatrix} 1 \\ 1 \end{pmatrix} \right\rangle$.

c) Damit kann eine Basis B_* aus Eigenvektoren angegeben werden:

$$B_* = \left\{ \begin{pmatrix} 1 \\ -3 \end{pmatrix}, \begin{pmatrix} 1 \\ 1 \end{pmatrix} \right\}.$$

d) Die Transformationsmatrix hat die Gestalt $S = \begin{pmatrix} 1 & 1 \\ -3 & 1 \end{pmatrix}$. Wegen $\det S = 4$ ist $S^{-1} = \dfrac{1}{4} \begin{pmatrix} 1 & -1 \\ 3 & 1 \end{pmatrix}$. Für die Matrix A^* ergibt sich

$$A^* = S^{-1} A S = \frac{1}{4} \begin{pmatrix} 1 & -1 \\ 3 & 1 \end{pmatrix} \begin{pmatrix} -\dfrac{1}{3} & -\dfrac{2}{3} \\ -2 & 1 \end{pmatrix} \begin{pmatrix} 1 & 1 \\ -3 & 1 \end{pmatrix} = \begin{pmatrix} \dfrac{5}{3} & 0 \\ 0 & -1 \end{pmatrix}.$$

Die ausführliche Rechnung sei zur Übung empfohlen. Die Gestalt der Diagonalmatrix ist aber schon vorauszusehen, denn auf der Hauptdiagonalen müssen die beiden Eigenwerten stehen.

e) Es ist spur $A^* = \dfrac{2}{3}$ und $\det A^* = -\dfrac{5}{3}$.

Diese Werte stimmen stets mit den entsprechenden der Matrix A überein, da beide dasselbe charakteristische Polynom besitzen. Aus der Diagonalgestalt folgt unmittelbar:

$$\text{spur } A^* = r_1 + r_2 \text{ und } \det A^* = r_1 \cdot r_2.$$

(Daß diese Gleichung immer gültig sind bei der Existenz von zwei (nicht unbedingt verschiedenen) Eigenwerten zeigt bereits die charakteristische Gleichung: Diese Aussage ist nichts anderes als der Satz von Vieta.)

Für die Umkehrmatrix $(A^*)^{-1}$ folgt wegen $\det A^* = -\dfrac{5}{3}$ dann

$$(A^*)^{-1} = -\frac{3}{5} \begin{pmatrix} -1 & 0 \\ 0 & \dfrac{5}{3} \end{pmatrix} = \begin{pmatrix} \dfrac{3}{5} & 0 \\ 0 & -1 \end{pmatrix}.$$

Auch $(A^*)^{-1}$ hat Diagonalgestalt. Auf der Diagonalen stehen die Kehrwerte der Eigenwerte. Allgemein gilt: Zu $A^* = \begin{pmatrix} r_1 & 0 \\ 0 & r_2 \end{pmatrix}$ ist $(A^*)^{-1} = \begin{pmatrix} \dfrac{1}{r_1} & 0 \\ 0 & \dfrac{1}{r_2} \end{pmatrix}$ $(r_1, r_2 \neq 0)$.

Aufgabe V.6

a) Mit spur $A = -1$ und $\det A = 0$ ergibt sich die charakteristische Gleichung zu

$$r^2 + r = 0 \Leftrightarrow (r = 0 \vee r = -1)$$

Es gibt somit zwei verschiedene Eigenwerte: $r_1 = 0$ und $r_2 = -1$. Dem Eigenwert r_1 kommt dabei eine besonderer Bedeutung zu.

b) Da $r_1 = 0$ ein Eigenwert ist, bedeutet dies, daß die zugehörige lineare Abbildung A nicht injektiv ist, denn Kern A ist gerade der Eigenraum E_0 und dieser enthält nicht nur den Nullvektor. Ebenfalls folgt damit, daß A nicht surjektiv ist (Dimensionsgleichung). Die Spalten von A sind in diesem Falle linear abhängig. Dieser Sachverhalt läßt sich auch unmittelbar aus der Eigenschaft $\det A = 0$ ableiten.

c) Zur Bestimmung der Eigenräume:

$r_1 = 0$ liefert $A_0 = \begin{pmatrix} 1 & -1 \\ 2 & -2 \end{pmatrix}$, also $x_1 - x_2 = 0 \Leftrightarrow x_1 = x_2$. Es ist $E_0 = \left\langle \begin{pmatrix} 1 \\ 1 \end{pmatrix} \right\rangle$.

$r_2 = -1$ führt auf $A_{-1} = \begin{pmatrix} 1+1 & -1 \\ 2 & -2+1 \end{pmatrix} = \begin{pmatrix} 2 & -1 \\ 2 & -1 \end{pmatrix}$ und $2x_1 - x_2 = 0 \Leftrightarrow x_2 = 2x_1$. Damit ergibt sich $E_{-1} = \left\langle \begin{pmatrix} 1 \\ 2 \end{pmatrix} \right\rangle$.

d) Da es zwei Eigenwerte gibt, existiert auch eine Basis B_* aus Eigenvektoren, A läßt sich also diagonalisieren. Daß die Umkehrmatrix A^{-1} nicht existiert, hat darauf keinen Einfluß.

e) Die Eigenräume aus c) zeigen, daß durch $B_* = \left\{ \begin{pmatrix} 1 \\ 1 \end{pmatrix}, \begin{pmatrix} 1 \\ 2 \end{pmatrix} \right\}$ eine Basis aus Eigenvektoren gegeben ist.

Die Transformationsmatrix ist $S = \begin{pmatrix} 1 & 1 \\ 1 & 2 \end{pmatrix}$. Wegen $\det S = 1$ ist

$S^{-1} = \begin{pmatrix} 2 & -1 \\ -1 & 1 \end{pmatrix}$. Somit läßt sich A^* berechnen durch $A^* = S^{-1} A S$ zu

$$A^* = \begin{pmatrix} 2 & -1 \\ -1 & 1 \end{pmatrix} \begin{pmatrix} 1 & -1 \\ 2 & -2 \end{pmatrix} \begin{pmatrix} 1 & 1 \\ 1 & 2 \end{pmatrix}$$

$$= \begin{pmatrix} 2 & -1 \\ -1 & 1 \end{pmatrix} \begin{pmatrix} 0 & -1 \\ 0 & -2 \end{pmatrix} = \begin{pmatrix} 0 & 0 \\ 0 & -1 \end{pmatrix}.$$

Dies ist eine Diagonalmatrix. An der ersten Spalte (zwei Nullen) ist sofort zu erkennen, daß A^* (bzw. A) den Eigenwert 0 besitzt. Die Matrix ist nicht regulär (umkehrbar).

Aufgabe V.8

a) Mit spur $A = (t+1) + (t-1) = 2t$ und $\det A = t^2 - 4$ ergibt sich die charakteristische Gleichung

$$r^2 - 2tr + (t^2 - 4) = 0$$

Die Lösungen berechnen sich zu

$$r_{1/2} = t \pm \sqrt{t^2 - (t^2 - 4)} = t \pm \sqrt{4} = t \pm 2.$$

Die Diskriminante hat (unabhängig von t) stets den Wert 4. Deshalb existieren in jedem Fall zwei verschiedene Eigenwerte:

$$r_1 = t + 2 \text{ und } r_2 = t - 2.$$

b) Damit lassen sich die Summe und Differenz der beiden Eigenwerte allgemein angeben:

$$r_1 + r_2 = (t+2) + (t-2) = 2t \text{ und } r_1 - r_2 = (t+2) - (t-2) = 4.$$

Dabei ist die Summe (= spur A_t) von t abhängig, während die Differenz stets den wert 4 annimmt. Das bedeutet: Die beiden Eigenwerte haben immer den Abstand 4.

c) Gilt $r_1 + r_2 = 3 = 2t$, so ist $t = \frac{3}{2}$. Damit ergeben sich die beiden Eigenwerte $r_1 = \frac{3}{2} + 2 = \frac{7}{2}$ und $r_2 = \frac{3}{2} - 2 = -\frac{1}{2}$.

d) Wenn ein Eigenwert von A_t den Wert -1 haben soll, so gibt es zwei Möglichkeiten, denn -1 kann der kleinere oder der größere der beiden Eigenwerte sein.

1) Ist $r_2 = -1 = t - 2$, so ist $t = 1$ und deshalb $r_1 = t + 2 = 3$.

2) Für $r_1 = -1 = t + 2$ folgt $t = -3$ und $r_2 = t - 2 = -5$.

e) Bestimmung der zugehörigen Eigenräume:

Zu 1): Für $t = 1$ hat die Matrix A_t die Form $A_t = \begin{pmatrix} 2 & 3 \\ 1 & 0 \end{pmatrix}$. Mit $r_1 = 3$ ist $A_1 - 3E = \begin{pmatrix} -1 & 3 \\ 1 & -3 \end{pmatrix}$, somit führt die Gleichung $-x_1 + 3x_2 = 0 \Leftrightarrow x_2 = \frac{1}{3}x_1$ auf den Eigenraum $E_3 = \left\langle \begin{pmatrix} 3 \\ 1 \end{pmatrix} \right\rangle$. Für $r_2 = -1$ folgt $A_1 + 1E = \begin{pmatrix} 3 & 3 \\ 1 & 1 \end{pmatrix}$, deshalb liefert die Gleichung $x_1 + x_2 = 0 \Leftrightarrow x_2 = -x_1$ den Eigenraum $E_{-1} = \left\langle \begin{pmatrix} 1 \\ -1 \end{pmatrix} \right\rangle$.

Zu 2): Hier ist $t = -3$ und $A_t = A_{-3} = \begin{pmatrix} -2 & 3 \\ 1 & -4 \end{pmatrix}$. Zu $r_1 = -1$ ist $A_{-3} + 1E = \begin{pmatrix} -1 & 3 \\ 1 & -3 \end{pmatrix}$ und $r_2 = -5$ führt auf die Matrix $A_{-3} + 5E = \begin{pmatrix} 3 & 3 \\ 1 & 1 \end{pmatrix}$. Man erkennt, daß sich dieselben Matrizen (und Gleichungssysteme) wie bei 1) ergeben. Deshalb gilt: $E_{-1} = \left\langle \begin{pmatrix} 3 \\ 1 \end{pmatrix} \right\rangle$. und $E_{-5} = \left\langle \begin{pmatrix} 1 \\ -1 \end{pmatrix} \right\rangle$.

Die Eigenräume sind in beiden Fällen gleich, nur gehört zum Eigenwert -1 jeweils ein anderer.

Aufgabe V.9

a) Für A_t gilt spur $A_t = t+2$ und det $A_t = (t+1)+(t-1) = 2t$. Deshalb hat die charakteristische Gleichung die Form

$$r^2 - (t+2)r + 2t = 0$$

Die Lösungen der charakteristischen Gleichung ergeben sich zu

$$r_{1/2} = \frac{t+2}{2} \pm \sqrt{\frac{(t+2)^2}{4} - 2t} = \frac{t+2}{2} \pm \sqrt{\frac{(t+2)^2 - 8t}{4}}$$

$$= \frac{t+2}{2} \pm \sqrt{\frac{(t-2)^2}{4}} = \frac{t+2}{2} \pm \frac{t-2}{2}.$$

Somit lauten die beiden Eigenwerte

$$r_1 = \frac{t+2}{2} + \frac{t-2}{2} = t \text{ und } r_2 = \frac{t+2}{2} - \frac{t-2}{2} = 2.$$

Diese beiden Lösungen kann man auch direkt an der charakteristischen Gleichung durch Anwendung des Satzes von Vieta ablesen.

b) Für $t=2$ stimmen die beiden Eigenwerte überein, A_t besitzt dann nur einen Eigenwert: $r_1 = r_2 = 2$.

c) Die Matrix A_t hat für $t=2$ die Gestalt $A_2 = \begin{pmatrix} 3 & -1 \\ 1 & 1 \end{pmatrix}$. Für $r=2$ führt

$$A_2 - 2E = \begin{pmatrix} 3-2 & -1 \\ 1 & 1-2 \end{pmatrix} = \begin{pmatrix} 1 & -1 \\ 1 & -1 \end{pmatrix} \text{ auf die Gleichung}$$

$x_1 - x_2 = 0 \Leftrightarrow x_1 = x_2$. Der Eigenraum E_2 wird beschrieben durch $E_2 = \left\langle \begin{pmatrix} 1 \\ 1 \end{pmatrix} \right\rangle$. Da dieser Unterraum nur eindimensional ist, kann keine Basis B_* aus Eigenvektoren angegeben werden, deshalb ist A in diesem Fall auch nicht diagonalisierbar.

d) A_t ist genau dann regulär wenn det $A_t \neq 0$ ist. Wegen det $A_t = 2t$ bedeutet dies $t \neq 0$: Nur für $t=0$ ist A_t nicht regulär. Die beiden Eigenwerte lauten dann $r_1 = 2$ und $r_2 = 0$.

e) Die Eigenräume zu $A_t = \begin{pmatrix} t+1 & -1 \\ t-1 & 1 \end{pmatrix}$ müssen bestimmt werden.

Für den ersten Eigenwert $r = t$ ist $A_t - tE = \begin{pmatrix} 1 & -1 \\ t-1 & 1-t \end{pmatrix}$. Dies führt wegen $x_1 - x_2 = 0$ auf $E_t = \left\langle \begin{pmatrix} 1 \\ 1 \end{pmatrix} \right\rangle$. Der Eigenraum E_t ist somit unabhängig von $t \in \mathbb{R}$ stets gleich.

Zu $r = 2$ ergibt sich $A_t - 2E = \begin{pmatrix} t-1 & -1 \\ t-1 & -1 \end{pmatrix}$. Die Gleichung $(t-1)x_1 - x_2 = 0 \Leftrightarrow x_2 = (t-1)x_1$ zeigt, daß der Vektor $\begin{pmatrix} 1 \\ t-1 \end{pmatrix}$ ein spezieller Eigenvektor ist. Somit erhält man durch $E_2 = \left\langle \begin{pmatrix} 1 \\ t-1 \end{pmatrix} \right\rangle$ den zweiten Eigenraum. Dieser hängt jeweils von $t \in \mathbb{R}$ ab. Für $t \neq 2$ sind die beiden Eigenräume verschieden, es gibt dann eine Basis aus Eigenvektoren: $B_{t*} = \left\{ \begin{pmatrix} 1 \\ 1 \end{pmatrix}, \begin{pmatrix} 1 \\ t-1 \end{pmatrix} \right\}$. Die Transformationsmatrix $S_t = \begin{pmatrix} 1 & 1 \\ 1 & t-1 \end{pmatrix}$ hat wegen $\det S_t = t - 2$ die Umkehrmatrix $S_t^{-1} = \frac{1}{t-2} \begin{pmatrix} t-1 & -1 \\ -1 & 1 \end{pmatrix}$. Damit ergibt sich für die Diagonalmatrix allgemein ($t \neq 2$):

$$\begin{aligned} A_t^* &= S_t^{-1} A_t S_t \\ &= \frac{1}{t-2} \begin{pmatrix} t-1 & -1 \\ -1 & 1 \end{pmatrix} \begin{pmatrix} t+1 & -1 \\ t-1 & 1 \end{pmatrix} \begin{pmatrix} 1 & 1 \\ 1 & t-1 \end{pmatrix} \\ &= \begin{pmatrix} t & 0 \\ 0 & 2 \end{pmatrix}, \end{aligned}$$

wie die weitere Rechnung zeigt.

Anhang 2:
Definitionen und
Zusammenhänge (mit Beispielen)

Alle Begriffe, die in den Aufgabentexten oder den ausfürlichen Bearbeitungen der Aufgaben 1, 4 und 7 der Kapitel I bis V *kursiv* gedruckt sind, werden in diesem Anhang 2 näher erläutert oder in größerem Zusammenhang dargestellt. Dieser Teil des Buches ist auf die behandelten Aufgaben zugeschnitten, er stellt eine ausführliche Materialsammlung dar. Häufig wird auf andere Stichwörter verwiesen: Fachbegriffe, die selbst in Anhang 2 erläutert werden, sind ebenfalls *kursiv* gedruckt, wenn sie unter einem anderen Stichwort das erste Mal auftreten.

Abbildungsmatix: $\longrightarrow$ lineare Abbildung

abelsche Gruppe: $\longrightarrow$ Vektorraum

Assoziativgesetz: Für eine Menge M und eine Verknüpfung $\circ : M \times M \to M$ besagt das Assoziativgesetz:

$\boxed{A}$ Für alle $a, b, c \in M$ gilt: $(a \circ b) \circ c = a \circ (b \circ c)$

Sonderfälle: 1) Liegt eine Addition vor, so hat die Gleichung die Form $(a + b) + c = a + (b + c)$

Beispiele: Addition von reellen Zahlen, *Vektoraddition*, Addition von *Matrizen*

2) Bei einer Multiplikation lautet die Gleichung $(a \cdot b) \cdot c = a \cdot (b \cdot c)$. (Häufig wird der Punkt dabei weggelassen.)

Beispiele: Multiplikation von reellen Zahlen, Multiplikation von quadratischen Matrizen, Multiplikation als Hintereinanderausführung von Abbildungen

Beachten Sie bitte, daß der Vorsatz: „Für alle $a, b, c \in M$ gilt:" wesentlich zur Gültigkeit des Assoziativgesetzes gehört. Es genügt deshalb nicht, nur ein Beispiel zu prüfen. Auch bei nur einer Ausnahme ist das Gesetz nicht erfüllt.

Basis: Eine Basis B eines *Vektorraumes* V ist ein *linear unabhängiges* Erzeugendensystem.

Als Konsequenz ergibt sich daraus: Jeder Vektor $\vec{v} \in V$ läßt sich mit Hilfe von B eindeutig als *Linearkombination* darstellen. Die eindeutig bestimmten Koeffizienten heißen dann Koordinaten von $\vec{v}$ (bezüglich B).

Ändert man die Basis, so ändern sich auch die Koordinaten des Vektors. Diese lassen sich dann mit Hilfe der *Transformationsmatrix* berechnen.

In $V = \mathbb{R}^2$ besteht jede Basis aus zwei linear unabhängigen Vektoren, in $V = \mathbb{R}^3$ aus drei linear unabhängigen Vektoren.

Die speziellen Basen $B = \left\{ \begin{pmatrix} 1 \\ 0 \end{pmatrix}, \begin{pmatrix} 0 \\ 1 \end{pmatrix} \right\}$ von $\mathbb{R}^2$ und

$B = \left\{ \begin{pmatrix} 1 \\ 0 \\ 0 \end{pmatrix}, \begin{pmatrix} 0 \\ 1 \\ 0 \end{pmatrix}, \begin{pmatrix} 0 \\ 0 \\ 1 \end{pmatrix} \right\}$ von $\mathbb{R}^3$ heißen Standardbasen. Im allgemeinen werden alle Vektoren bezüglich der Standardbasen angegeben.

Jeder Vektorraum V besitzt eine Basis und alle Basen (desselben Vektorraumes) bestehen aus gleich vielen Elementen. Diese Zahl heißt *Dimension* von V.

bijektiv: Eine Funktion (Abbildung) $f : M \to N$ heißt bijektiv, wenn sie *injektiv* und *surjektiv* ist. Jedem Element aus M ist dann umkehrbar eindeutig ein Element aus N zugeordnet.

Eine bijektive *lineare Abbildung* heißt *Isomorphismus*.

Bild A: $\longrightarrow$ lineare Abbildung

charakteristische Gleichung: Durch die Lösungen der charakteristischen Gleichung werden die *Eigenwerte* einer *linearen Abbildung* A (bzw. der zugehörigen Abbildungsmatrix A) berechnet.

Mit $A = \begin{pmatrix} a & c \\ b & d \end{pmatrix}$ führt die Bedingung $A\vec{x} = r\vec{x}$ ($\vec{x} \neq \vec{0}$) auf $A\vec{x} - r\vec{x} = \vec{0}$ und das homogene lineare Gleichungssystem

$$\begin{cases} (a-r)\ x_1 + \quad c \quad x_2 = 0 \\ \quad b \quad x_1 + (d-r)\ x_2 = 0 \end{cases}$$

Dieses Gleichungssystem hat genau dann eine nicht triviale Lösung (=Eigenvektor zum Eigenwert r), wenn für die *Determinante* $\begin{vmatrix} a-r & c \\ b & d-r \end{vmatrix} =$ $(a-r)(d-r) - bc = 0$ gilt.

Die weitere Rechnung führt auf $ad - dr - ar + r^2 - bc = r^2 - (a+d)r + (ad-bc) = 0$.

Die linke Seite ist det $A_r = \det(A - rE) = \begin{vmatrix} a-r & c \\ b & d-r \end{vmatrix}$ und heißt das charakteristische Polynom char A von A. E ist dabei die zweireihige *Einheitsmatrix*.

Eine Zahl $r \in \mathbb{R}$ ist also genau dann Eigenwert von A, wenn

$$\text{char } A = r^2 - (a+d)r + (ad-bc) = 0.$$

Die Abkürzungen spur $A = a + d$ und det $A = ad - bc$ (Determinate von A) liefert die kurze Darstellung der charakteristischen Gleichung:

$$r^2 - (\text{spur } A)r + \det A = 0$$

Diese Gleichung hängt unmittelbar von A ab und kann, als quadratische Gleichung, höchstens zwei Lösungen haben. Entsprechend kann die Matrix A zwei Eigenwerte, genau einen oder gar keinen Eigenwert besitzen.

Beispiele: ① $A = \begin{pmatrix} 2 & 1 \\ 1 & 2 \end{pmatrix}$ Es ist spur $A = 4$ und det $A = 2 \cdot 2 - 1 = 3$.

Die charakteristische Gleichung char $A = r^2 - 4r + 3$ hat die beiden Lösungen $r_1 = 3$ und $r_2 = 1$. Die Matrix A hat somit zwei Eigenwerte.

② $A = \begin{pmatrix} -2 & -3 \\ 1 & 1 \end{pmatrix}$ Hier ist spur $A = -1$ und det $A = -2 + 3 = 1$.

Das führt auf char $A = r^2 + r + 1 = 0$. Diese Gleichung hat keine reellen Lösungen, es gibt keine Eigenwerte.

Cramersche Regel: Diese Methode, ein *Gleichungssystem* zu lösen, trägt ihren Namen nach dem Schweizer Mathematiker Cramer und wird in diesem Buch nur für $m = n = 2$ benutzt:

Das Gleichungssytem $\begin{cases} a_{11}x + a_{12}y = b_1 \\ a_{21}x + a_{22}y = b_2 \end{cases}$

hat genau dann eine eindeutige Lösung, wenn die *Determinante*

$$D = \begin{vmatrix} a_{11} & a_{12} \\ a_{21} & a_{22} \end{vmatrix} = a_{11}a_{22} - a_{12}a_{21} \neq 0.$$

Die Lösung hat in diesem Fall die Gestalt

$$x = \frac{\begin{vmatrix} b_1 & a_{12} \\ b_2 & a_{22} \end{vmatrix}}{D}; \quad y = \frac{\begin{vmatrix} a_{11} & b_1 \\ a_{21} & b_2 \end{vmatrix}}{D}.$$

Dabei wird im Zähler bei x die 1. Spalte und bei y die 2. Spalte durch die rechte Seite ersetzt.

Die Cramersche Regel gilt sinngemäß auch für $n > 2$, aber die Darstellung der n-reihigen Determinante ist recht kompliziert. Schon für $n = 3$ ist die Rechnung relativ aufwendig und für größere Werte nur noch von theoretischem Interesse.

Beispiel: $\begin{cases} 2x + y = 3 \\ x - 3y = -1 \end{cases}$

Mit $D = -6 - 1 = -7$ ergibt sich

$$x = \frac{\begin{vmatrix} 3 & 1 \\ -1 & -3 \end{vmatrix}}{-7} = \frac{-8}{-7} = \frac{8}{7}; \quad y = \frac{\begin{vmatrix} 2 & 3 \\ 1 & -1 \end{vmatrix}}{-7} = \frac{-5}{-7} = \frac{5}{7}.$$

Determinate: In diesem Buch wird der Determinantenbegriff nur für $n = 2$ benutzt.

Die Determinante der Vektoren $\vec{a} = \begin{pmatrix} a_1 \\ a_2 \end{pmatrix}$ und $\vec{b} = \begin{pmatrix} b_1 \\ b_2 \end{pmatrix}$ bzw. der *Matrix* $A = \begin{pmatrix} a_1 & b_1 \\ a_2 & b_2 \end{pmatrix}$ ist der Term $\det A = a_1 b_2 - a_2 b_1$. Es gibt auch die Schreibweisen $\det A = D = \begin{vmatrix} a_1 & b_1 \\ a_2 & b_2 \end{vmatrix}$. Die Bedeutung der Determinaten besteht darin, daß ein zugehöriges lineares Gleichungssystem genau dann eindeutig lösbar ist, wenn $D \neq 0$. Die entscheidende Fragestellung ist deshalb meistens, ob die Determinante von Null verschieden ist. Damit läßt sich dann die *lineare Unabhängigkeit* von Vektoren im $\mathbb{R}^2$ prüfen, Gleichungssystem lösen (auch mit der Cramerschen Regel) oder

Umkehrmatrizen berechnen. Unter den aufgeführten Stichwörtern können Sie dazu nähere Einzelheiten nachlesen.

Diagnonalmatrix: ⟶ Matrix

Distributivgesetz: ⟶ Vektorraum

Dimension: Die Dimension eines *Vektorraumes* V, in Zeichen $\dim V$, ist eine für jeden Vektorraum charakteristische Größe. Ein Vektorraum kann auch unendlichdimensional sein. In diesem Buch ist die Dimension jedoch stets endlich und die folgenden Bemerkungen gelten nur für solche Vektorräume.

Die Zahl $\dim V$ kann auf verschiedene äquivalente Weisen beschrieben werden:

1) $\dim V = n$ ist die Maximalanzahl *linear unabhängiger* Vektoren aus V, d. h. je $n+1$ Vektoren sind stets linear abhängig.

2) $\dim V = n$ ist die Minimalanzahl eines *Erzeugendensystems* von V, d. h. mit weniger als n Vektoren läßt sich V nicht aufspannen.

3) $\dim V = n$ ist die Elementeanzahl einer beliebigen *Basis* B von V.

Praktisch bedeutet die Dimension eines Vektorraumes die Anzahl der zur Darstellung von Vektoren unabhängig wählbaren Parameter aus $\mathbb{R}$.

Beispiele: ① $\dim \mathbb{R} = 1$, $\dim \mathbb{R}^2 = 2$, $\dim \mathbb{R}^3 = 3$.

Dies macht die Bedeutung des Begriffes Dimension auch anschaulich klar. So wird deutlich: $\dim \mathbb{R}^n = n$ (n-Tupel-Raum).

② $\dim M_2(\mathbb{R}) = 4$, $\dim M_n(\mathbb{R}) = n^2$ (Matrizenraum)

$\dim D_n = \dfrac{n(n+1)}{2}$ (Vektorraum der Dreiecksmatrizen, vgl. Aufgabe IV.8)

Dimensionsgleichung: ⟶ lineare Abbildung

Eigenraum, -vektor, -wert: Ein Eigenvektor $\vec{v} \in V$ zum Eigenwert $r \in \mathbb{R}$ der *linearen Abbildung* $A : \mathbb{R}^2 \to \mathbb{R}^2$ ist ein Vektor $\vec{v} \neq \vec{0}$ mit $A\vec{v} = r\vec{v}$. Die weitere Umformung zeigt, daß r genau dann Eigenwert von A ist, wenn $A\vec{v} - r\vec{v} = (A - rE)\vec{v} = \vec{0}$ (E *Einheitsmatrix*) eine vom Nullvektor verschiedene Lösung besitzt. Dies ist wiederum genau dann der Fall, wenn $\det(A - rE) = 0$. Das führt auf die *charakteristische Gleichung* $r^2 - (\text{spur } A)r + \det A = 0$.

Die Eigenwerte von A sind genau die Lösungen der charakteristischen Gleichung. Für $n = 2$ gibt es somit höchstens zwei Eigenwerte, eventuell nur einen oder gar keinen Eigenwert.

Die Menge aller Eigenvektoren zu einem Eigenwert $r \in \mathbb{R}$ bildet (nach Hinzunahme des Nullvektors $\vec{0}$, der per Definition kein Eigenvektor ist) einen *Unterraum* E_r von $\mathbb{R}^2$.

Dies soll bewiesen werden:

1) $\vec{0} \in E_r$ nach Voraussetzung

2) Wenn $\vec{v}_1$ und $\vec{v}_2$ in E_r sind, gilt $A\vec{v}_1 = r\vec{v}_1$ und $A\vec{v}_2 = r\vec{v}_2$. Dann gilt auch $A(\vec{v}_1 + \vec{v}_2) = A\vec{v}_1 + A\vec{v}_2 = r\vec{v}_1 + r\vec{v}_2 = r(\vec{v}_1 + \vec{v}_2)$, also ist auch $\vec{v}_1 + \vec{v}_2$ in E_r.

3) Zu $\vec{v} \in E_r$, also $A\vec{v} = r\vec{v}$ gilt auch (mit $s \in \mathbb{R}$): $A(s\vec{v}) = sA\vec{v} = s(r\vec{v}) = (sr)\vec{v} = (rs)\vec{v} = r(s\vec{v})$, somit ist $s\vec{v}$ ebenfalls ein Eigenvektor aus E_r.

Der Name Eigen<u>raum</u> ist deshalb gerechtfertigt.

Beispiel: Hat man die Eigenwerte mit Hilfe der charakteristischen Gleichung bestimmt, so ist zu jedem Eigenwert der zugehörige Eigenraum durch die Lösung des zugehörigen Gleichungssystems zu bestimmen.

Für die Matrix $A = \begin{pmatrix} 2 & 1 \\ 1 & 2 \end{pmatrix}$ wurden unter dem Stichwort *charakteristische Gleichung* die beiden Eigenwerte bestimmt: $r_1 = 3$ und $r_2 = 1$. Zur Bestimmung der Eigenräume müssen die Gleichungssystem $(A - rE)\vec{x} = \vec{0}$ gesondert gelöst werden.

$r_1 = 3:\quad A - r_1 E = \begin{pmatrix} 2-3 & 1 \\ 1 & 2-3 \end{pmatrix} = \begin{pmatrix} -1 & 1 \\ 1 & -1 \end{pmatrix}$ führt auf

$$\begin{cases} -x_1 + x_2 = 0 \\ x_1 - x_2 = 0 \end{cases} \Leftrightarrow x_1 = x_2$$

Ein Eigenvektor ist zum Beispiel $\vec{v} = \begin{pmatrix} 1 \\ 1 \end{pmatrix}$, also $E_3 = \left\langle \begin{pmatrix} 1 \\ 1 \end{pmatrix} \right\rangle$.

$r_2 = 1:$ Hier liefert $A - r_2 E = \begin{pmatrix} 2-1 & 1 \\ 1 & 2-1 \end{pmatrix} = \begin{pmatrix} 1 & 1 \\ 1 & 1 \end{pmatrix}$ analog

$$\begin{cases} x_1 + x_2 = 0 \\ x_1 + x_2 = 0 \end{cases} \Leftrightarrow x_1 = -x_2, \quad \text{also } E_1 = \left\langle \begin{pmatrix} 1 \\ -1 \end{pmatrix} \right\rangle.$$

Es gibt zu jedem Eigenwert jeweils einen ein-dimensionalen Eigenraum, der von einem beliebigen Eigenvektor aufgespannt wird.

Die Tatsache, daß $r = 0$ ein Eigenwert ist, ist äquivalent dazu, daß A nicht injektiv ist. In diesem Fall ist $\det A = 0$, wie man auch sofort aus der charakteristischen Gleichung erkennen kann.

Einheitsmatrix: Die Einheitsmatrix ist eine spezielle *Matrix*: $E = \begin{pmatrix} 1 & 0 \\ 0 & 1 \end{pmatrix}$ (hier für $n = 2$). Sie enthält auf der Hauptdiagonalen nur Einsen und sonst lauter Nullen. Die Bedeutung der Einheitsmatrix folgt aus der *Matrizenmultiplikation*: Für jede Matrix $M \in M_2(\mathbb{R})$ gilt: $AE = A = EA$. Die Matrix E ist das neutrale Element der Matrizenmultiplikation. Existiert die *Umkehrmatrix* A^{-1} zu A, so gilt die Gleichung $AA^{-1} = A^{-1}A = E$. Dazu muß die Matrix A jedoch *regulär* sein.

Erzeugendensystem: Eine Menge $M \subseteq V$ heißt Erzeugendensystem von V, wenn sich jeder Vektor $\vec{v} \in V$ als *Linearkombination* von Vektoren aus M darstellen läßt.

Als $\langle M \rangle$ wird die Menge aller Linearkombinationen der Vektoren aus M bezeichnet: Es ist der von M aufgespannte *Unterraum* von V. Dann läßt sich auch formulieren: M ist Erzeugendensystem von V genau dann wenn $\langle M \rangle = V$.

Die Anzahl der Vektoren eines Erzeugendensystems ist nicht festgelegt. So bilden zum Beispiel auch **alle** Vektoren $\vec{v} \in V$ ein Erzeugendensystem: $\langle V \rangle = V$. Interessant ist häufig jedoch ein möglichst kleines Erzeugendensystem zu haben. Ein minimales Erzeugendensystem ist eine *Basis* von V. Mit weniger Vektoren läßt sich V nicht erzeugen, und kein Vektor ist bereits Linearkombination der anderen: Die Vektoren sind *linear unabhängig*. Besteht ein Erzeugendensystem nur aus einem Vektor $\vec{a}$, so läßt sich jeder Vektor aus $\langle \vec{a} \rangle$ als Vielfaches von $\vec{a}$ ausdrücken. Dieser Vektorraum ist für $a \neq \vec{0}$ ein-dimensional. Solche Vektorräume treten häufig als *Eigenräume* auf.

Gaußsches Eliminationsverfahren: Dieses nach dem Mathematiker C. F. Gauß benannte Verfahren ist die übersichtlichste Methode, ein $(m \times n)$-*Gleichungssystem* zu lösen. Das Gauß-Verfahren beruht auf dem Ziel, durch Addition von Gleichungen Variablen zu eliminieren und diese dann schrittweise zu bestimmen. Das Ziel ist eine Stufenform (Dreiecksform) der *Koeffizientenmatrix*.

Dazu werden die Gleichungen in ein Schema geschrieben, in dem diese nur durch die Koeffizienten als Zeilen auftreten. Das Verfahren besteht dann in der schrittweisen Anwendung der elementaren Zeilenumformungen (= Äquivalenzumformungen):

1) Ersetzen einer Zeile durch dieselbe mit $c \neq 0$ multiplizierte Zeile.

2) Ersetzen einer Zeile durch die Summe aus dieser und dem c-fachen ($c \neq 0$) einer anderen Zeile.

3) Vertauschen zweier Zeilen.

Das Gaußsche Eliminationsverfahren wird für den Fall $m = n = 3$ in Aufgabe II.1 ausführlich beschrieben. Auf eine allgemeine Behandlung soll deshalb hier verzichtet werden. Für beliebige $m, n \in \mathbb{N}$ läßt sich das Verfahren analog anwenden. (s. Kap. IV)

Das Gauß-Verfahren erlaubt eine übersichtliche Schreibweise des Lösungsvorganges und eine unmittelbare Aussage über die Lösungsmenge mit Hilfe des Schlußschemas. Für $m = n = 2$ gelangt man jedoch mit dem Additionsverfahren direkt zum Ziel.

Zur Orientierung soll hier ein Beispiel für $m = n = 3$ gegeben werden. Die Pfeile an der rechten Seite kennzeichnen dabei die durchgeführten Umformungen übersichtlich.

Beispiel:

$$\begin{cases} x_1 + 2x_2 - x_3 = 2 \\ -2x_1 + x_2 + 4x_3 = 12 \\ 5x_1 - 5x_2 + x_3 = -2 \end{cases}$$

führt auf das Schema

x_1	x_2	x_3	
1	2	-1	2
-2	1	4	12
5	-5	1	-2
1	2	-1	2
0	5	2	16
0	-15	6	-12
1	2	-1	2
0	5	2	16
0	0	12	36

Aus der letzten Zeile folgt:
$12x_3 = 36 \Leftrightarrow x_3 = 3$
Einsetzen dieses Wertes in die zweite Zeile liefert
$5x_2 = 16 - 2x_3 = 16 - 6 = 10 \Leftrightarrow x_2 = 2$
und schließlich mit der ersten Zeile
$x_1 = 2 + x_3 - 2x_2 = 2 + 3 - 4 = 1$.

Insgesamt also: $L = \{(1/2/3)\}$.

Gleichungssystem (homogen, inhomogen): Ein lineares $(m \times n)$-Gleichungssystem hat allgemein die Form

$$\begin{cases} a_{11}x_1 + \ldots + a_{1n}x_n = b_1 \\ \vdots \qquad\qquad \vdots \quad \vdots \quad \vdots \\ a_{m1}x_1 + \ldots + a_{mn}x_n = b_m \end{cases}$$

Die linke Seite wird durch die Koeffizientenmatrix $A = \begin{pmatrix} a_{11} & \cdots & a_{1n} \\ \vdots & & \vdots \\ a_{m1} & \cdots & a_{mn} \end{pmatrix}$ beschrieben, die rechte Seite durch $\vec{b} = \begin{pmatrix} b_1 \\ \vdots \\ b_m \end{pmatrix}$.

Falls $\vec{b} = \vec{0}$, also auf der rechten Seite nur Nullen stehen, heißt das Gleichungssystem homogen, sonst inhomogen. Homogene Gleichungssysteme sind stets lösbar, denn der Nullvektor $\vec{x} = \vec{0}$ liefert immer eine Lösung, die triviale Lösung. Es bleibt dann die Frage, ob es auch nicht-triviale Lösungen gibt. Dieses Problem hängt eng mit der *linearen Abhängigkeit* von Vektoren zusammen.

Inhomogene lineare Gleichungssysteme können auch unlösbar sein. Zwischen den Lösungsmengen eines inhomogenen und dem zugehörigen homogenen Gleichungssystem besteht ein enger Zusammenhang:

Ist $\vec{u} \in L$ eine konkrete Lösung des inhomogenen Gleichungssystems und L_0 die Lösungsmenge des homogenen Gleichungssystems, so gilt: $L = \vec{u} + L_0 = \{\vec{u} + \vec{x}_0 | \vec{x}_0 \in L_0\}$. Insbesondere ist das inhomogene Gleichungssystem genau dann eindeutig lösbar, wenn das zugehörige homogene Gleichungssystem eindeutig, also nur trivial lösbar ist. Ein lineares $(m \times n)$-Gleichungssystem läßt sich auch als *lineare Abbildung* $A : \mathbb{R}^n \to \mathbb{R}^m$ interpretieren und geometrisch deuten. Dies ist der Grund, warum die lineare Algebra und die analytische Geometrie so eng zusammengehören und auch zusammen behandelt werden. Geometrische Fragestellungen (*Linearkombinationen* von Vektoren in V_3, Schnittprobleme von Geraden und Ebenen) führen stets auf ein (3×3)-Gleichungssystem, das dann mit dem *Gaußschen Eliminationsverfahren* gelöst werden kann.

injektiv: Eine Funktion (Abbildung) $f : M \to N$ heißt injektiv, wenn für alle $x, y \in M$ gilt: $f(x) = f(y) \Rightarrow x = y$.

Anschaulich bedeutet dies, daß verschiedene Urbilder auch verschiedene Bilder besitzen. Die Funktion ist dann umkehrbar und es existiert dann die Umkehrfunktion f^{-1} (bzw. Umkehrabbildung). Für *lineare Abbildungen* $A : \mathbb{R}^n \to \mathbb{R}^m$ hat die Injektivität eine besondere Konsequenz:

$$\boxed{A \text{ ist injektiv} \Leftrightarrow \text{Kern} A = \{\vec{0}\}}$$

Da $A\vec{x} = A\vec{y} \Leftrightarrow A\vec{x} - A\vec{y} = \vec{0} = A(\vec{x} - \vec{y})$ folgt aus $A\vec{x} = A\vec{y}$, daß $\vec{x} - \vec{y} \in \text{Kern} A$. Die Menge Kern A besteht aus allen Vektoren $\vec{x} \in \mathbb{R}^n$ mit $A\vec{x} = \vec{0}$. Gilt Kern $A = \{\vec{0}\}$, so folgt aus $A\vec{x} = A\vec{y}$ sofort $\vec{x} - \vec{y} = \vec{0}$, somit $\vec{x} = \vec{y}$. A ist also injektiv.

Umgekehrt gibt es für injektive lineare Abbildungen wegen $A\vec{0} = \vec{0}$ keine anderen Vektoren in Kern A als den Nullvektor: Kern $A = \{\vec{0}\}$. Für das zugehörige lineare Gleichungssystem bedeutet dies, daß es eindeutig lösbar ist (falls es überhaupt lösbar ist).

Isomorphie, Isomorphismus: Zwei *Vektorräume* V und W heißen isomorph, in Zeichen $V \cong W$, wenn es einen Isomorphismus $A : V \to W$ gibt, das ist eine *bijektive lineare Abbildung*. Isomorphe Vektorräume haben dieselben algebraischen Eigenschaften, sie sind „im wesentlichen gleich". Insbesondere haben isomorphe Vektorräume dieselbe *Dimension*.

Beispiele: $\mathbb{R}^3 \cong D_3$ (Menge der oberen Dreichsmatrizen), $R^4 \cong M_2(\mathbb{R})$ oder allgemeiner $\mathbb{R}^{mn} \cong M_{m,n}(\mathbb{R})$.

Die dabei zugrundeliegenden linearen Abbildungen sind offensichtlich. Es gibt aber auch komplizierte Isomorphismen.

Algebraisch wichtig ist die Tatsache, daß man bewiesene Eigenschaften auf isomorphe Vektorräume übertragen kann, ohne diese ein weiteres Mal zeigen zu müssen.

Kern A: $\longrightarrow$ lineare Abbildung

Koeffizientenmatrix: $\longrightarrow$ Gleichungssystem

Kommutativgesetz: Für eine Menge M und eine Verknüpfung $\circ : M \times M \to M$ besagt das Kommutativgesetz

$\boxed{\text{K}}$ Für alle $a, b \in M$ gilt: $a \circ b = b \circ a$.

Sonderfälle: 1) Liegt eine Addition vor, so hat die Gleichung die Form $a + b = b + a$.

Beispiele: Addition reeller Zahlen, Addition von Vektoren, Matrizenaddition in $M_2(\mathbb{R})$ oder $M_{m,n}(\mathbb{R})$.

2) Bei einer Multiplikation lautet die Gleichung $a \cdot b = b \cdot a$. (Der Punkt wird dabei häufig nicht mitgeschrieben).

Beispiele: Multiplikation reeller Zahlen, Skalarprodukt von Vektoren (Band 5).

Achtung: Das Kommutativgesetz gilt **nicht** bei der Multiplikation von Matrizen !!

Koordinatengleichung: Eine Ebene E im Anschauungsraum läßt sich durch eine Koordinatengleichung beschreiben. Genau die Punkte X der Ebene erfüllen mit ihren Koordinaten (bezüglich der *Standardbasis*) die Gleichung.

Die allgemeine Form der Koordinatengleichung einer Ebene E lautet

$E : ax_1 + bx_2 + cx_3 = d \quad (a, b, c, d \in \mathbb{R})$.

Beispiele: ① $E_1: \quad x_1 + 2x_2 - x_3 = 4$

Der Punkt $P(1|1|-1)$ liegt in der Ebene, $P \in E$, denn die Koordinaten erfüllen die Gleichung $1 + 2 \cdot 1 - (-1) = 4$. Ebenso gehört $Q(0|2|0)$ zur Ebene E_1. Dagegen liegt der Punkt $R(1|1|1)$ nicht in der Ebene, da die Koordinatengleichung nicht erfüllt ist.

② $E_2: \quad x_1 + x_2 = 0$

Das Fehlen der Koordinate x_3 bedeutet, daß die Punkte der Ebene E_2 von x_3 unabhängig sind: Die Ebene E_2 verläuft parallel zur x_3-Achse. So liegen zum Beispiel die Punkte $P_1(1|-1|1)$, $P_2(1|-1|2)$ und $P_3(1|-1|3)$ alle in der Ebene E_2.

Eine Gerade im Anschauungsraum läßt sich nicht durch eine einzige Koordinatengleichung beschreiben, man benötigt dazu **zwei** Gleichungen.

Beispiel:

$$g : \begin{cases} x_1 + x_2 = 2 \\ x_2 - x_3 = 1 \end{cases}$$

Dies hat die geometrische Bedeutung, daß g als Schnittgerade von zwei Ebenen (die durch Koordinatengleichungen gegeben sind) dargestellt wird.

linear (un-)abhängig: Die Vektoren $\vec{a}_1, \ldots, \vec{a}_n \in V$ heißen linear unabhängig, wenn aus

$$r_1 \vec{a}_1 + \ldots + r_n \vec{a}_n = \vec{0} \quad \text{folgt} \quad r_1 = \ldots = r_n = 0.$$

Es gibt also nur die triviale Nullkombination. Anderfalls heißen $\vec{a}_1, \ldots, \vec{a}_n \in V$ linear abhängig, das bedeutet ausführlich: Es gibt eine nicht-triviale Nullkombination $r_1 \vec{a}_1 + \ldots + r_n \vec{a}_n = \vec{0}$ mit $(r_1|\ldots|r_n) \neq (0|\ldots|0)$, d.h. nicht alle Koeffizienten sind Null. Wählt man ohne Einschränkung $r_1 \neq 0$, so zeigt die Umformung

$$\vec{a}_1 = -\frac{r_2}{r_1} \vec{a}_2 - \ldots - \frac{r_n}{r_1} \vec{a}_n.$$

Es läßt sich also ein Vektor (hier $\vec{a}_1$) als *Linearkombination* der anderen ausdrücken.

Spezialfälle: 1) $n = 2$

Zwei Vektoren sind linear abhängig, wenn $\vec{a}_1 = r\vec{a}_2$ oder $\vec{a}_2 = s\vec{a}_1$ (oder beides). Das bedeutet: $\vec{a}_1$ und $\vec{a}_2$ sind parallel. Man nennt die Vektoren dann auch kollinear, da sie dieselbe Richtung haben. Dies gilt sowohl für Vektoren aus V_2 als auch für V_3.

Beispiele: ① $\vec{a}_1 = \begin{pmatrix} 1 \\ -2 \end{pmatrix}$ und $\vec{a}_2 = \begin{pmatrix} -2 \\ 4 \end{pmatrix}$ sind linear abhängig (kollinear), wie man sofort sieht: $\vec{a}_2 = (-2)\vec{a}_1$.

② $\vec{a}_1 = \begin{pmatrix} 1 \\ 2 \\ -3 \end{pmatrix}$ und $\vec{a}_2 = \begin{pmatrix} 5 \\ 10 \\ -15 \end{pmatrix}$ sind linear abhängig.
Der Faktor ist hier 5: $\vec{a}_2 = 5\vec{a}_1$.

2) $n = 3$

Drei Vektoren sind linear abhängig, wenn einer der Vektoren sich durch die beiden anderen linear kombinieren läßt. Das bedeutet: $\vec{a}_1, \vec{a}_2$ und $\vec{a}_3$ liegen in einer Ebene. Sie heißen deshalb auch komplanar.

Für drei Vektoren aus V_2 folgt damit unmittelbar, daß sie stets linear abhängig sind. Für drei Vektoren aus V_3 liegt dann lineare Unabhängigkeit vor, wenn sie nicht in einer Ebene liegen.

Die Maximalzahl linear unabhängiger Vektoren eines Vektorraumes V heißt *Dimension* von V.

Die lineare Unabhängigkeit von drei Vektoren aus V_3 ist nicht mehr so einfach zu erkennen und muß mit dem Gaußschen Eliminationsverfahren nachgewiesen werden.

Beispiele: ① Die Vektoren $\vec{a}_1 = \begin{pmatrix} 1 \\ -2 \\ 5 \end{pmatrix}$, $\vec{a}_2 = \begin{pmatrix} 2 \\ 1 \\ -5 \end{pmatrix}$ und $\vec{a}_3 = \begin{pmatrix} -1 \\ 4 \\ 1 \end{pmatrix}$
sind linear unabhängig. Unter dem Stichwort *Gaußsches Eliminationsverfahren* wurde ein zugehöriges Gleichungssystem gelöst. Betrachtet man das homogene Gleichungssystem, so ergeben sich auf der linken Seite dieselben Umformungen. Diese zeigen: Das zugehörige homogene Gleichungssystem hat nur die triviale Lösung, und das bedeutet nichts anderes als die lineare Unabhängigkeit der drei Vektoren.

② Die Vektoren $\vec{a}_1 = \begin{pmatrix} 1 \\ -2 \\ 3 \end{pmatrix}$, $\vec{a}_2 = \begin{pmatrix} 2 \\ 0 \\ -4 \end{pmatrix}$ und $\vec{a}_3 = \begin{pmatrix} 3 \\ -2 \\ -1 \end{pmatrix}$ sind linear abhängig: $\vec{a}_3 = \vec{a}_1 + \vec{a}_2$. Mit dem Gauß-Verfahren entsteht als dritte Zeile eine vollständige Nullzeile und das bedeutet die Existenz von nicht-trivialen Lösungen (=Nullkombinationen).

Linearkombination: Zu $\vec{a}_1, \ldots, \vec{a}_n \in V$ heißt der Vektor $r_1\vec{a}_1 + \ldots + r_n\vec{a}_n$ eine Linearkombination der Vektoren. Mit $\vec{a}_1, \ldots, \vec{a}_n$ enthält auch V auch jede Linearkombination dieser Vektoren. Die Menge aller Linearkombination von $\vec{a}_1, \ldots, \vec{a}_n$ ist ein *Unterraum* von V, der von diesen aufgespannte Unterraum $U = \langle \vec{a}_1, \ldots, \vec{a}_n \rangle$. Als spezielle Linearkombination ergibt sich der Nullvektor, man nennt diese dann eine Nullkombination. Die Frage, ob sich ein Vektor $\vec{v} \in V$ als Linearkombination von Vektoren $\vec{a}_1, \ldots, \vec{a}_n \in V$ darstellen läßt, führt auf eine lineares *Gleichungssystem*.

lineare Abbildung: Eine lineare Abbildung $A : \mathbb{R}^n \to \mathbb{R}^m$ ist eine Abbildung mit den Eigenschaften:

Für alle $x, y \in \mathbb{R}^n, r \in \mathbb{R}$ gilt

1) $A(\vec{x} + \vec{y}) = A\vec{x} + A\vec{y}$

2) $A(r\vec{x}) = rA\vec{x}$

Eine lineare Abbildung ist also mit den linearen Verknüpfungen Addition und S-Multiplikation eines *Vektorraumes* verträglich.

Zu jeder lineare Abbildung $A : \mathbb{R}^n \to \mathbb{R}^m$ gibt es eine Abbildungsmatix $A \in M_{m,n}(\mathbb{R})$ mit der Eigenschaft, daß sich der Bildvektor $A\vec{x}$ als *Matrizenprodukt*

$$A\vec{x} = \begin{pmatrix} a_{11} & \ldots & a_{1n} \\ \vdots & & \vdots \\ a_{m1} & \ldots & a_{mn} \end{pmatrix} \begin{pmatrix} x_1 \\ \vdots \\ x_n \end{pmatrix} \text{ schreiben läßt.}$$

Hierbei wird für die Abbildung und die Matrix jeweils derselbe Buchstabe A benutzt, denn umgekehrt definiert auch jede $(m \times n)$-Matrix A eindeutig eine lineare Abbildung $\mathbb{R}^n \to \mathbb{R}^m$ (bei festen *Basen*).

Das soll näher betrachtet werden:

Alle Vektoren in $\mathbb{R}^n$ und $\mathbb{R}^m$ sollen bezüglich der *Standardbasen* dargestellt sein. Dann hat $\vec{x} \in \mathbb{R}^n$ die eindeutige Darstellung $x_1\vec{e}_1 + \ldots + x_n\vec{e}_n$. Für diesen ergibt der Bildvektor

① $A\vec{x} = A(x_1\vec{e}_1 + \ldots + x_n\vec{e}_n) = x_1 A\vec{e}_1 + \ldots + x_n A\vec{e}_n,$

wie die wiederholte Anwendung von 1) und 2) zeigt. Das Bild des Vektors $\vec{x} = (x_1|\ldots|x_n) \in \mathbb{R}^n$ ist somit eine *Linearkombination* von $A\vec{e}_1, \ldots, A\vec{e}_n \in \mathbb{R}^m$ mit denselben Koeffizienten. Deshalb gilt: Bild $A = \langle A\vec{e}_1, \ldots, A\vec{e}_n \rangle$. Das Bild von A

(= Menge aller Bildvektoren) ist der von den Vektoren $A\vec{e}_1, \ldots, A\vec{e}_n$ aufgespannte Unterraum von $\mathbb{R}^m$.

Das hat eine wichtige Konsequenz:

Die gesamte lineare Abbildung A ist bereits festgelegt durch die Angabe der Bildvektoren $A\vec{e}_1, \ldots, A\vec{e}_n$ der n Basiselemente von $\mathbb{R}^n$. Damit läßt sich dann zu **jedem** Vektor $\vec{x} \in \mathbb{R}^n$ der Bildvektor $A\vec{x} \in \mathbb{R}^m$ berechnen. Die Bildvektoren der Basiselemente können mit Hilfe der Basis von $\mathbb{R}^m$ eindeutig dargestellt werden:

②
$$A\vec{e}_1 = a_{11}\vec{b}_1 + \ldots + a_{m1}\vec{b}_m$$
$$\vdots \quad \vdots \quad \vdots \qquad \vdots$$
$$A\vec{e}_n = a_{1n}\vec{b}_1 + \ldots + a_{mn}\vec{b}_m$$

Zur Unterscheidung wird die Standardbasis von $\mathbb{R}^m$ mit $\vec{b}_1, \ldots, \vec{b}_m$ bezeichnet. Für $m = n$ stimmen beide Basen überein. Die weitere Rechnung zeigt jetzt mit ① und ②:

$$A\vec{x} = x_1(a_{11}\vec{b}_1 + \ldots + a_{m1}\vec{b}_m) + \ldots + x_n(a_{1n}\vec{b}_1 + \ldots + a_{mn}\vec{b}_m)$$
$$= (x_1 a_{11} + \ldots + x_n a_{1n})\vec{b}_1 + \ldots + (x_1 a_{m1} + \ldots + x_n a_{mn})\vec{b}_m,$$

wenn die ausmultiplizierten Terme nach $\vec{b}_1, \ldots, \vec{b}_m$ sortiert werden. Schreibt man diesen Vektor als Koordinatenvektor, so heißt dies

$$A\vec{x} = \begin{pmatrix} x_1 a_{11} + \ldots + x_n a_{1n} \\ \vdots \qquad \qquad \vdots \\ x_1 a_{m1} + \ldots + x_n a_{mn} \end{pmatrix} \in \mathbb{R}^m$$

Dies ist aber nichts anderes als das Matrizenprodukt

③ $$A\vec{x} = \begin{pmatrix} a_{11} & \ldots & a_{1n} \\ \vdots & & \vdots \\ a_{m1} & \ldots & a_{mn} \end{pmatrix} \begin{pmatrix} x_1 \\ \vdots \\ x_n \end{pmatrix}$$

Die Matrix A ist die zur linearen Abbildung A gehörige Abbildungsmatrix (bezüglich der Standardbasen).

Beachten Sie:

Die Spaltenvektoren $\vec{a}_1 = \begin{pmatrix} a_{11} \\ \vdots \\ a_{m1} \end{pmatrix}, \ldots, \vec{a}_n = \begin{pmatrix} a_{1n} \\ \vdots \\ a_{mn} \end{pmatrix}$ der Abbildungsmatrix A sind dabei genau die Bildvektoren $A\vec{e}_1, \ldots, A\vec{e}_n \in \mathbb{R}^m$ (als Koordinatenvektor bezüglich der Standardbasis). Damit kann man auch schreiben:

④ $$A\vec{x} = \begin{pmatrix} a_{11} & \ldots & a_{1n} \\ \vdots & & \vdots \\ a_{m1} & \ldots & a_{mn} \end{pmatrix} \begin{pmatrix} x_1 \\ \vdots \\ x_n \end{pmatrix} = x_1 \vec{a}_1 + \ldots + x_n \vec{a}_n$$

Jeder Bildvektor ergibt sich als Linearkombination der n Spaltenvektoren von A mit den Koeffizienten von $\vec{x}$. Deshalb gilt auch

Bild $A = \langle \vec{a}_1, \ldots, \vec{a}_n \rangle$

Der Unterraum Bild $A \subseteq \mathbb{R}^m$ wird genau von den n Spaltenvektoren von A aufgespannt.

Der Zusammenhang mit den linearen *Gleichungssystemen* wird jetzt deutlich: Ein $(m \times n)$-Gleichungssystem

$$(G) \begin{cases} a_{11}x_1 + \ldots + a_{1n}x_n = b_1 \\ \vdots \qquad\qquad \vdots \quad \vdots \quad \vdots \\ a_{m1}x_1 + \ldots + a_{mn}x_n = b_m \end{cases}$$

läßt sich in der Form $A\vec{x} = \vec{b}$ mit dem Spaltenvektor $\vec{b} \in \mathbb{R}^m$ und einer $(m \times n)$-Matrix A schreiben. Die Frage nach der Lösungsmenge L des Gleichungssystems (G) ist also äquivalent zu der Frage nach denjenigen Vektoren $\vec{x} \in \mathbb{R}^n$, die durch A auf $\vec{b}$ abgebildet werden. Speziell ist (G) lösbar, wenn $\vec{b} \in$ Bild A. Die *Koeffizientenmatrix* ist in diesem Fall die Abbildungsmatrix A.

Die *Dimension* von Bild A heißt Rang von A, in Zeichen rg A. Diese Zahl spielt bei der Untersuchung der Lösbarkeit von linearen Gleichungssystemen eine entscheidende Rolle.

Eine weitere wichtige Menge im Zusammenhang mit linearen Abbildungen ist Kern $A = \{\vec{x} \in \mathbb{R}^n | A\vec{x} = \vec{0}\}$. Dieser *Unterraum* von $\mathbb{R}^n$ besteht aus allen Vektoren $\vec{x} \in \mathbb{R}^n$, die durch A auf den Nullvektor $\vec{0} \in \mathbb{R}^m$ abgebildet werden. Anders ausgedrückt: Kern A ist die Lösungsmenge des zugehörigen homogenen Gleichungssystems.

Zwischen dim Bild A = rg A und dim Kern A gibt es für jede lineare Abbildung $A : \mathbb{R}^n \to \mathbb{R}^m$ einen wichtigen Zusammenhang:

$$\boxed{\dim \text{Kern } A + \text{rg } A = n}$$

Diese Gleichung heißt Dimensionsgleichung.

Für die Lösungsmengen von linearen Gleichungssystemen hat dieses Gleichung eine große Bedeutung:

1. Fall: $m < n$

Da rg A = dim $Bild A \leq m < n$ (Bild $A \subseteq \mathbb{R}^m$ hat höchstens die Dimension m) folgt dim Kern $A > 0$. Die Abbildung A ist also in jedem Fall nicht *injektiv*, das zugehörige Gleichungssystem hat stets nicht-triviale Lösungen (als n-Tupel von $\mathbb{R}^n$).

2. Fall: $n < m$

Da die n Spalten von A höchstens einen n-dimensionalen Unterraum von $\mathbb{R}^m$ aufspannen können, gilt $\operatorname{rg} A = \dim \operatorname{Bild} A \leq n < m$. Die Abbildung A ist dann nicht *surjektiv*, das zugehörige Gleichungssystem ist (im inhomogenen Fall) nicht immer lösbar.

3. Fall: $m = n$

Die Dimensionsgleichung liefert dann die spezielle Aussage $\operatorname{rg} A = n \Leftrightarrow \dim \operatorname{Kern} A = 0$. Die Abbildung A ist genau dann injektiv, wenn sie surjektiv ist. Also ist A dann sogar bijektiv (*Isomorphismus*). Das zugehörige lineare Gleichungssystem ist dann stets eindeutig lösbar.

Matrix: Eine $(m \times n)$-Matrix A ist ein aus m Zeilen und n Spalten bestehendes „rechteckiges Schema"

$$A = \begin{pmatrix} a_{11} & \ldots & a_{1n} \\ \vdots & & \vdots \\ a_{m1} & \ldots & a_{mn} \end{pmatrix} \text{ mit } a_{ik} \in \mathbb{R}; \quad 1 \leq i \leq m, \quad 1 \leq k \leq n.$$

Die Menge aller $(m \times n)$-Matrizen wird mit $M_{m,n}(\mathbb{R})$ bezeichnet. Falls $m = n$, so heißen die Matrizen quadratisch. In diesem Fall wird die Menge aller Matrizen mit $M_n(\mathbb{R})$ abgekürzt.

Matrizen spielen in der linearen Algebra eine Doppelrolle:

a) als Hilfsmittel zur einfachen Beschreibung komplizierter Zusammenhänge

b) als selbstständige mathematisch Objekte, mit denen man rechnen kann: Es wird eine Addition, Multiplikation und S-Multiplikation mit reellen Zahlen definert.

Als Beispiele zu a) dienen die linearen *Gleichungssysteme* und die *linearen Abbildungen*. Dort wird die Bedeutung der Matrizen zur einfachen Darstellung offensichtlich.

Zu b): In $M_{m,n}(\mathbb{R})$ wird eine Addition und eine S-Muliplikation definiert durch

1) Für $A, B \in M_{m,n}(\mathbb{R})$ ist

$$A + B = \begin{pmatrix} a_{11}+b_{11} & \ldots & a_{1n}+b_{1n} \\ \vdots & & \vdots \\ a_{m1}+b_{m1} & \ldots & a_{mn}+b_{mn} \end{pmatrix} \text{ (Matrizenaddition)}$$

2) Für $A \in M_{m,n}(\mathbb{R}), r \in \mathbb{R}$ ist

$$rA = \begin{pmatrix} ra_{11} & \ldots & ra_{1n} \\ \vdots & & \vdots \\ ra_{m1} & \ldots & ra_{mn} \end{pmatrix} \quad \text{(S-Multiplikation)}$$

Die Verknüpfungen sind also elementeweise definiert. Mit der Addition und der S-Multiplikation bildet die Menge $M_{m,n}(\mathbb{R})$ einen *Vektorraum* der *Dimension* $m \cdot n$.

Unter bestimmten Voraussetzungen kann auch eine Matrizenmultiplikation definiert werden.

Da die allgemeine Herleitung des Matrizenprodukts in diesem Buch nicht benötigt wird, darf diesbezüglich auf den Unterricht und das benutzte Lehrbuch verwiesen werden. Hier soll lediglich die Definition angegeben und an den Spezialfällen deutlich gemacht werden, die für unsere Aufgaben relevant sind.

Das Matrizenprodukt AB ist nur dann definiert, wenn die Spaltenanzahl von A mit der Zeilenzahl von B übereinstimmt. Das Produkt einer $(m \times n)$-Matrix A mit einer $(n \times p)$-Matrix B ist dann eine $(m \times p)$-Matrix C.

Diese wird definiert durch

$$\begin{aligned} AB &= \begin{pmatrix} a_{11} & \ldots & a_{1n} \\ \vdots & & \vdots \\ a_{m1} & \ldots & a_{mn} \end{pmatrix} \begin{pmatrix} b_{11} & \ldots & b_{1p} \\ \vdots & & \vdots \\ b_{n1} & \ldots & b_{np} \end{pmatrix} \\ &= \begin{pmatrix} a_{11}b_{11} + \ldots + a_{1n}b_{n1} & \ldots & a_{11}b_{1p} + \ldots + a_{1n}b_{np} \\ \vdots & & \vdots \\ a_{m1}b_{11} + \ldots + a_{mn}b_{n1} & \ldots & a_{m1}b_{1p} + \ldots + a_{mn}b_{np} \end{pmatrix} \\ &= \begin{pmatrix} c_{11} & \ldots & c_{1p} \\ \vdots & & \vdots \\ c_{m1} & \ldots & c_{mp} \end{pmatrix} = C. \end{aligned}$$

Die Elemente $c_{ik} \in \mathbb{R}$ von C entstehen dabei aus der i-ten Zeile von A ($1 \leq i \leq m$) und der k-ten Spalte von B ($1 \leq k \leq p$), indem die entsprechenden Elemente nacheinander multipliziert und die n Produkte dann addiert werden. Für c_{11} sollen die Pfeile an den Matrizen dies verdeutlichen.

In diesem Buch wird das Matrizenprodukt nur in zwei Sonderfällen auftreten:

1) A ist eine $(m \times n)$-Matrix, $\vec{x}$ ist ein Spaltenvektor aus $\mathbb{R}^n$, also eine $(n \times 1)$-Matrix. Das Ergebnis ist dann ein $(m \times 1)$-Spaltenvektor aus $\mathbb{R}^m$:

$$A\vec{x} = \begin{pmatrix} a_{11} & \ldots & a_{1n} \\ \vdots & & \vdots \\ a_{m1} & \ldots & a_{mn} \end{pmatrix} \begin{pmatrix} x_1 \\ \vdots \\ x_n \end{pmatrix} = \begin{pmatrix} a_{11}x_1 + \ldots + a_{1n}x_n \\ \vdots \\ a_{m1}x_1 + \ldots + a_{mn}x_n \end{pmatrix} \in \mathbb{R}^m$$

Diese Schreibweise ist bei linearen Gleichungssystemen und linearen Abbildungen üblich.

Beispiel: $A = \begin{pmatrix} 1 & 0 & 1 \\ -1 & 3 & 2 \\ 2 & 1 & 0 \end{pmatrix}$, $\vec{x} = \begin{pmatrix} 1 \\ 2 \\ 3 \end{pmatrix}$

Dann ist $\begin{pmatrix} 1 & 0 & 1 \\ -1 & 3 & 2 \\ 2 & 1 & 0 \end{pmatrix} \begin{pmatrix} 1 \\ 2 \\ 3 \end{pmatrix} = \begin{pmatrix} 1\cdot 1 + 0\cdot 2 + 1\cdot 3 \\ (-1)\cdot 1 + 3\cdot 2 + 2\cdot 3 \\ 2\cdot 1 + 1\cdot 2 + 0\cdot 3 \end{pmatrix} = \begin{pmatrix} 4 \\ 11 \\ 4 \end{pmatrix}$

2) A und B sind Matrizen aus $M_2(\mathbb{R})$. Hier ist $m = n = p$ und das Produkt AB ist stets wieder in $M_2(\mathbb{R})$.

Beispiele: $A = \begin{pmatrix} 1 & 0 \\ 2 & 1 \end{pmatrix}$, $B = \begin{pmatrix} -2 & 1 \\ 1 & 0 \end{pmatrix}$ Daraus ergibt sich

$AB = \begin{pmatrix} 1 & 0 \\ 2 & 1 \end{pmatrix} \begin{pmatrix} -2 & 1 \\ 1 & 0 \end{pmatrix} = \begin{pmatrix} 1\cdot(-2) + 0\cdot 1 & 1\cdot 1 + 0\cdot 0 \\ 2\cdot(-2) + 1\cdot 1 & 2\cdot 1 + 1\cdot 0 \end{pmatrix} = \begin{pmatrix} -2 & 1 \\ -3 & 2 \end{pmatrix}$

Der Spezialfall 2) macht deutlich, daß durch die Matrizenmutiplikation in $M_2(\mathbb{R})$ eine Verknüpfung definiert ist, die untersucht werden soll.

a) Es gibt ein neutrales Element in $M_2(\mathbb{R})$, nämlich $E = \begin{pmatrix} 1 & 0 \\ 0 & 1 \end{pmatrix}$. Diese Matrix heißt Einheitsmatrix und erfüllt die Eigenschaft $EA = A = AE$ für alle $A \in M_2(\mathbb{R})$. Überzeugen Sie sich selbst !

b) Es gilt das *Assoziativgesetz* $(AB)C = A(BC)$ für alle $A, B, C \in M_2(\mathbb{R})$. Dies läßt sich allgemein zeigen. Zur Übung sei empfohlen, dies Gesetz an zwei Beispielen zu verifizieren.

Als ähnliche Gleichung bestätigt man auch leicht die Gültigkeit von $B(A\vec{x}) = (BA)\vec{x}$ für einen Vektor $\vec{x} \in \mathbb{R}^2$. Diese Gleichung wird zum Beispiel in Kap. V im Zusammenhang mit der *Transformationsmatrix* bei Basiswechsel benutzt.

c) Das *Kommutativgesetz* gilt bei der Matrizenmultiplikation **nicht** !

Beispiel: Vertauscht man im oben angegebenen Beispiel A und B, so ergibt sich $BA = \begin{pmatrix} -2 & 1 \\ 1 & 0 \end{pmatrix} \begin{pmatrix} 1 & 0 \\ 2 & 1 \end{pmatrix} = \begin{pmatrix} 0 & 1 \\ 1 & 0 \end{pmatrix} \neq \begin{pmatrix} -2 & 1 \\ -3 & 2 \end{pmatrix} = AB$.

d) Nicht jede Matrix $A \in M_2(\mathbb{R})$ besitzt ein inverses Element $A^{-1} \in M_2(\mathbb{R})$ mit der Eigenschaft $AA^{-1} = E = A^{-1}A$. Die Umkehrmatrix A^{-1} existiert genau für diejenigen Matrizen mit $\det A \neq 0$. Diese Matrizen heißen regulär.

Die Matrizen aus $M_2(\mathbb{R})$ sollen einfacher mit $A = \begin{pmatrix} a & c \\ b & d \end{pmatrix}$ bezeichnet werden.

Für die Umkehrmatrix gilt dann:

$$A^{-1} = \frac{1}{\det A} \begin{pmatrix} d & -c \\ -b & a \end{pmatrix} \quad (\det A \neq 0)$$

Die Rechnung bestätig leicht, daß

$$\begin{pmatrix} a & c \\ b & d \end{pmatrix} \begin{pmatrix} d & -c \\ -b & a \end{pmatrix} = \begin{pmatrix} ad-bc & 0 \\ 0 & ad-bc \end{pmatrix} = \det A \begin{pmatrix} 1 & 0 \\ 0 & 1 \end{pmatrix} = (\det A)E,$$

daraus ergibt sich für A^{-1} die angegebene Form.

Genau für die regulären Matrizen existiert die Umkehrmatrix A^{-1}. Die zugehörigen linearen Gleichungssystem sind dann eindeutig lösbar. Aus der Darstellung $A\vec{x} = \vec{b}$ folgt nämlich sofort $\vec{x} = A^{-1}\vec{b}$.

Spezielle Matrizen

Diagonalmatrizen enthalten außerhalb der Hauptdiagonalen nur Nullen.

Beispiele: $M = \begin{pmatrix} 2 & 0 \\ 0 & 4 \end{pmatrix}$, $N = \begin{pmatrix} 0 & 0 \\ 0 & 1 \end{pmatrix}$ (sinngemäß auch für $n > 2$)

Dreiecksmatrizen: Eine obere Dreiecksmatrix enthält unterhalb der Hauptdiagonalen nur Nullen. Analog sind die unteren Dreiecksmatrizen definiert.

Beispiele: $C = \begin{pmatrix} 2 & 1 \\ 0 & 4 \end{pmatrix}$, $D = \begin{pmatrix} 0 & 1 \\ 0 & 4 \end{pmatrix}$ (sinngemäß auch für $n > 2$).

Die Menge aller oberen Dreiecksmatrizen aus $M_n(\mathbb{R})$ wird mit D_n bezeichnet.

Ortsvektor: Für die Festlegung eines *Vektors* sind zwei Punkte A und B nötig. Falls ein fester Punkt O als Ursprung gewählt wird, läßt sich jeder Punkt P des Anschauungsraumes durch einen Vektor $\overrightarrow{OP}$ beschreiben und umgekehrt. Vektoren mit dem Anfangspunkt O heißen Ortsvektoren. Dadurch läßt sich eine umkehrbar eindeutige Beziehung zwischen den Punkten (des Anschauungsraumes) und den Vektoren des V_3 herstellen. Ortsvektoren werden meistens mit $\vec{x}$ bezeichnet: $\overrightarrow{OX} = \vec{x}$ oder $\overrightarrow{OP} = \vec{x}_P$.

Parametergleichung: Die Parametergleichung einer Geraden lautet $g : \vec{x} = \vec{q} + t\vec{c}, \vec{c} \neq \vec{0}, t \in \mathbb{R}$. $\vec{c}$ heißt Richtungsvektor, $\vec{q}$ heißt Stützvektor. Er führt zu einen beliebigen Punkt der Geraden mit dem Ursprung O als Anfangspunkt (Ortsvektor). Zu jedem Wert $t \in \mathbb{R}$, der in diesem Zusammenhang Parameter heißt, gibt es genau einen *Ortsvektor* $\vec{x}$ und damit genau einen Punkt P der Geraden. Durch die Parametergleichung wird jeder Punkt der Geraden durch einen Parameter beschrieben.

Die Parametergleichung einer Ebene lautet $E : \vec{x} = \vec{p} + r\vec{a} + s\vec{b}$; $\vec{a}, \vec{b}$ linear unabhängig, $r, s \in \mathbb{R}$. Hier ist $\vec{p}$ der *Stützvektor*, $\vec{a}$ und $\vec{b}$ sind die beiden Richtungsvektoren.

Häufig sind nicht die Richtungsvektoren gegeben, sondern nur zwei Punkte A und B der Geraden g bzw. drei Punkte A, B und C der Ebenen E. Dann sind die Richtungsvektoren als *Differenzvektoren* der Ortsvektoren $\vec{x}_A$, $\vec{x}_B$ und $\vec{x}_C$ zunächst zu berechnen Die Gerade g durch A und B hat dann die Parametergleichung $g : \vec{x} = \vec{x}_A + t(\vec{x}_B - \vec{x}_A)$, $t \in \mathbb{R}$. Für die Ebenengleichung der Ebene E durch die Punkte A, B und C bedeutet das dann die Parametergleichung $E : \vec{x} = \vec{x}_A + r(\vec{x}_B - \vec{x}_A) + s(\vec{x}_C - \vec{x}_A)$, $r, s \in \mathbb{R}$.

regulär: Eine Matrix $A \in M_2(\mathbb{R})$ heißt regulär, wenn $\det A \neq 0$. Genau für die regulären Matrizen existiert die *Umkehrmatrix* A^{-1}. Äquivalent dazu ist auch die *lineare Unabhängigkeit* der Spaltenvektoren von A.

rg A(Rang von A): $\longrightarrow$ lineare Abbildung

S-Multiplikation: $\longrightarrow$ Vektor, Vektorraum

Spur A: $\longrightarrow$ charakteristische Gleichung

Standardbasis: $\longrightarrow$ Basis

Stützvektor: $\longrightarrow$ Parametergleichung

surjektiv: Eine Funktion (Abbildung) $f: M \to N$ heißt surjektiv, wenn $f(M) = N$. Das bedeutet, daß jedes Element aus N als Bild eines Elementes aus M auftritt: Zu jedem $n \in N$ gibt es ein $m \in M$ mit $f(m) = n$.

Für *lineare Abbildungen* $A: \mathbb{R}^n \to \mathbb{R}^m$ bedeutet die Surjektivität von A, daß $\mathbb{R}^m$ der Bildraum ist: Bild $A = \mathbb{R}^m$.

Transformationsmatrix: Diese spezielle *Matrix* erlaubt es, die Koordinaten eines Vektors $\vec{v} \in \mathbb{R}^2$ bei Übergang von einer Basis B, etwa der Standardbasis, zu einer anderen Basis $B_\star = \left\{ \begin{pmatrix} a \\ b \end{pmatrix}, \begin{pmatrix} c \\ d \end{pmatrix} \right\}$ zu transformieren. Die Koordinaten von $\vec{v}$ bezüglich B sollen durch den Koordinatenvektor $\vec{x} = \begin{pmatrix} x_1 \\ x_2 \end{pmatrix}$ beschrieben werden, bezüglich B_* entsprechend mit $\vec{x}_* = \begin{pmatrix} x_{1*} \\ x_{2*} \end{pmatrix}$. Die Matrix $S = \begin{pmatrix} a & c \\ b & d \end{pmatrix}$, die als Spalten die Vektoren der neuen Basis B_* besitzt, heißt Transformationsmatrix S zum Basiswechsel von B zu B_*.

Zwischen $\vec{x}$ und $\vec{x}_*$ läßt sich durch S eine unmittelbare Beziehung herstellen:

Da $\vec{v}$ durch $\vec{x}_* = \begin{pmatrix} x_{1*} \\ x_{2*} \end{pmatrix}$ bezüglich B_* dargestellt wird, folgt für die Darstellung von $\vec{v}$ bezüglich der Standardbasis B:

$$\vec{v} = x_{1*}\begin{pmatrix} a \\ b \end{pmatrix} + x_{2*}\begin{pmatrix} c \\ d \end{pmatrix} = \begin{pmatrix} a & c \\ b & d \end{pmatrix}\begin{pmatrix} x_{1*} \\ x_{2*} \end{pmatrix}, \text{ also}$$

$$\boxed{(*) \quad \vec{x} = S\vec{x}_*}$$

Der Koordinatenvektor von $\vec{v}$ bezüglich B ergibt sich als Matrizenmulitplikation der Transformationsmatrix S mit dem „neuen" Koordinatenvektor $\vec{x}_*$. Umgekehrt läßt sich diese Gleichung dann nach $\vec{x}_*$ auflösen:

$$\boxed{(**) \quad \vec{x}_* = S^{-1}\vec{x}}$$

S ist stets regulär, da die Spaltenvektoren linear unabhängig sind!

Beispiel: Die Basis B_* sei gegeben durch $B_* = \left\{ \begin{pmatrix} 1 \\ 1 \end{pmatrix}, \begin{pmatrix} 2 \\ -1 \end{pmatrix} \right\}$.

1) $\vec{x}_* = \begin{pmatrix} 1 \\ 2 \end{pmatrix}$, d. h. $\vec{v}$ hat bezüglich B_* die Koordinaten 1 und 2. Dann folgt mit $(*)$: $\vec{x} = S\vec{x}_* = \begin{pmatrix} 1 & 2 \\ 1 & -1 \end{pmatrix}\begin{pmatrix} 1 \\ 2 \end{pmatrix} = \begin{pmatrix} 5 \\ -1 \end{pmatrix}$. $\vec{v}$ hat dann bezüglich B die Koordinaten 5 und -1. Wir benutzen in diesem Buch die Schreibweise $\begin{pmatrix} 1 \\ 2 \end{pmatrix}_* = \begin{pmatrix} 5 \\ -1 \end{pmatrix}$.

2) $\vec{x} = \begin{pmatrix} 0 \\ 3 \end{pmatrix}$, gesucht ist der Koordinatenvektor bezüglich B_*. Nach $(**)$ gilt $\vec{x}_* = S^{-1}\vec{x}$, es muß also die *Umkehrmatrix* S^{-1} berechnet werden.

Wegen $\det S = -1 - 2 = -3$ folgt $S^{-1} = -\frac{1}{3}\begin{pmatrix} -1 & -2 \\ -1 & 1 \end{pmatrix}$, insgesamt damit

$$\vec{x}_* = S^{-1}\begin{pmatrix} 0 \\ 3 \end{pmatrix} = -\frac{1}{3}\begin{pmatrix} -1 & -2 \\ -1 & 1 \end{pmatrix}\begin{pmatrix} 0 \\ 3 \end{pmatrix} = -\frac{1}{3}\begin{pmatrix} -6 \\ 3 \end{pmatrix} = \begin{pmatrix} 2 \\ -1 \end{pmatrix}.$$

Das zeigt: $\begin{pmatrix} 0 \\ 3 \end{pmatrix} = \begin{pmatrix} 2 \\ -1 \end{pmatrix}_*$. In der Tat ist $2\begin{pmatrix} 1 \\ 1 \end{pmatrix} - 1\begin{pmatrix} 2 \\ -1 \end{pmatrix} = \begin{pmatrix} 0 \\ 3 \end{pmatrix}$.

Mit Hilfe der Transformationsmatrix läßt sich die Abbildungsmatrix einer linearen Abbildung in bezug auf eine andere Basis B_* ausrechnen:

Beschreibt die Matrix A die *lineare Abbildung* $\mathbb{R}^2 \to \mathbb{R}^2$ bezüglich der Standardbasis B, so wird dieselbe Abbildung bezüglich B_* dargestellt durch die Matrix $A^* = S^{-1}AS$ (*Matrizenprodukt* der drei Matrizen S^{-1}, A und S in dieser Reihenfolge!).

Umkehrmatrix: $\longrightarrow$ Matrix

Unterraum: Eine Teilmenge $U \subseteq V$ eines *Vektorraumes* V heißt Unterraum von V, wenn sie bezüglich derselben linearen Verknüpfungen selbst einen Vektorraum bildet.

Da die in V gültigen Gesetze auch in U gültig sind, bleibt nur zu zeigen, daß die folgenden drei Bedingungen gelten:

1) $U \neq 0$, es muß mindestens eine Vektor in U enthalten sein. Meistens zeigt man, daß der Nullvektor $\vec{0} \in U$.

2) Mit $\vec{u}_1 \in U$ und $\vec{u}_2 \in U$ gilt auch $\vec{u}_1 + \vec{u}_2 \in U$. Die Menge U ist bezüglich der Addition abgeschlossen.

3) Mit $\vec{u} \in U$ und $r \in \mathbb{R}$ gilt auch $r\vec{u} \in U$. Die Menge U ist bezüglich der S-Multiplikation abgeschlossen.

Oft wird der von den Vektoren $\vec{a}_1, \ldots, \vec{a}_n \in V$ aufgespannte (erzeugte) Unterraum $U = \langle \vec{a}_1, \ldots, \vec{a}_n \rangle$ betrachtet. Er besteht aus allen *Linearkombinationen* der Vektoren $\vec{a}_1, \ldots, \vec{a}_n$ und ist der kleinste Unterraum von V, der diese Vektoren enthält. Daß U tatsächlich ein Vektorraum ist, kann mit den drei oben angeführten Bedingungen leicht gezeigt werden.

Vektor: Zu zwei Punkten A und B des Anschauungsraumes sei $\overrightarrow{AB}$ derjenige Pfeil, der von A nach B zeigt. A heißt Anfangspunkt und B heißt Spitze des Pfeiles $\overrightarrow{AB}$. Zu diesem Pfeil gehört eine Verschiebung, bei der A auf B fällt. Wendet man diese Verschiebung auf einen anderen Punkte A' an, so fällt dieser auf B'. Die Pfeile $\overrightarrow{AB}$ und $\overrightarrow{A'B'}$ sind dann

1) gleich lang

2) zueinander parallel (gleiche Richtung)

3) gleich orientiert (gleicher Richtungssinn)

Zwei Pfeile mit diesen Eigenschaften heißen vektorgleich, sie gehören zu derselben Verschiebung. Ein Vektor ist die Menge aller zu einem Pfeil vektorgleichen Pfeile. In der folgenden Figur definieren die Pfeile AB, $A'B'$ und $A''B''$ den Vektor $\vec{a}$. Vektoren werden mit kleinen lateinischen Buchstaben bezeichnet.

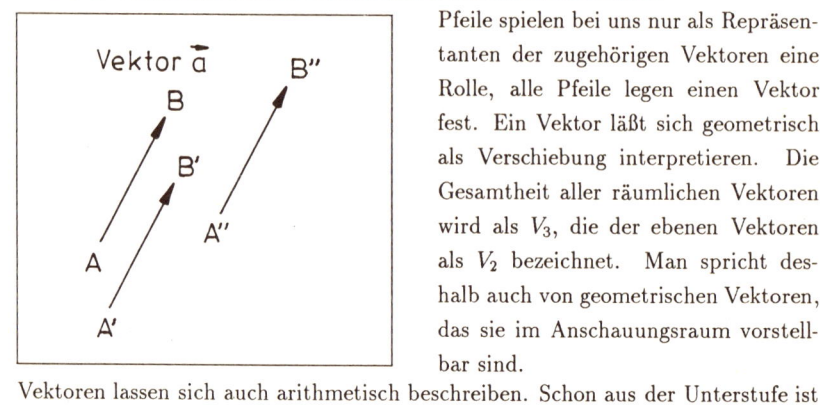

Pfeile spielen bei uns nur als Repräsentanten der zugehörigen Vektoren eine Rolle, alle Pfeile legen einen Vektor fest. Ein Vektor läßt sich geometrisch als Verschiebung interpretieren. Die Gesamtheit aller räumlichen Vektoren wird als V_3, die der ebenen Vektoren als V_2 bezeichnet. Man spricht deshalb auch von geometrischen Vektoren, das sie im Anschauungsraum vorstellbar sind.

Vektoren lassen sich auch arithmetisch beschreiben. Schon aus der Unterstufe ist bekannt, daß man Vektoren des V_2 oder V_3 in einem Koordinatensystem darstellen kann. Liegt ein kartesisches Koordinatensystem vor (die Achsen stehen senkrecht aufeinander und haben dieselbe Einteilung), so läßt sich jeder Vektor $\vec{a}$ aus V_2 bzw. V_3 durch ein Zahlenpaar(-tripel) beschrieben. Ein ebener Vektor $\vec{a} \in V_2$ besitzt zwei Koordinaten: $\vec{a} = \begin{pmatrix} a_1 \\ a_2 \end{pmatrix}$, ein räumlicher Vektor $\vec{a} \in V_3$ entsprechend drei Koordinaten: $\vec{a} = \begin{pmatrix} a_1 \\ a_2 \\ a_3 \end{pmatrix}$. In dieser Form heißen die Vektoren auch arithmetische Vektoren. Für die weitere Behandlung sollen die Vektoren aus V_3 benutzt werden. Für ebene Vektoren aus V_2 ist dann $a_3 = 0$, die dritte Koordinate fällt somit einfach weg: Alle Überlegungen gelten sowohl für V_3 als auch für V_2.

Die Länge von $\vec{a}$ wird mit $|\vec{a}|$ bezeichnet. Ist $\vec{a}$ zu $\vec{b}$ parallel, so soll dies durch $\vec{a} \| \vec{b}$ gekennzeichnet werden, genauer $\vec{a} \uparrow\uparrow \vec{b}$ (gleich orientiert) und $\vec{a} \uparrow\downarrow \vec{b}$ (entgegengesetzt orientiert).

Als spezieller Vektor ergibt sich der zu $\overrightarrow{AA}$ gehörige: Dieser hat die Länge 0, es ist der Nullvektor $\vec{0}$. Er soll per Definition jede Richtung haben und ist deshalb zu jedem Vektor parallel. Die zugehörige Verschiebung ist die Nullverschiebung. Da durch sie stets A auf A fällt, hat sie gar keine Wirkung.

Für die arithmetische Darstellung des Nullvektors gilt $\vec{0} = \begin{pmatrix} 0 \\ 0 \\ 0 \end{pmatrix}$.

Zu $\overrightarrow{AB}$ heißt $\overrightarrow{BA}$ der entgegengesetzte Vektor. Er hat dieselbe Länge und die entgegengesetzte Orientierung bei gleicher Richtung. Gehört zu $\overrightarrow{AB}$ der Vektor $\vec{a}$, so wird der zu $\overrightarrow{BA}$ gehörige Gegenvektor mit $-\vec{a}$ bezeichnet. Es gilt also $|-\vec{a}| = |\vec{a}|$ und $-\vec{a} \uparrow\downarrow \vec{a}$.

Für die arithmetische Darstellung des Gegenvektors gilt $-\vec{a} = \begin{pmatrix} -a_1 \\ -a_2 \\ -a_3 \end{pmatrix}$.

Addition von Vektoren: Zwei Vektoren $\vec{a}$ und $\vec{b}$ werden addiert, indem man den Anfang von $\vec{b}$ an die Spitze von $\vec{a}$ anlegt. Der Vektor $\vec{a} + \vec{b}$ zeigt dann vom Anfang von $\vec{a}$ zur Spitze von $\vec{b}$ und heißt Vektorsumme von $\vec{a}$ und $\vec{b}$. Dieser läßt sich noch anders interpretieren: Werden $\vec{a}$ und $\vec{b}$ mit dem Anfangspunkt aneinander gelegt, so spannen sie ein Parallelogramm auf. Der Vektor $\vec{a} + \vec{b}$ bildet dann genau die Diagonale in diesem Parallelogramm (vom gemeinsamen Anfangspunkt aus). Falls $\vec{a}$ und $\vec{b}$ parallel sind, hat man diese Darstellungsmöglichkeit natürlich nicht mehr. Vergleichen sie dazu die folgende Figur.

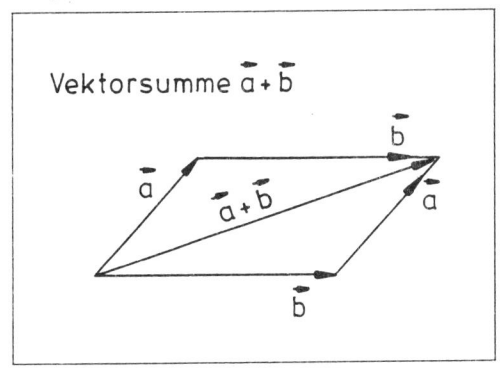

Für die Addition arithmetischer Vektoren bedeutet dies:

$$\vec{a} + \vec{b} = \begin{pmatrix} a_1 \\ a_2 \\ a_3 \end{pmatrix} + \begin{pmatrix} b_1 \\ b_2 \\ b_3 \end{pmatrix}$$

$$= \begin{pmatrix} a_1 + b_1 \\ a_2 + b_2 \\ a_3 + b_3 \end{pmatrix}$$

Subtraktion von Vektoren: Wie bei den Zahlen führt die Gleichung $\vec{b} + \vec{x} = \vec{a}$ auf $\vec{x} = \vec{a} - \vec{b}$. Der Vektor $\vec{a} - \vec{b}$ ist identisch mit dem Vektor $\vec{a} + (-\vec{b})$. Der Vektor $\vec{a} - \vec{b}$ heißt der Differenzvektor von $\vec{a}$ und $\vec{b}$. Die Vektordifferenz erhält man also durch Addition des Gegenvektors von $\vec{b}$ zum Vektor $\vec{a}$. Wie bei der Vektorsumme gibt es auch hier eine graphische Interpretation: Werden $\vec{a}$ und $\vec{b}$ mit dem Anfangspunkt aneinander gelegt, so zeigt der Vektor von der Spitze von $\vec{b}$ zur Spitze von $\vec{a}$. Dies soll in der folgenden Figur deutlich gemacht werden.

Vektordifferenz $\vec{a} - \vec{b}$

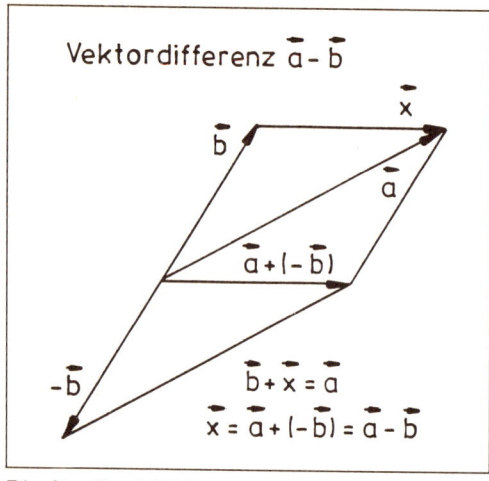

Für die Subtraktion arithmetischer Vektoren bedeutet dies:

$$\vec{a} - \vec{b} = \begin{pmatrix} a_1 \\ a_2 \\ a_3 \end{pmatrix} - \begin{pmatrix} b_1 \\ b_2 \\ b_3 \end{pmatrix}$$

$$= \begin{pmatrix} a_1 - b_1 \\ a_2 - b_2 \\ a_3 - b_3 \end{pmatrix}$$

Die für die Addition von Vektoren gültigen Gesetze sind unter dem Stichwort *Vektorraum* zusammengestellt. Insbesondere gilt das *Kommutativgesetz* und das *Assoziativgesetz*. Für das Kommutativgesetz ergibt sich die Gültigkeit unmittelbar aus der graphischen Darstellung der Vektorsumme: Ob der Vektor $\vec{b}$ an die Spitze von $\vec{a}$ oder der Vektor $\vec{a}$ an die Spitze von $\vec{b}$ angetragen wird, ist gleich. Es entsteht dasselbe Parallelogramm mit der Diagonalen $\vec{a} + \vec{b} = \vec{b} + \vec{a}$.

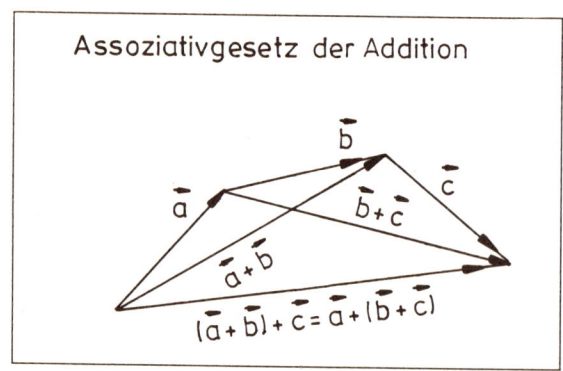

Assoziativgesetz der Addition

Die Gültigkeit des Assoziativgesetzes bei der Vektoraddition ist ebenfalls unmittelbar aus der graphischen Darstellung abzulesen: Für beliebige Vektoren $\vec{a}, \vec{b}$ und $\vec{c} \in V_3(V_2)$ gilt: $(\vec{a} + \vec{b}) + \vec{c} = \vec{a} + (\vec{b} + \vec{c})$ Die Zeichnung kann man natürlich auch als räumliche Figur auffassen.

<u>**S-Multiplikation von Vektoren:**</u> Geometrische Vektoren lassen sich auch auf naheliegende Weise mit einer reellen Zahl $r \in \mathbb{R}$ multiplizieren. Reelle Zahlen heißen in Unterscheidung zu Vektoren Skalare. Deshalb nennt man diese Multiplikation auch skalare Multiplikation oder S-Multiplikation von Vektoren. Das Ergebnis ist wieder ein Vektor. Dies ist nicht zu verwechseln mit dem Skalarprodukt von Vektoren, wo zwei Vektoren multipliziert werden und das Ergebnis ein Skalar ist.

Zu $\vec{a} \in V_3$ und $r \in \mathbb{R}$ ist $r\vec{a} \in V_3$ derjenige Vektor für den gilt

1) $r\vec{a} || \vec{a}$, und zwar $r\vec{a} \uparrow\uparrow \vec{a}$ für $r \in \mathbb{R}^{\geq 0}$ und $r\vec{a} \uparrow\downarrow \vec{a}$ für $r \in \mathbb{R}^{<0}$

2) $|r\vec{a}| = |r| \, |\vec{a}|$

Zur Orientierung dient die folgende Figur.

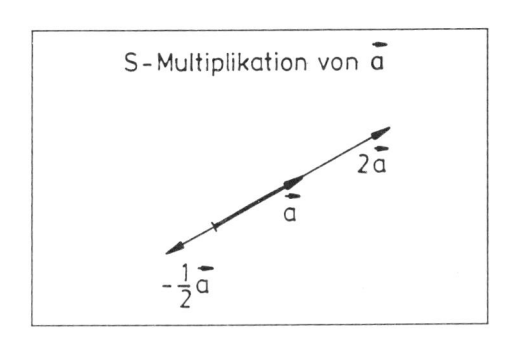

S-Multiplikation von $\vec{a}$

$2\vec{a}$

$\vec{a}$

$-\frac{1}{2}\vec{a}$

Für die S-Muliplikation arithmetischer Vektoren bedeutet dies:
$$r\vec{a} = r \begin{pmatrix} a_1 \\ a_2 \\ a_3 \end{pmatrix} = \begin{pmatrix} ra_1 \\ ra_2 \\ ra_3 \end{pmatrix}$$
Auch die für die S-Multiplikation von Vektoren gültigen Gesetze werden unter dem folgenden Stichwort zusammengestellt.

Vektorraum: Für die *Vektoraddition* und *S-Multiplikation* von Vektoren aus $V_3(V_2)$ gelten eine Reihe von Gesetzen, die beim Umgang mit Vektoren beachtet werden müssen. Für die geometrischen Vektoren sind diese oft werden der anschaulichen Darstellungsmöglichkeit unmittelbar einsichtig. Der Nachweis für arithmetische Vektoren ist ebenfalls nicht schwer, sondern eher langatmig. In der Mathematik hat es sich gezeigt, daß es auch noch ganz andere Beispiele gibt, bei denen in einer Menge V eine Addition und eine S-Multiplikation definiert ist mit denselben Gesetzen wie in V_3. Diese „Vektoren" kann man sich dann aber nicht mehr so anschaulich vorstellen wie in V_2 und V_3. Das führt auf den verallgemeinerten Begriff des Vektorraumes über $\mathbb{R}$.

Zunächst sollen die für die Vektoraddition und S-Multiplikation gültigen Gesetze zusammengestellt werden. Auf diese Gesetze wird an einigen Stellen des Buches verwiesen. V steht für V_2 oder V_3.

Gesetze der Vektoraddition:

A_1: Für alle $\vec{a}, \vec{b} \in V$ gilt: $\vec{a} + \vec{b} \in V$. (Abgeschlossenheit von V)
  Diese Bedingung bedeutet, daß $+ : V \times V \to V$ eine Verknüpfung ist.

A_2: Es existiert ein Vektor $\vec{0} \in V$, so daß für alle $\vec{a} \in V$ gilt: $\vec{a} + \vec{0} = \vec{a} = \vec{0} + \vec{a}$
  (Existenz eines neutralen Elementes in V)

A_3: Zu jedem $\vec{a} \in V$ gibt es einen Vektor $-\vec{a} \in V$ so daß gilt: $\vec{a} + (-\vec{a}) = \vec{0} = (-\vec{a}) + \vec{a}$
  (Existenz von inversen Elementen in V)

A$_4$: Für alle $\vec{a}, \vec{b}$ und $\vec{c} \in V$ gilt: $(\vec{a} + \vec{b}) + \vec{c} = \vec{a} + (\vec{b} + \vec{c})$ (Assoziativgesetz)

A$_5$: Für alle $\vec{a}, \vec{b} \in V$ gilt $\vec{a} + \vec{b} = \vec{b} + \vec{a}$ (Kommutativgesetz)

Die Gültigkeit von A$_1$ bis A$_4$ besagt, daß $(V, +)$ eine Gruppe bildet. Wegen A$_5$ ist dies sogar eine kommutative (oder abelsche) Gruppe.

Gesetze der S-Multiplikation:

S$_1$: Für alle $\vec{a} \in V$ und $r \in \mathbb{R}$ gilt: $r\vec{a} \in V$. (Abgeschlossenheit von V)

Diese Bedingung bedeutet, daß $\cdot : \mathbb{R} \times V \to V$ eine (äußere) Verknüpfung ist.

S$_2$: Für alle $r \in \mathbb{R}$ und $\vec{a}, \vec{b} \in V$ gilt $r(\vec{a} + \vec{b}) = r\vec{a} + r\vec{b}$ (V-Distributivgesetz)

S$_3$: Für alle $r, s \in \mathbb{R}$ und $\vec{a} \in V$ gilt: $(r + s)\vec{a} = r\vec{a} + s\vec{a}$ (S-Distributivgesetz)

S$_4$: Für alle $r, s \in \mathbb{R}$ und $\vec{a} \in V$ gilt: $r(s\vec{a}) = (rs)\vec{a}$ (gemischtes Assoziativgesetz)

S$_5$: Für alle $\vec{a} \in V$ gilt $1\vec{a} = \vec{a}$ (unitäres Gesetz)

Diese Gesetze geben in der linearen Algebra Anlaß zu folgender Definition:

Eine Menge V mit einer Addition $+ : V \times V \to V$ und einer S-Multiplikation $\cdot : \mathbb{R} \times V \to V$ heißt Vektorraum über $\mathbb{R}$ oder $\mathbb{R}$-Vektorraum, wenn gilt

1) $(V, +)$ ist eine abelsche Gruppe (A$_1$ bis A$_5$)

2) Es gelten die Gesetze S$_1$ bis S$_5$

Die Gesetze A$_1$ bis A$_5$, S$_1$ bis S$_5$ heißen auch Vektorraumaxiome. Sie beziehen sich nur auf die linearen Verknüpfungen Addition und S-Multiplikation.

Die Vektorräume V_2 und V_3 sind in diesem Zusammenhang nur zwei elementare und anschauliche Beispiele. Als ein weiterführendes Beispiel haben wir in diesem Buch die Matrizen mit dem $\mathbb{R}$-Vektorraum $M_{m,n}(\mathbb{R})$ angeführt.

Weitere Beispiele: ① Die Menge P_4 aller Polynome von Grad ≤ 4, also von der Form $P_4(x) = a_0 + a_1 x + a_2 x^2 + a_3 x^3 + a_4 x^4$ bilden bezüglich der Polynomaddition und Multiplikation mit reellen Zahlen einen Vektorraum über $\mathbb{R}$ der Dimension 5. Eine Basis ist durch $B = \left\{1, x, x^2, x^3, x^4\right\}$ gegeben.

Verzichtet man auf die Gradbeschränkung und bildet die Menge P aller Polynome, so bildet diese ebenfalls einen Vektorraum über $\mathbb{R}$. Es gibt aber keine endliche Basis mehr: Der Vektorraum hat unendliche Dimension. Eine Basis ist $B = \left\{1, x, x^2, x^3, \ldots\right\}$.

② Die Menge F aller auf dem Intervall $[a,b]$ definierten Funktionen mit Werten in $\mathbb{R}$ bildet bezüglich der herkömmlichen Verknüpfung von Funktionen einen Vektorraum, der ebenfalls nicht endlich-dimensional ist. Eine Basis läßt sich nicht so leicht angeben.

Klausur- und Abiturtraining

Physik
Chemie
Biologie
Mathematik

Klausuren und Abitur gezielt vorbereiten!

„Klausur- und Abiturtraining ist eine Buchreihe zur gezielten Vorbereitung auf Klausuren und auf das Abitur.
Die Schüler erhalten damit ideale **Arbeits- und Trainingsbücher**. Anhand zahlreicher Musteraufgaben wird er über viele Denkanstöße und Hilfestellungen zu ihrer Lösung geführt, um anschließend weitere Aufgaben selbstständig lösen zu können. So erhalten die Schüler Vertrauen in ihre eigenen Fähigkeiten.
Der Lehrer kann den Bänden zum einen **erprobte Übungsaufgaben** für seinen Unterricht entnehmen, zum anderen unterstützen sie ihn in seinen Anliegen, die Schüler optimal auf Klausuren und das Abitur vorzubereiten.
Überzeugen Sie sich selbst von der gelungenen Konzeption dieser Reihe.
Es lohnt sich!

Klausur- und Abiturtraining Physik

Band 1: Kinematik, Dynamik, Kreisbewegung/Gravitation, Schwingungen/Wellen
Best.-Nr. 335-01082

Band 2: Elektrizitätslehre, Optik, Atomphysik, Relativitätstheorie
Best.-Nr. 335-01083

Klausur- und Abiturtraining Mathematik

Band 1: Grundkurs Analysis — Funktionsuntersuchungen
Best.-Nr. 335-01084

Band 2: Grundkurs Analysis — Extremwertaufgaben
Best.-Nr. 335-01207

Band 3: Grundkurs Analysis — Integralrechnung
Best.-Nr. 335-01211

Band 4: Grundkurse Lineare Algebra/Analytische Geometrie, Teil I: Lineare Algebra
Best.-Nr. 335-01353

Band 5: Grundkurse Lineare Algebra/Analytische Geometrie, Teil II: Analytische Geometrie
Best.-Nr. 335-01395

Band 7: Grundkurse Stochastik: Binominal- und Normalverteilung
Best.-Nr. 335-01283

Klausur- und Abiturtraining Chemie

Band 1: Modelle/Bindungen, Elektrochemie, Massenwirkungsgesetz, Energetik, Kernchemie
Best.-Nr. 335-01080

Band 2: Protolysen, Strukturaufklärung, Stoffklassen, Synthesen, Indikatoren, Kunststoffe
Best.-Nr. 335-01081

Band 3: Redoxreaktionen/Elektrochemie, Energetik, Strukturaufklärung, Protonendonator/Akzeptor/Reaktionen, Kunststoffe, Biochemie
Best.-Nr. 335-01276

Klausur- und Abiturtraining Biologie

Band 1: Zellbiologie, Stoffwechsel, Ökologie, Entwicklungsbiologie
Best.-Nr. 335-01089

Band 2: Genetik, Evolution, Nerven-, Sinnes- und Hormonphysiologie, Verhaltensbiologie
Best.-Nr. 335-01090

Band 3: Genetik
Best.-Nr. 335-01338

AULIS VERLAG Der AULIS VERLAG DEUBNER & CO KG
für Lehrer
Antwerpener Str. 6/12 · 5000 Köln 1